재미있는

뇌이야기 Ⅱ

류영주
(대구가톨릭대학교 인간과 영성연구소)
지음

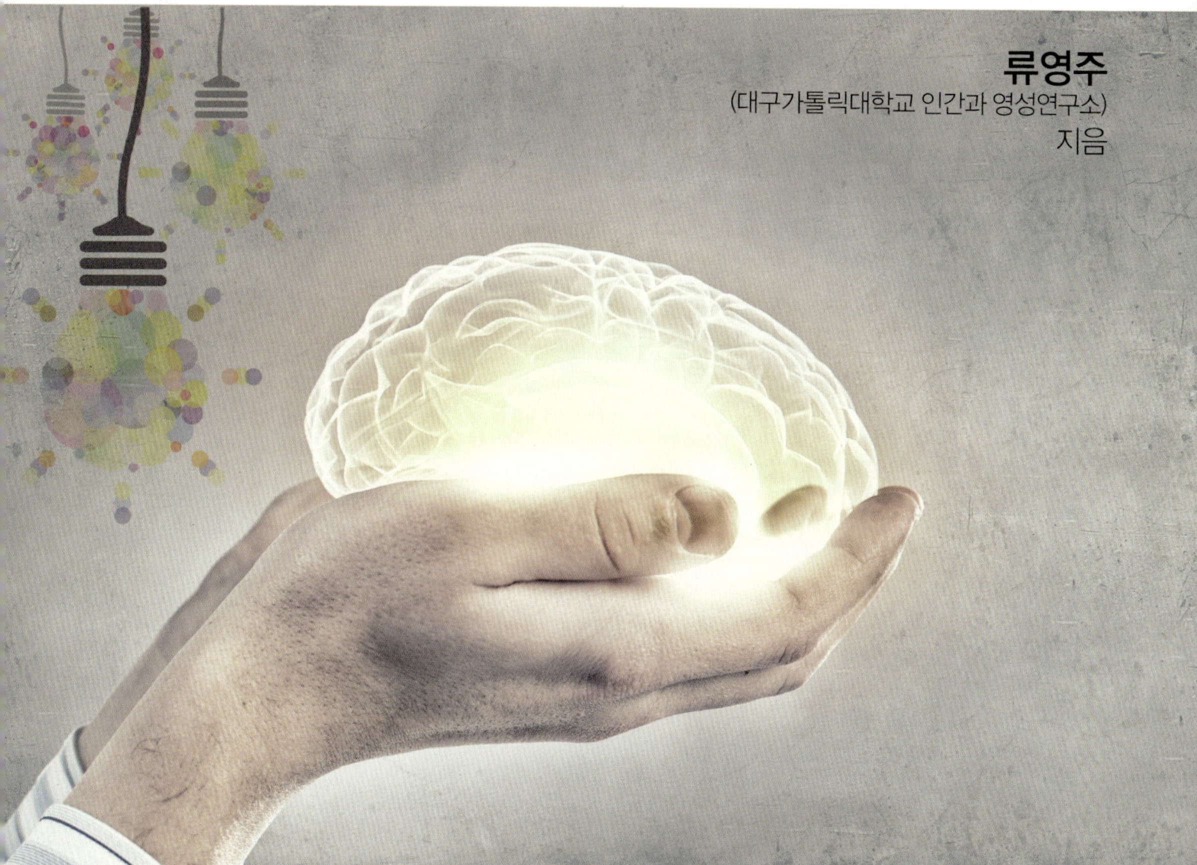

홍릉과학출판사

차례

재미있는 뇌이야기(II)

류영주
인성교육원
종교학박사 / 대구가톨릭대학교 교수

재미있는 뇌이야기

프롤로그

그 수가 70억을 넘어선 인류는 지구라는 천체 표면에서 오늘날 지역마다 다양한 종류의 문화들과 더불어 대단한 수준에 이른 과학문명을 구가하고 있습니다. 이들을 가능하게 하는 엄청난 양의 개별적인 형태들과 지식들은 서로 대단히 복잡하게 얽혀 있습니다.

이 모든 것의 중심에 우리 인간의 두뇌가 있습니다. 인간의 두뇌는 창조와 진화의 최선봉에 존재하는 것으로서 대단히 복잡하고 신비하여 엄청난 거시세계에 비유될 정도로 또 하나의 작은 우주를 이루고 있습니다.

필자는 일찍부터 이 두뇌에 관심을 갖고 연구에 매진해왔습니다. 그동안 기존 연구자들이 연구하여 논문과 책, 영상자료들로 발표한 것들을 부지런히 모으고 보고 읽고 생각하여 글을 쓰고 강의를 해오면서 이 문제에 대해 고유한 경지를 구축하면서 통찰력을 길러가고 있습니다.

이러한 과정에 많은 깨달음을 얻어 환경과 인간 그리고 영성에 관해 이전보다 훨씬 더 정확하고 정교한 생각을 할 수 있게 되었습니다.

필자가 뇌에 관해 그동안 축적한 정보와 통찰력으로 재미있게 이야기를 전개하려고 애쓴 이 책이 우리 자신과 이웃을 좀 더 깊고 정확하게 이해해 그 소중함을 깨닫고 서로 아끼고 사랑하는 데 도움이 되었으면 합니다.

2016년 3월
류영주 올림

재미있는 뇌이야기

7주 1차시 성공두뇌 만들기

학습목표

1. 김연아 선수의 성공비결을 설명할 수 있다.

학습내용

1. 성공한 사람들의 뇌 활용법
2. 김연아, 아사다 마오의 피겨 기술 비교
3. 김연아의 성공비결

1. 성공한 사람들의 뇌 활용법

분명하고 정확하게 공부하자

분명히 아는 것은 내 것이지만
희미하게 아는 것은 결국 남의 것이다

2. 김연아, 아사다 마오의 피겨 기술 비교

2010년 밴쿠버 올림픽 김연아 vs 아사다 마오 경기

✓ 2009년 세계선수권대회에 이어 밴쿠버 올림픽에서 다시 세계최고기록 경신

✓ 김연아와 아사다 마오 피겨기술엔 확연한 차이 있음

3. 김연아의 성공비결

- ✓ 김연아는 분명히 3바퀴 반을 돌았음
- ✓ 스피드의 파워 · 점프높이 · 거리같은 기술요소도 탁월

3. 김연아의 성공비결

분명히 아는 것은 **내** 것,
희미하게 아는 것은 결국 **남**의 것

3. 김연아의 성공비결

집요하게 물고 늘어져라

"대체 왜 안 되는 거야! 다시!"

✓ **김연아의 집요함을 보여주는 대목**

대체 왜 안 되는 거야! 다시! 그렇게 속으로 외치길 수십 번. 계속해서 넘어지고, 두 발로 착지하고, 회전수를 못 채우고… 러츠는 가장 안 되는 점프였다. 난 속으로 씩씩거리며 일어섰다. '한 번만 더 해보자!' 역시 안됐다. 속이 부글부글 끓으면서 눈물이 핑 돌았다. '오늘 이거 안 되면 집에 안 가!' 독하게 마음먹었다. 다시 한 번! 또 실패. 될 것도 같은데, 연습도 많이 했는데, '왜 안 되는 거야? 언젠가 꼭 해야 하는 거라면 오늘 해내고야 말겠어. 한 번 더!' **그런데 그 순간, 갑자기 나도 모르게 러츠를 성공했다.** 어떻게 했는지 잘 기억도 나지 않는데 순간적으로 깨끗하게 랜딩해 버렸다.

3. 김연아의 성공비결

어린시절의 김연아

3. 김연아의 성공비결

"세계를 놀라게 한 빙판 위의 신데렐라"

- **7살 때 피겨를 시작**한 순간부터 뛰어난 재능과 열정으로 **연습에만 몰두해 초등학생 시절 국내대회를 휩쓸며 피겨 신동이란 소리 듣고, 초등 5학년 때 5종 트리플 점프를 마스터했다.**
- 주니어시절엔 국제대회 출전해 각종 수상을 휩쓸었고, **2009년 쇼트 프로그램에서 세계기록을 76점대로 훌쩍 높이는데 이어, 사상 최초로 합계 200점대를 넘어서며 세계 챔피언이 되었다.**
- **하지만 10대에 은퇴를 2번이나 고려했을 정도로 시련도 많았다.** 2008년 대회에 갑작스런 부상으로 출전을 포기하고 그런 자신 모습이 처량하고 한심해 남몰래 눈물을 흘리기도 했다.

3. 김연아의 성공비결

"첫 국제대회 우물 밖 세상을 보다"

"초등 6학년 때 슬로베니아 대회에 출전했었다. 국제대회는 그야말로 우물 밖 세상이었다. TV가 아니라 바로 내 눈앞에서 화려한 기술을 선보이는 선수들과 환호하는 관중들을 보니 '와, 멋지다!'하는 생각이 절로 들었다. 그러자 가슴 한 켠에선 뭔가 꿈틀거리기 시작했다. **'나도 이런 무대에 서 보고 싶다.'** 어린 시절 스케이팅이 무작정 좋았다면, 이젠 잘하고 싶었다. 가슴이 뜨겁게 벅차 올랐다. 더 큰 세상을 보았고, 그 세상을 향해 내 **꿈은 점점 커지고 있었다.**"

- 김연아

3. 김연아의 성공비결

험난한 줄 알지만 기꺼이 그 길을 가라!!

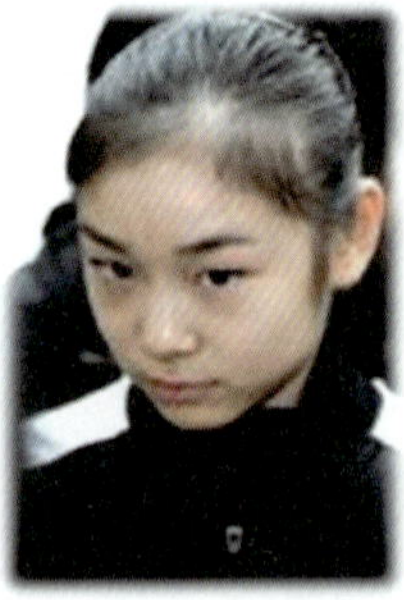

"우리나라 아이스링크는 아침 10시부터 저녁 8시까지 일반 개장이라 선수들에겐 그 전후로만 대관이 가능하다. 따로 대관을 잡으려면 밤 12시에 연습이 끝나기도 한다. 초등학생 때 전날 밤 늦게까지 연습하고 이른 대관 시간 때문에 아침 6시에 일어나면 너무 피곤해 눈이 떠지지 않았다.

'내가 언제까지 이렇게 살아야 하나' 하는 생각이 들 정도였다.

해도 뜨지 않은 깜깜한 겨울 아침, 링크로 가는 차 안에서 비몽사몽 졸다가 링크에 들어서면 차가운 공기에 온몸이 오그라들었다. 아주 죽을 맛이었다(연습 중 코코아 같은 따뜻한 차를 마시며 연습했다)."

- 김연아

3. 김연아의 성공비결

김연아의 하루일과

- 8:00 기상! 밥 먹고 준비하고 스케이트 클럽으로!
- 11:00-12:00 스케이팅 전 웜업(러닝, 스트레칭)
- 12:00-1:30 스케이팅 1세션
- 1:30-3:00 점심식사 및 휴식
- 3:00-4:30 스케이팅 2세션
- 4:30-5:00 짧은 휴식
- 5:00-6:00 마무리 운동, 기초 체력 운동, 근력 운동
- 6:00-7:00 퇴근
- 7:00-8:00 저녁식사 및 휴식
- 8:00-9:00 물리치료
- 9:00-12:00 자유시간(인터넷도 하고, 친구들에게 연락도 하고, 음악 듣고, 책 보고, 인터뷰 준비 등 모두 이 시간에 함).

3. 김연아의 성공비결

" 사춘기, 그 어둠의 터널을 지나 "

"사춘기란 녀석이 찾아왔다. 세상 모든 게 다 맘에 안 들었다. 그러다 보니 날마다 똑같은 일상에 이골이 났다. 아침에 눈 뜨자마자 연습갈 준비, 쉬었다 연습, 또 연습, 쉬었다가 또 연습. 저녁 늦게 연습이 끝나면 하루가 끝나 버린다. 내일 컨디션을 위해 연습이 끝나면 자야만 했다. 그러면 또다시 똑같은 스케줄의 반복. 이런 ***반복적인 일상이 너무 지겹고 힘들어서 로봇이 된 것 같다는 느낌이었다.*** 이러다 미쳐 버리는 건 아닌가 싶을 때도 있었다.

그 무엇보다 외로웠다. 아무도 내 마음을 몰라주고, 나만 혼자 텅빈 빙판 위에서 있는 것 같았다. 주변은 깜깜하고, 아무리 힘들다고 소리쳐도 들어주는 사람 하나 없고, 나는 그렇게 링크를 벗어날 수 없는 운명일까."

- 김연아

3. 김연아의 성공비결

험난한 줄 알지만 기꺼이 그 길을 가라!!

" 사춘기, 그 어둠의 터널을 지나 "

"나를 둘러싼 모든 게 싫고 답답했다. 내가 좋아서 시작한 스케이팅마저도 엄마가 시켜서 하는 것 같았고, 완벽하게 짜여져 빠져나올 수 없는 틀에 갇혀 사는 불쌍한 신세인 것 같았다. 사춘기 시절 누구나 생각하는 '자살'이라는 것도 가끔 떠올려봤지만 '내가 자살한다고 하면 엄마가 말릴까? 안 말릴 거야. 속 편하고 좋지 뭐.' 이런 바보 같은 생각도 했다.

그러다 결국 문제가 터졌다. 2003년 동계체전을 앞두고 무리한 연습으로 발목 인대가 늘어난 것. 걸음도 걷기 어려울 만큼 너무 아픈데 그런 발로 점프를 해야 하다니... 점프 후 랜딩할 때마다 머리카락이 쭈뼛 서고 온몸에 소름이 돋았다. 그러니 훈련이 잘될 리가 없었다. 넘어지고 멍들고 깨져 온몸이 성한 데가 없었다.

허리 통증도 심해졌다. 대회는 다가오고 연습은 해야하는데 허리는 나을 기미조차 보이지 않았다. 병원에 가 물리치료를 받고 침도 맞고 부황도 떴다. 할 수 있는 건 다 해 봤지만 소용이 없었다."

- 김연아

3. 김연아의 성공비결

“ 슬럼프를 극복하다 ”

"나 그만둘래. 진짜 아파서 못하겠어...

엄마가 안타까운 눈으로 나를 보셨다. 지쳐 있던 엄마도 그러자고 하셨다. 게다가 당시 아빠 회사가 어려워져 더 이상 피겨를 하기 힘든 상황이었다.

2003년 동계체전을 마지막으로 피겨를 끝내기로 했다. 마지막이라고 생각하니 속이 후련했다. 왠지 몸도 가벼웠다. 그래서였을까? 1위를 했다. 발목은 아팠지만 마음은 날아갈 것 같았다.

이렇게 끝인가. 대회는 끝났는데 뭔가 개운치 않았다. 부상을 치료하면서 다시 스케이트화 끈을 고쳐 묶었다.

누구에게나 슬럼프가 있다. 나는 그 시기를 얼마나 잘 보내느냐가 앞날의 삶을 결정한다고 생각한다. 사춘기 시절 때 격하게 변하던 내 마음 속에 피겨는 다시 '하고 싶은 것'으로 자리잡았다. 그렇게 성장통을 앓으며 소중한 것을 배워가고 있었다." - 김연아

3. 김연아의 성공비결

“ 두 번째 슬럼프 ”

"2006년, 또 발목 인대 부상이 왔다. 이 통증을 달고 살아야 하나, 눈앞이 캄캄했다. 전쟁을 치르듯 훈련했고, 신경이 예민해졌다.

엄마는 다시 나를 일으켰다. 억지로라도 링크로 끌고 가는 거다. '자식이 이렇게 힘들어 하는데, 엄마 맞아?'

그러던 어느날, 링크에 섰는데 몸이 움직여지지 않았다. 정말 연습하기 싫은 날이라도 링크에 서면 몸이 저절로 움직여지는데 그 날은 달랐다. 마음이 동하지 않았다. 그냥 멍하니 링크 위에 서 있었다. 엄마가 말했다.

'그래, 그만두자. 우리 연아 그동안 너무 잘했어, 세계대회서 1등도 했잖아. 그럼 됐지 뭐. 너 힘들어 하는 거. 엄마도 더 이상은 못 보겠다." - 김연아

3. 김연아의 성공비결

"그동안 주저앉으려는 나를 밀며 끌며 씩씩하게 앞장서 가던 엄마였다. 그러던 엄마도 지친 것이다. 피겨는 나뿐만 아니라 엄마의 삶마저 힘들게 하고 있었다.

빙상연맹에 전화를 했다. 관계자 분께서 수차례 설득했지만, 그간 여러 가지 문제로 힘들었던 우리 마음은 쉽게 돌아서지 않았다.

한동안 집에 틀어박혀 지냈다. 온종일 잠자고 뒹굴면서 내가 하고 싶었던 것들을 다 했다. 친구랑 메신저도 하고 음악도 듣고... 시간을 보냈다. '나도 평범한 학생으로 살 거야.'

피겨만 안 하면 행복할 것 같았다. 그런데 그렇게 며칠 보내자 뭔가 가슴이 뻥 뚫린 것처럼 허전하고 불안했다." - 김연아

3. 김연아의 성공비결

"세계 챔피언이 되다"

"2009년 월드 챔피언, 유나킴!
내 이름이 호명되는 걸 듣고 관중들에게 인사했다. 금메달을 목에 건 순간, 말로 표현할 수 없을 만큼 가슴이 뻐근해져 왔다. 이 날을 얼마나 기다렸던가. 애국가가 울려 퍼지자 나도 모르게 눈물이 주르륵 흘렀다.

피겨 스케이트를 신은 첫날부터 지금까지의 순간들이 파노라마처럼 스쳐갔다. 부상으로 힘겨웠던 시절, 피겨를 그만두고 싶었던 날들, 울면서 훈련하고 엄마와 갈등하던 순간들...

내가 월드 챔피언이 될 수 있도록 도와준 많은 사람들, 축하해주고 격려해준 사람들, 응원해주신 국민들께 감사했다. 그리고 나 자신에게도.

'너무 수고했어. 잘했어. 기특해. 고마워.' " - 김연아

김연아의 아름다운 도전

김연아의 **성공비법** 총요약

1. 주변의 도움

"어머님, 연아가 피겨에 재능이 있습니다. 제가 지켜본 바로는 선수로 키워볼 만한 대목인데, 그럴 생각이 있으신지요?

"어머님, 피겨는 돈이 많이 들어가는 운동입니다. 아이를 밀어주실 형편이 되십니까?"

- 류종현 코치

2. 확실한 목표

➢ 어릴 적 아이스쇼 <알라딘>을 보며 '스케이터'라는 존재가 가슴에 들어옴.

'와, 정말 멋지다. 나도 스케이트 선수가 됐으면 좋겠다.'

➢ 1998년 동계올림픽에서 자신의 마음을 단번에 사로잡은 선수를 만나게 됨. 당시 은메달을 딴 미셸 콴에게서 특별한 느낌을 받음.

'아, 나도 저렇게 멋지게 스케이트를 타고 싶다.'

3. 성실과 노력

'대체 왜 안 되는 거야. 다시'

'한 번만 더 해보자'

'오늘 이거 안되면 집에 안 가'

'언제가 꼭 해야 하는 거라면 오늘 해내고야 말겠어'

"김연아 선수는 항상 스텝, 스핀 등 기초를 열심히 훈련했습니다. 그리고는 항상 잘못된 것이 없는지 묻곤 했죠. 저에게는 이것이 가장 인상 깊었습니다."

- 트레이시 윌슨 코치

4. 강인한 인내심

➢ 99도까지 열심히 온도를 올려놓아도 마지막 1도를 넘기지 못하면 영원히 물은 끓지 않는다.

➢ 물을 끓이는 건 마지막 1도, 포기하고 싶은 바로 그 1분을 참아내는 것이 중요하다.

내가 극복하고 이겨내야 할 대상은 다른 누군가가 아니라, 내 안에 존재하는 무수한 나였다.

5. 끊임없는 도전

'최고'와 '완벽'에의 도전.

하지만 늘 성공률 100%를 유지할 수는 없다. 다만 완벽에 가까워지려고 노력할 뿐.

중요한 것은 실패했을 때 다시 일어설 수 있느냐다.

6. 배짱

'자신에게 닥친 시련을 자신이 극복하지 못했다면, 결국 내가 패하기를 바라는 어떤 힘에 스스로 무릎을 꿇는 결과가 되지 않았을까.'

'무언가가 아무리 나를 흔들어댄다 해도 난 머리카락 한 올도 흔들리지 않을테다.'

꿈이라는 마법의 신발

강철 나비, 날개를 펴다

고통 속에서 더 붉은 꽃이 핀다

피겨 퀸, 세상을 날다

소원을 말해봐

STEP 01 | 꿈이라는 마법의 신발

나의 첫 스케이트화

김연아가 고모에게 받은 스케이트화

우연을 붙잡아 행운으로 만드는 것

누구나 우연을 가장한 기회가 찾아온다

하지만 그것을 붙잡아 행운으로 만드는 것은 자신의 몫이다

STEP 02 | 강철 나비, 날개를 펴다

강철나비 날개를 펴다

1 내일이 아닌 오늘 다음이 아닌 지금

2 넘어져도 다시 일어서면 돼!

3 험난한 줄 알지만 기꺼이 그 길을 가라

부상의 아픔... 슬럼프 속에서도 그랑프리 파이널 2연패... 시니어 대회 1위...

내일이 아닌 오늘 다음이 아닌 지금

- 한 번만 더 해보자!! 오늘 이거 안되면 집에 안 가!!

넘어져도 다시 일어서면 돼!

- 성공하느냐 실패하느냐가 아니라, 실패했을 때 다시 일어설 수 있느냐다. 한번 더 도전해보는 것! 그게 가장 중요하다

험난한 줄 알지만 기꺼이 그 길을 가라

- 탄탄히 다져진 길이 물론 더 쉽고 편하다. 하지만 없는 길을 만들어 나가는 것만큼 보람되지는 않는다

강철나비 날개를 펴다

꿈이 있다는 건 행복한 일이다

또래 친구들이 '학생' 이라고 불릴 때

나는 '피겨 스케이터' 라는 또 하나의 이름을 가지고 있었다.

사람들은 이렇게 말한다.

아직 자기가 무엇이 되고 싶은지조차 모르는 아이들에 비해 얼마나 행복한 일이냐고

하지만 그 꿈을 이루기 위해 얼마나 독하게 나를 단련해왔는지를 떠올려보면

매순간 행복할 수만은 없었다.

STEP 03 | 고통 속에서 더 붉은 꽃이 핀다

나는 나를 넘어선다

- 항상 나 자신에게도 한 단계 도약해야 한다

좌절금지!

- 이것 또한 지나가리라 이 말처럼 모든 것은 흘러가 버린다 중요한 것은 오늘 그리고 오늘에서 비롯된 내일이다

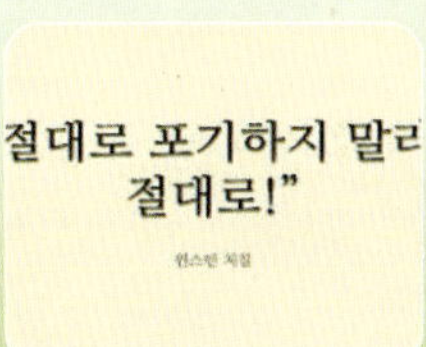

포기하지 않으면 기회는 온다

- 겁쟁이는 죽음에 앞서서 여러 차례 죽지만, 용기 있는 자는 한번밖에 죽지 않는다

포기하지 않으면 기회는 온다

꿈꾸는 것만으로는 오래 행복할 수 없다

그래서 나는 꿈을 이루고 싶었다.

어느 순간 나의 경쟁상대는 '나' 라는 생각이 들기 시작했다.

내가 극복하고 이겨내야 할 대상은 다른 누군가가 아니라

내 안에 존재하는 무수한 '나' 였던 것이다.

이런 나를 극복하려면 어떻게 해야 할까

피할 수 없으면 즐기라고 하지 않았던가??

STEP 04 | 피겨 퀸, 세상을 날다

상처도 때론 약이 된다

- 힘든 상황을 겪어 본 것이 앞으로 닥칠 어려운 상황들을 이겨낼 버팀목이 되어줄 것이라 생각했다

나는 아직 완성되지 않았다

- 나에게는 더 큰 미래가 있다. 나는 아직 완성되지 않았다

더 큰 도약을 위한 소중한 경험

- 작은 경험 하나하나가 더 큰 도약을 위한 발판이 된다

참고문헌 및 사이트

- 류영주, 성공두뇌 만들기, 대구가톨릭대학출판부
- KBS, 김연아 스페셜

차시예고

다음 시간에는
2차시 즐겁게 공부할 수 있는
뇌과학적 방법을
학습하도록 하겠습니다.

재미있는 뇌이야기

7주 2차시 즐겁게 공부할 수 있는 뇌과학적 방법

학습목표

즐겁게 공부할 수 있는 뇌과학적 방법을 설명할 수 있다.

학습내용

1. 영화 Million dollar baby
2. 뇌는 바삐 추리할 때 재미 느낀다

1. Million dollar baby

Million dollar baby**란** 1달러 샵(Shop)에서 백만불 이상 가치의 보물을 찾아낸 것이란 뜻. '기대하지도 않았던 큰 가치', '**예상치 못했던 허름한 곳에서 보물 같은 진귀한 것을 얻는다**'는 의미다.

등장인물

프랭키 던 (클린턴 이스트우드)

- **'항상 자신을 보호하라!'**
  는 원칙을 가장 중요하게 생각하는 노장의 트레이너
- 과묵하고 매사에 무심한 듯 하지만 정이 많고 책임감이 투철함
- 의절 당한 딸 대신 매기를 딸처럼 애지중지 보살핌

등장인물

매기 피츠제랄드 (힐러리 스웽크)

• 미주리주 남서부 깡촌 출신

• 식당에서 일을 하며 살아가다 권투에 빠져 프랭키를 찾아옴

• 권투 선수로서는 나이가 많은 31살

• 좋아하는 것에 대한 열정과 목표의식이 남다르며 의리가 강함

등장인물

에디 '스크랩-아이언' 듀프리스

• 한쪽 눈을 실명한 뒤로 권투 선수 생활을 접고 지금은 프랭키의 체육관에서 일함

• 묵묵히 프랭키 뒤에서 그와 그의 선수들을 지켜보며 보살피는 인물

데인저 바치

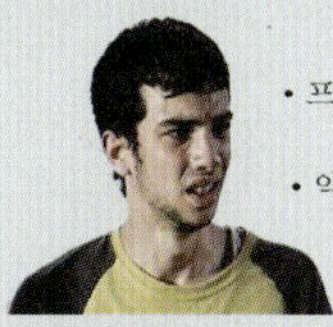

• 프랭키의 체육관의 훈련생

• 약골이지만 의욕만은 남다름

쇼렐 베리

• 데인저를 특히 못 살게 구는 훈련생

• 지나치게 으스대는 성격

푸른 곰 빌리

• 현 WBA 여성 웰터급 챔피언

• 정상을 지키기 위해서라면 물불을 가리지 않는 성격

줄거리

체육관에 찾아온 매기의 행동에,
프랭키는 **"항상 자신을 보호하라!"**를 가르침이 있는 훈련을 시작한다.
끝없는 훈련 끝에 둘은
마침내 승승장구 하며 타이틀 매치에 나가기에 이른다.

상대선수의 반칙에도 불구하고 승리하게 된 매기는
기뻐하는 도중, 상대선수가 날린 주먹에 넘어져
경추를 다쳐 전신마비가 되어버린다.

매기는 이런 자신을 죽여달라 부탁하고,
극구 거절하던 프랭키는 결국 그녀의 부탁을 들어주게 된다.

마지막 밤,
프랭키는 그녀에게 '모쿠슈라'가 '소중한 내 혈육'이란 뜻임을 알려주고
아드레날린 주사를 놓은 뒤,
병원을 나서서는 다시 돌아오지 않는다.

1. Million dollar baby

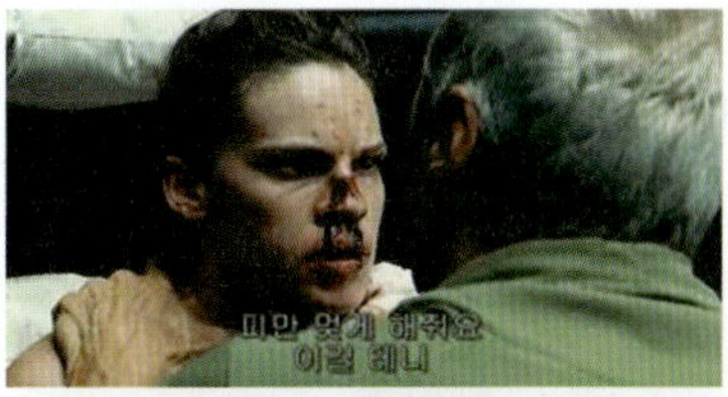

프랭키의 과학적 트레이닝과 매기의 열정이 더해져 매기는 매 시합마다 승승장구한다.

경기도중 콧뼈가 무너져 면봉으로 세우는 장면. 이처럼 매기는 집요하게 물고 늘어진다. 권투에 대한 무서운 집중력을 볼 수 있다!

이는 자기분야에서 대가가 된 사람들의 특징이다.

공부도 마찬가지. '공부하는 독종이 살아남는다'는 말이 있다. 독하다는 표현이 무섭게 들리나? 그러나 독해질 수 있는 사람은 진정 행복한 사람이다. 그만큼 삶의 절실한 의미를 발견한 것이니까.

명대사

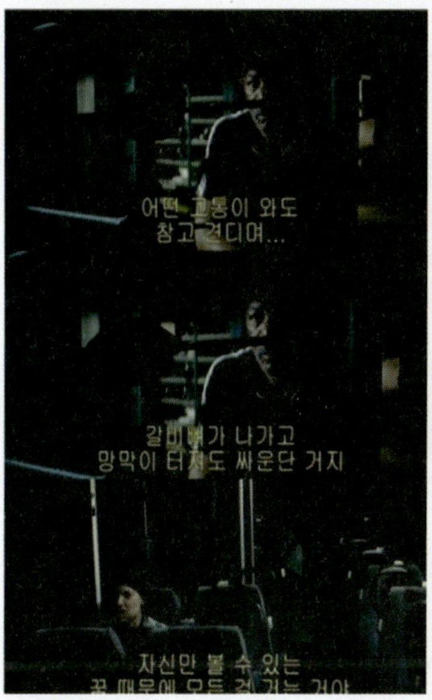

- ✓ "어떤 고통이 와도 참고 견디며... 갈비뼈가 나가고 망막이 터져도 싸운단 거지. 자신만 볼 수 있는 꿈 때문에 모든 걸 거는 거야." 이 대사는 매기의 꿈이 절실함을 보여준다.
- ✓ 우리 뇌는 한계상황에 직면하면 진가를 발휘한다. 자신의 한계상황에 직면했지만 꿈이 있었기에 마침내 승리를 거둘 수 있었다.

명대사

"누구든 경기에서 한번은 패할 수 있어.
하지만 그걸 이겨 내야만 세계 챔피언이 될 수 있지."

명대사

"복싱은 이상한 스포츠지. 모든 게 거꾸로야.
고통이 와도 피하기는커녕 그 속으로 뛰어 드니까."

명대사

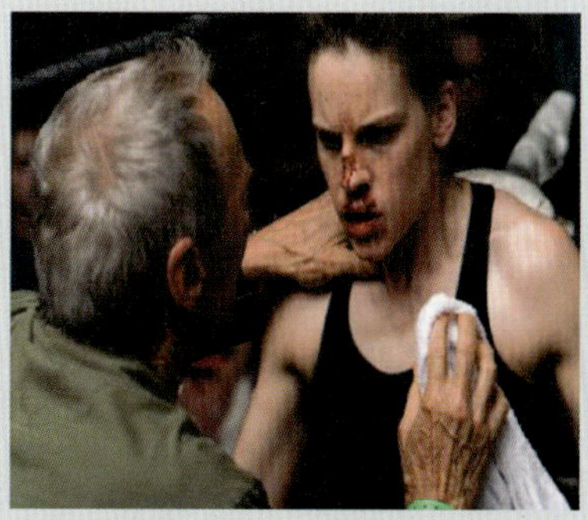

"문제는 복싱이 너무 좋다는 거예요.
서른 두 살이 늦은 거라면 저한테 아무것도 없는 거예요."

1. Million dollar baby

영화 뒷 이야기

매기 역을 맡은 힐러리 스웽크는 단단하면서도 페이소스 짙은 연기를 펼쳤다. 1974년 미국 네브래스카 링컨주 출신인 스웽크는 9살 때 연기 입문했고, 15세 때 무작정 할리우드로 상경했다. 그녀는 영화 각본을 읽은 즉시 매기 역에 친근감을 느꼈다고 한다. 밑바닥 출신으로 가진 것 없는 매기는 과거 자신과 닮은 점이 너무나 많은 인물이었던 것.

이 역을 소화하기 위해 스웽크는 살인적인 노력도 마다하지 않았다. 하루 무려 4-5시간씩 도장에서 땀 흘렸고 완벽한 근육질이 되기 위해 식단을 새로 짰다(그녀는 원래 채식주의 자였음).

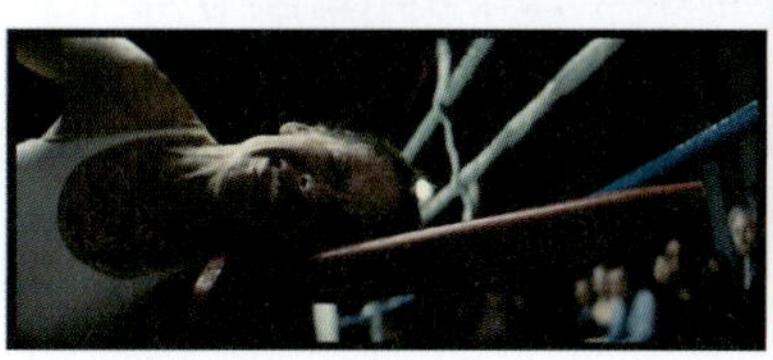

1. Million dollar baby

영화 뒷 이야기

단백질과 필수지방 위주로 구성된 음식을 매일 4천칼로리 섭취해야만 했다(한 시간 반마다 식사함). 그녀는 한밤중에 자다가도 깨어나 그날 하루치 목표 칼로리를 채우기 위해 단백질 음료(계란 흰자로 만듦)를 들이켰다. 그녀는 "침대에 누워선, '정말 하고 싶지 않다. 내일 아침에 깨어나지 않았으면...' 하고 생각했다"고 회고했다. 하지만 막상 크랭크인(영화촬영 시작)이 시작됐을 때, 체중은 9kg나 늘어 있었고 가녀린 몸매는 딱딱한 근육질로 바뀌어 있었다. 마침내 그녀는 복서로 거듭났다.

1. Million dollar baby

명대사

편치는 힘이 아니라 정확도가 우선!

쭉 지켜봐 왔는데, 넌 발을 안 움직여. 그냥 서 있어. 체중을 싣고 움직이는 것부터 배워. 여기, 보라구. 무릎 굽혀봐. 조금만. 상대를 치려면 자세는 잡아야지. 펀치는 힘이 아니라 정확도가 우선이야. 날 봐. 카운트를 하면서 이걸 정확히 치는 거야. 그리곤 오른발을 움직여. 거긴 체중 싣고, 다음엔 손등으로 송곳 찌르듯. 그리곤 다시 체중 이동, 오른손으로 또 송곳 찌르듯. 다음엔 오른손으로. 내 발만 보라구. 이렇게 해야지, 해 봐!

\- 영화 속 트레이너(프랭키) 대사

공부도 마찬가지. 정확한 학습법이 중요!

2. 뇌는 바삐 추리할 때 재미 느낀다

재미 없는 공부는 뇌도 재미 없어 한다

재미엔 2종류가 있는데, 인지적 재미와 정서적 재미

인지적 재미

• 추리와 같이 깊은 생각을 통해 느끼는 재미(예상과 다른 무언가를 발견하며 놀랄 때, 이를 추리로 설명할 수 있으면 만족감을 느끼는데 이런 느낌이 인지적 재미)

Vs.

정서적 재미

• 단순히 웃긴 소리를 듣거나 장면을 봤을 때 느끼는 재미

인지적 재미를 느꼈을 땐 생각, 기억, 추리를 담당하는 전두엽, 측두엽, 두정엽이 활발

2. 뇌는 바삐 추리할 때 재미 느낀다

Quiz

'지네가 내기에 져서 심부름을 갔다. 한참이 지나도 지네가 돌아오지 않았다.' 이 뒤에 올 문장은?

① 지네가 스물세 번째 신발 끈을 묶고 있었기 때문이다.
② 지네가 다리를 꼬고 앉아 있다.
③ 지네의 걸음이 워낙 느렸다.

3번은 재미가 없다. 뇌를 찍어보니 기대했던 보상이 적을 때 반응하는 영역(전대상회 뒷부분)이 활성화됐다. 예상과 맞아떨어지는 문장이 제시되자 재미도 떨어지고 보상을 받지 못했다고 느낀 것.

2. 뇌는 바삐 추리할 때 재미 느낀다

1번은 다리가 많은 지네가 아직 돌아오지 않은 이유를 신발을 여러 켤레 신어야 한다는 예상치 못한 정보와 연결해 추리함으로써 재미를 느꼈다. 이에 따라 생각/추리를 담당하는 전두엽과 측두엽, 두정엽이 활발해졌다.

2번은 1차 시각영역과 갈등을 찾아내는 전대상회가 활발히 반응했다.

2. 뇌는 바삐 추리할 때 재미 느낀다

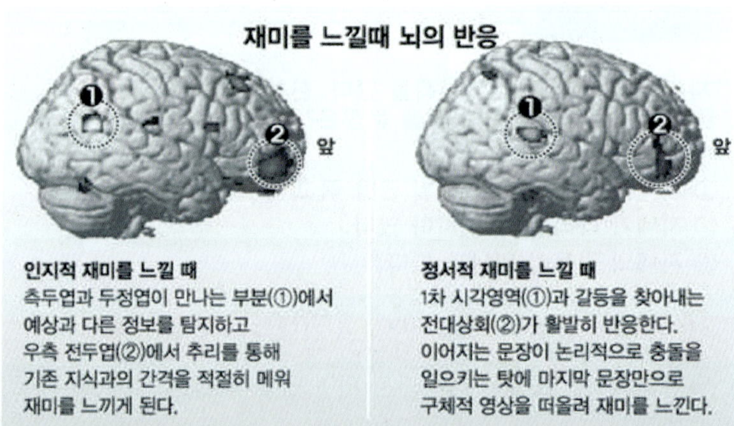

인지적 재미를 느꼈을 때 뇌(왼쪽)와 정서적 재미를 느꼈을 때 뇌(오른쪽)의 비교자료
똑같이 재미를 느꼈지만 뇌가 활성화되는 부분은 다르다.

2. 뇌는 바삐 추리할 때 재미 느낀다

결론

공부할 때 뇌에서 생각, 기억, 추리하는 부위를 더 활발하게 하기 위해서는 1번과 같이 인지적 재미를 느끼면서 공부를 하는 게 더 좋다. 따라서 책을 처음부터 끝까지 그냥 읽거나 무조건 외우는 공부보다, 추리를 하거나 퀴즈 형식을 이용한 공부가 훨씬 좋다.

2. 뇌는 바삐 추리할 때 재미 느낀다

재미연구는 학습연구와 연결될 수 있다. **어떻게 하면 재미있게 공부할 지 알아낼 수 있다.**

인지적 재미를 계속 느끼다 보면 공부에 대한 동기를 얻을 수 있다.

학습과정에서 예상과 다른 정보를 만났을 때, 기존 지식과 간격을 추리로 채우는 과정에서 인지적 재미를 느낄 수 있다.

재미는 단순히 스트레스 해소용이 아니라 **공부에 몰두하는 동기가 되고 결국 뇌구조를 변화시켜서 학문하는 즐거움에 빠지게 만들 것.** 재미를 불러일으킬 수 있는 학습환경을 설계하자!

2. 뇌는 바삐 추리할 때 재미 느낀다

권태로움은 뇌 건강에 악영향

워털루 의대 연구진은 피험자들에게 각각 재미있는 영화와 슬픈 영화, 지루한 영화를 보여주었다. 이들의 혈액을 뽑아 스트레스 호르몬의 분비량을 측정한 뒤 영화를 보기 전과 비교해봤다. 결과 지루한 영화를 본 뒤에는 재미있거나 슬픈 영화를 봤을 때보다 스트레스 호르몬 분비량이 27%나 더 많았다.

일본의 한 대학연구진은 MRI를 이용해서 지루할 때 나타나는 뇌 변화를 측정해봤는데 지루할 땐 전전두엽 산소 포화도가 평소보다 40%나 떨어지는 것으로 나타났다.
뇌가 저산소증에 빠진 것. 지루할 때 하품이 나는 것도 뇌가 저산소증에 빠졌기 때문인데, 문제는 이 상태가 계속되면 뇌는 물론 심장 기능까지 떨어뜨릴 수 있다는 것.

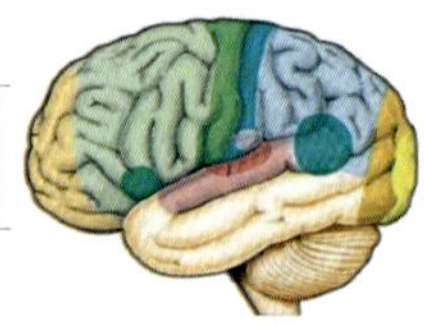

2. 뇌는 바삐 추리할 때 재미 느낀다

권태로움은 뇌 건강에 악영향

10년간 권태와 건강의 관계를 연구해온 캐나다 요크대학의 조사결과, 직업을 가진 사람들 중 권태를 느끼는 직업군에 소속된 사람들은 일반 직업군의 사람들과 비교해 심장병 사망률이 2.6배나 높아지는 걸로 나타났다.

"지루함은 인체가 준비할 수 없는 자극으로서 굉장히 큰 스트레스로 온다. 미리 준비할 수 있는 게 없기 때문에 그 자극으로 인해 심혈관계라든지 혈관계통에 문제가 생기는 것으로 보여진다." – 내분비 전문의

"동물과 달리 인간은 똑같은 일상이 반복되면 권태를 느끼고, 권태가 이어지면 고통스러워한다."

이 말은 100년 전 철학자 러셀이 한 말인데, 이 말이 이제 과학적으로 입증되었다.

3. 즐거운 뇌가 공부도 잘한다

"기분을 UP! 성적도 UP!"

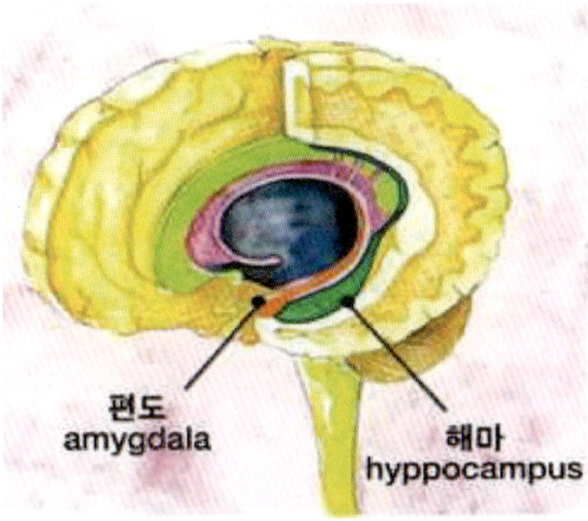

기분담당(편도), 기억담당(해마) 가까이에.
이 둘은 뉴런으로 연결돼 있다. 즉, 공부할 때 기분이 공부하는 능력에 큰 영향을 준다.

즐겁게 공부할 수 있는 뇌과학적 방법

일러스트=최정미

1. 뇌는 바삐 추리할 때 재미를 느낀다
2. 즐거운 뇌가 공부도 잘 한다
3. 뇌는 뇌다
   - 꼬치꼬치 간섭하지 않을 때 뇌는 가장 잘 움직인다
4. 독서는 뇌가 먹는 비타민
   - 소설 한 권이 인생을 바꾼다
5. 목표가 분명할 때 뇌는 힘차게 작용한다
6. 공부할수록 똑똑해지는 이유
   - 뇌 속 초고속 반도체, 시냅스
7. 천재도 노력하는 사람을 따라잡을 수 없다
   - 성실함이 쌓여 인간을 만든다
8. 최고의 산출을 위한 몸, 마음 관리법

참고문헌 및 사이트

- 류영주, 성공두뇌 만들기, 대구가톨릭대학출판부

차시예고

다음 시간에는
3차시 전두엽에 있는
동기유발의 뇌부위를
학습하도록 하겠습니다.

재미있는 뇌이야기

7주 3차시 동기유발의 뇌

학습목표

목표가 분명할 때 힘차게 돌아가는 뇌 작동원리를 설명할 수 있다.

학습내용

1. 동기유발의 뇌
2. 책읽기는 뇌가 먹는 비타민
3. 바른생활의 힘이 곧 뇌력

1. 동기유발의 뇌

목표가 분명할 때 뇌는 힘차게 작동한다

목표가 뚜렷하지 않으면 뇌는 힘찬 작용을 못하고 욕망과 공상에 끌려 다니게 된다.

전두엽엔 동기유발의 뇌 부위가 있고, 이 부분 바로 밑엔 감정을 담당하는 뇌가 있어서 서로 정보를 교환하며 영향을 준다. 목표를 갖게 되면 동기유발 뇌가 자극되고, 이 자극이 감정의 뇌로 내려가 기분이 좋아진다. 이 좋은 기분은 감정의 뇌 안에 있는 기억중추인 해마에까지 영향을 미쳐 기억이 잘되고 공부도 잘되게 한다. 이 즐거운 마음이 전두엽을 다시 자극해 집중력 높이는 등 공부효율도 높아지게 한다.

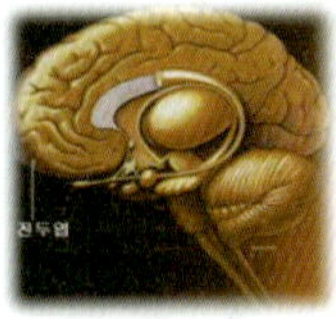

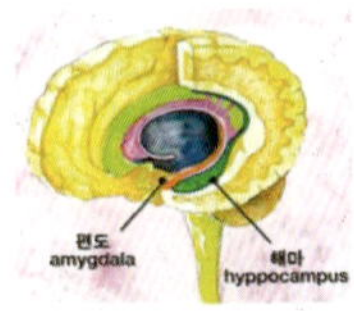

목표 – 전두엽 동기유발부위 – 편도체/해마

참조하기: KBS 다큐 공부하는 인간 1부. 중국학생들의 목표의식

1. 동기유발의 뇌

빈센트 반 고호

"괴로워하거나 불평하지 말라.

사소한 불평은 눈감아 버려라.

어떤 의미에서는 인생의 큰 불행까지도 감수하고, 목적만을 향해 똑바로 전진하라"

1. 동기유발의 뇌

꿈을 좇을 때 우리의 심장은 결코 상처받지 않는다!

자아찾기 여행을 그린 소설!
저자: 파울로 코엘료

1. 동기유발의 뇌

연금술사

파울로 코엘료

1947년 브라질 리우데자네이루에서 출생한 그는 대학에서 법학을 전공한다. 25세에 연극예술가겸 TV극작가로 시작해서 대중음악을 작사 작곡하는 등 명성을 떨친다. 책 <연금술사>는 그를 세계적 작가반열에 오르게 한다.

어린시절부터 글쓰기를 좋아했으나 기술자가 되길 원하는 부모님과의 갈등 때문에 청소년기는 우울증과 분노의 연속이었다. 십대 때 세 차례나 정신병원에 입원했고, 1970년에는 법과대학을 중퇴했다. 이후 남아메리카와 멕시코 등지를 여행하면서 사색의 시간을 가졌다.

1. 동기유발의 뇌

꿈을 좇을 때 심장은 결코 상처받지 않는다!

연금술사 주인공 산티아고는 목동이다.

양들을 사랑하지만 양이라고 하는 제한된 속성을 알아차린다. 양들은 먹을 것과 물을 찾을 뿐, 결코 고개를 들어 언덕이나 놀을 감상하지 못한다.

부모도 생필품을 마련하기 급급해서 자신들의 야망을 돌아볼 겨를 없다. 반면 산티아고는 글을 읽을 줄 알며 여행하고 싶어한다. 어느날 한 노파를 만난다.
"미지의 세상으로 나아가라!"

이집트에 있는 피라미드를 가리키며 그곳에서 보물을 찾게 될 거라 한다. 산티아고는 길을 떠난다. 하지만 재앙을 만나 갖고 있던 돈을 도둑맞는다. 하지만 낙심하지 않으며 오히려 자신이 옳은 길을 가고 있다는 놀라운 확신을 얻는다. 그의 삶은 달라졌고 하루하루가 새롭고 만족스럽다.

1. 동기유발의 뇌

꿈을 좇을 때 심장은 결코 상처받지 않는다!

꿈을 위해선 대가를 치러야 한다. 하지만 꿈꾸지 않는 것 역시 대가를 치른다. 그렇다면 이치에 닿는 의문을 탐닉하는 편이 훨씬 낫다.

연금술사는 낭만적 사랑이 삶의 중심이 돼야 한다는 생각을 거부하는 사랑 이야기다. 인간은 타인으로부터 독립된 삶을 추구하는 운명을 타고난다.

산티아고는 꿈에 바라던 여성을 만났을 때 그의 목표인 보물찾기를 포기한다. 하지만 연금술사는 그 여성이 정말 산티아고를 사랑한다면, 산티아고가 보물을 찾아나서는 일을 지지해야 한다고 충고한다. 연금술사는 꿈을 찾고 살면 지금보다 훨씬 더 풍족한 사랑이 삶 속에 넘쳐날 거라 충고한다.

꿈을 좇을 때 심장은 결코 상처받지 않는다. 꿈을 찾아나서는 순간마다 신과 영원함을 만나기 때문이다!

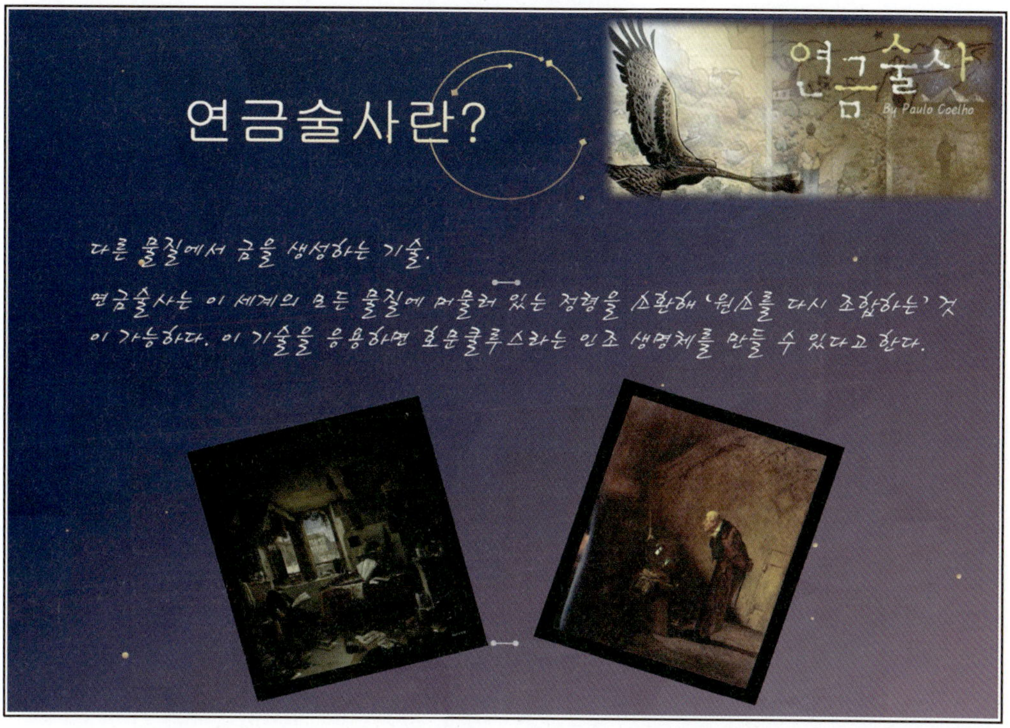
연금술사란?
연금술사
By Paulo Coelho
다른 물질에서 금을 생성하는 기술.
연금술사는 이 세계의 모든 물질에 머물러 있는 정령을 소환해 '원소를 다시 조합하는' 것
이 가능하다. 이 기술을 응용하면 호문쿨루스라는 인조 생명체를 만들 수 있다고 한다.

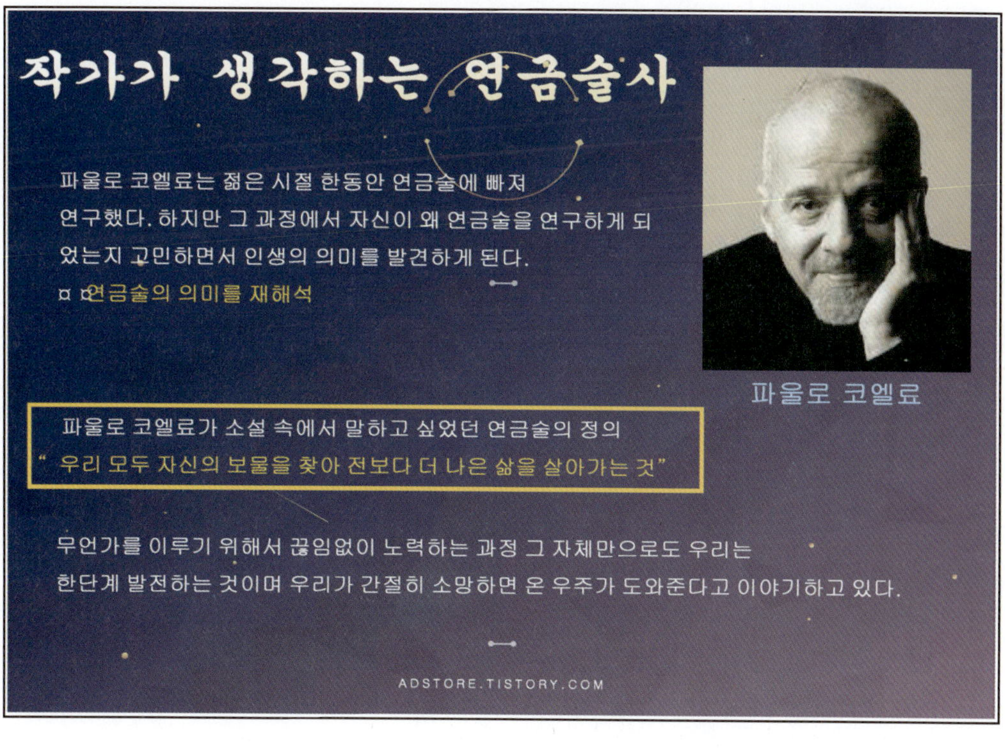
작가가 생각하는 연금술사
파울로 코엘료는 젊은 시절 한동안 연금술에 빠져
연구했다. 하지만 그 과정에서 자신이 왜 연금술을 연구하게 되
었는지 고민하면서 인생의 의미를 발견하게 된다.
¤ ¤연금술의 의미를 재해석
파울로 코엘료
파울로 코엘료가 소설 속에서 말하고 싶었던 연금술의 정의
" 우리 모두 자신의 보물을 찾아 전보다 더 나은 삶을 살아가는 것"
무언가를 이루기 위해서 끊임없이 노력하는 과정 그 자체만으로도 우리는
한단계 발전하는 것이며 우리가 간절히 소망하면 온 우주가 도와준다고 이야기하고 있다.
ADSTORE.TISTORY.COM

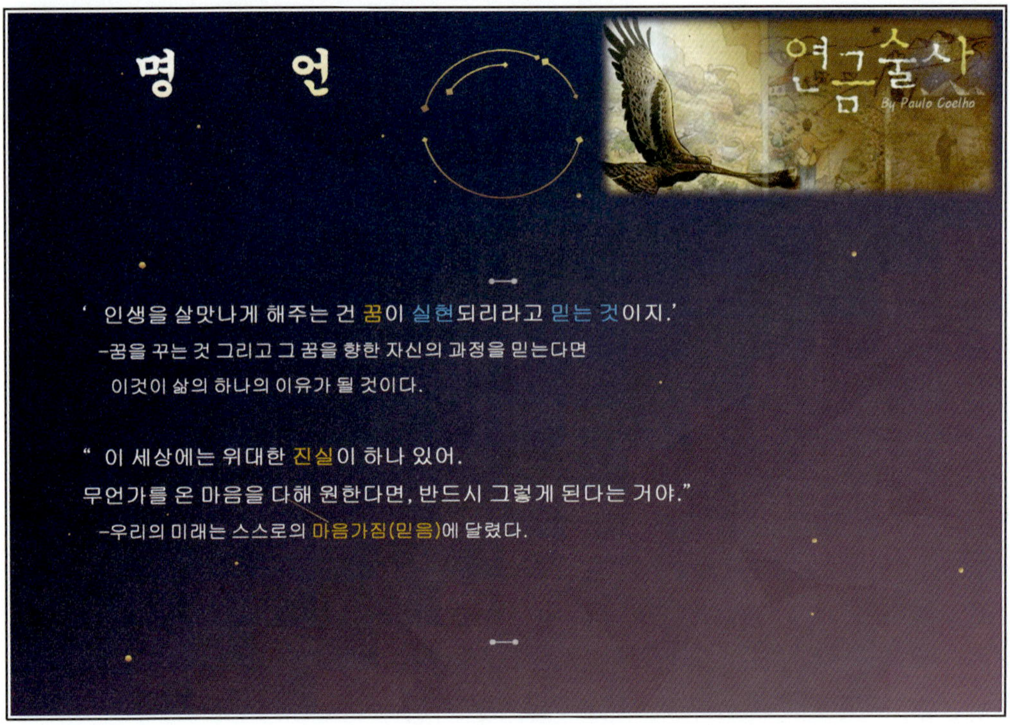
명 언
연금술사
By Paulo Coelho
' 인생을 살맛나게 해주는 건 꿈이 실현되리라고 믿는 것이지.'
-꿈을 꾸는 것 그리고 그 꿈을 향한 자신의 과정을 믿는다면
이것이 삶의 하나의 이유가 될 것이다.
" 이 세상에는 위대한 진실이 하나 있어.
무언가를 온 마음을 다해 원한다면, 반드시 그렇게 된다는 거야."
-우리의 미래는 스스로의 마음가짐(믿음)에 달렸다.

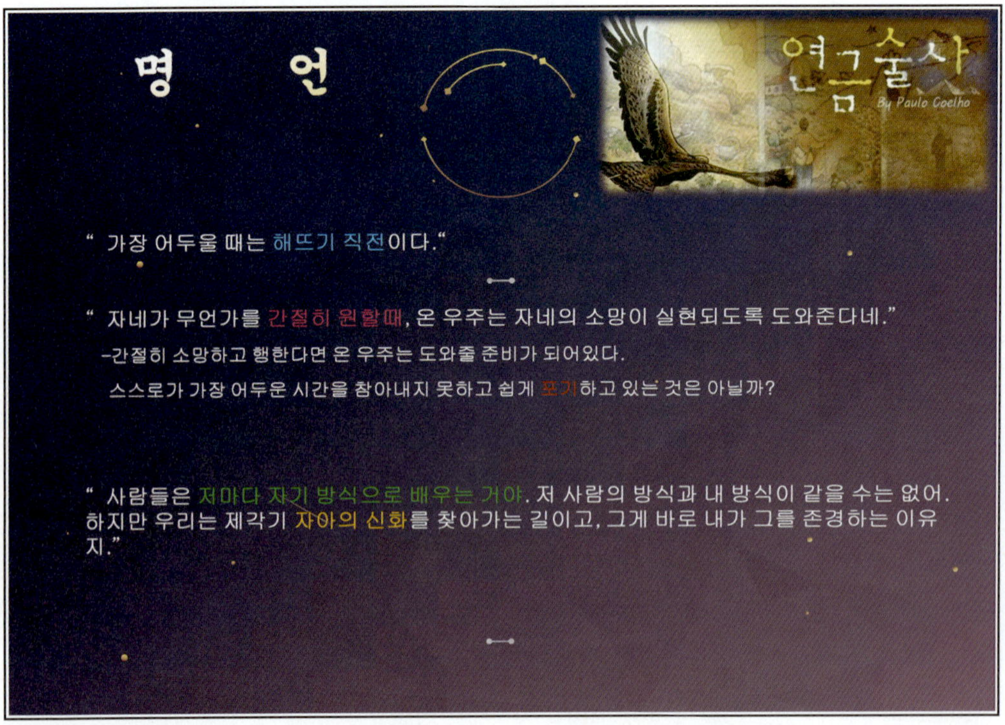
명 언
연금술사
By Paulo Coelho
" 가장 어두울 때는 해뜨기 직전이다."
" 자네가 무언가를 간절히 원할때, 온 우주는 자네의 소망이 실현되도록 도와준다네."
-간절히 소망하고 행한다면 온 우주는 도와줄 준비가 되어있다.
스스로가 가장 어두운 시간을 참아내지 못하고 쉽게 포기하고 있는 것은 아닐까?
" 사람들은 저마다 자기 방식으로 배우는 거야. 저 사람의 방식과 내 방식이 같을 수는 없어.
하지만 우리는 제각기 자아의 신화를 찾아가는 길이고, 그게 바로 내가 그를 존경하는 이유지."

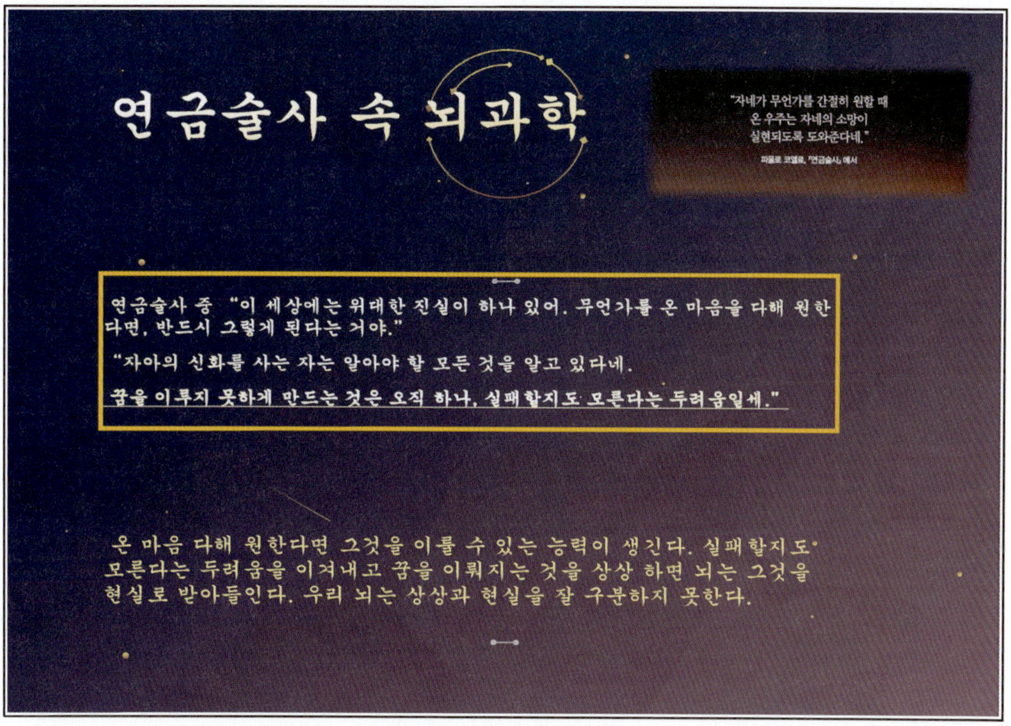
연금술사 속 뇌과학
"자네가 무언가를 간절히 원할 때
온 우주는 자네의 소망이
실현되도록 도와준다네."
파울로 코엘료, 『연금술사』에서
연금술사 중 "이 세상에는 위대한 진실이 하나 있어. 무언가를 온 마음을 다해 원한다면, 반드시 그렇게 된다는 거야."
"자아의 신화를 사는 자는 알아야 할 모든 것을 알고 있다네.
꿈을 이루지 못하게 만드는 것은 오직 하나, 실패할지도 모른다는 두려움일세."
온 마음 다해 원한다면 그것을 이룰 수 있는 능력이 생긴다. 실패할지도 모른다는 두려움을 이겨내고 꿈을 이뤄지는 것을 상상 하면 뇌는 그것을 현실로 받아들인다. 우리 뇌는 상상과 현실을 잘 구분하지 못한다.

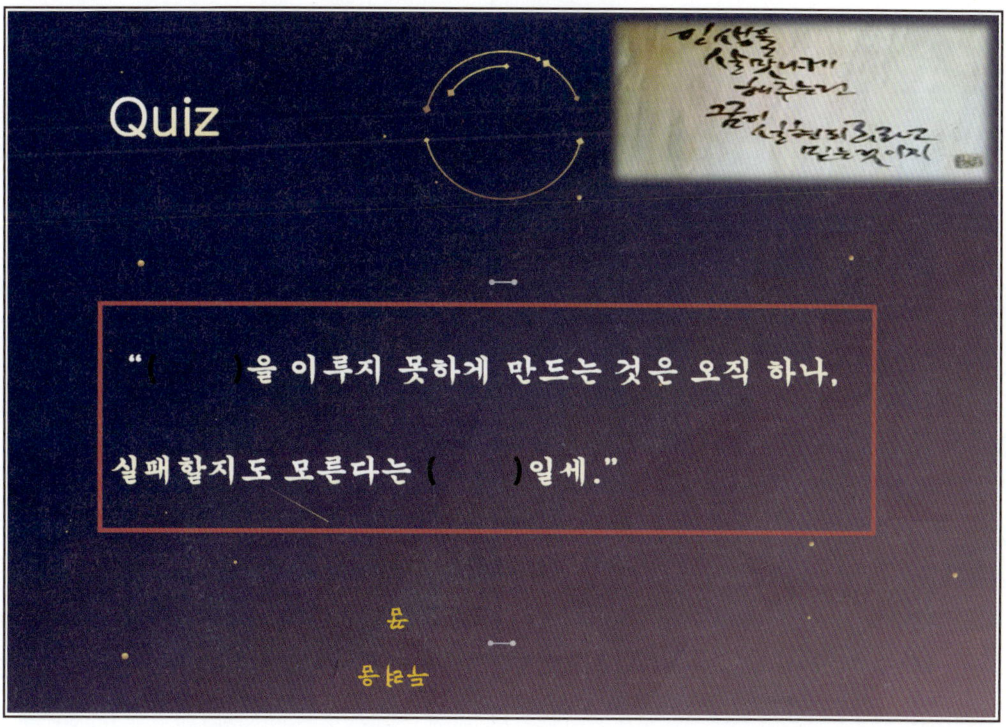
Quiz
인생을 살맛나게 해주는건 꿈이 실현되리라고 믿는것이지
"(　　)을 이루지 못하게 만드는 것은 오직 하나,
실패할지도 모른다는 (　　)일세."
꿈
두려움

2. 책읽기는 뇌가 먹는 비타민

독서를 통해 뇌 신경회로를 새로 만들고 강화

세상엔 두 부류의 사람들이 있다. 하나는 책 읽는 사람들, 또 하나는 책 읽은 사람들이 하는 이야기를 듣는 사람들

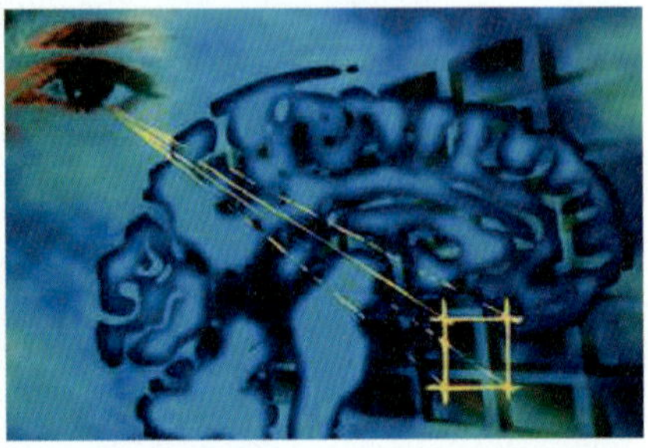

일러스트=주간동아

천국은 마치 도서관처럼 생겼을 것이다.

최근 과학자들은 소설 한권이 인생을 바꿀 수 있음을 입증한 논문을 잇따라 발표했다. 소설에 나오는 주인공을 자신과 동일시하면 뇌 신경회로가 바뀌며, 문학성이 풍부한 소설은 사람을 이해하는 능력도 높인다는 것!

2. 책읽기는 뇌가 먹는 비타민

"도서관 숙직원에 지원했다. 도서관 건물 안에 있는 숙직담당 경비원 작은 방에서 먹고자며 경비를 하는 일이었다. 도서관이 아직 문 열지 않은 새벽에도 나는 서가를 왔다갔다하며 책을 자유롭게 꺼내 읽었다. 도서관은 평일에 저녁 7시면 문 닫는다. 3층 건물 창문이 모두 닫혀 있는지 순찰한 후 정문 열쇠를 걸어잠그면 도서관이 통째로 나만의 성이 되었다.

정확하게 말하면, 그 건물에는 또 하나의 숙직실에 젊은 철학도가 살고 있었으므로 사실은 우리 두 사람의 성이 된 것이라고 말해야 옳을 것이다. 그도 역시 독서가로 논의를 좋아할 뿐 아니라 특히 음악에 취미가 깊었다. 우리들은 값싼 스테레오를 복도에 내놓고 베토벤을 틀기도 했다. 1층에서 3층까지 트인 도서관 내부는 그대로 콘서트 홀이 되어 장대한 음악이 울려 퍼졌다.

뭔가 골똘히 생각할 때는 한밤중에 도서관 안을 뚜벅뚜벅 혼자 걷기도 했다. 얼마나 좋았겠는가. 이렇게 해서 나는 플라톤 전집을 다 읽고, 아리스토텔레스의 책 상당 부분을 읽었다."

- 와타나베 쇼이치의 <지적생활법> 중

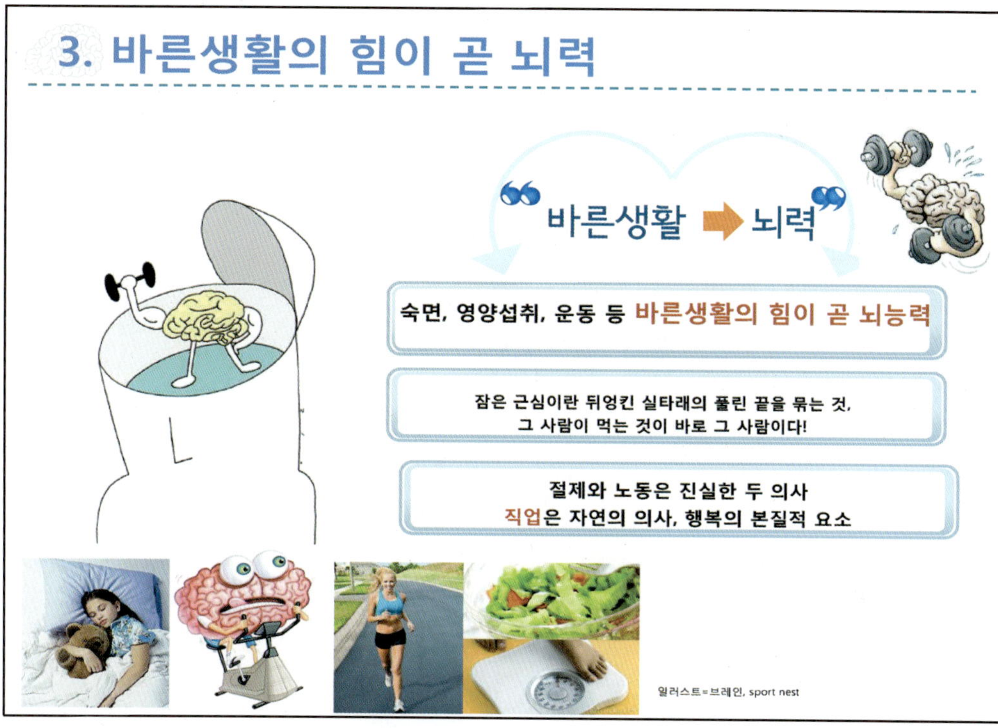
3. 바른생활의 힘이 곧 뇌력
바른생활 뇌력
숙면, 영양섭취, 운동 등 바른생활의 힘이 곧 뇌능력
잠은 근심이란 뒤엉킨 실타래의 풀린 끝을 묶는 것,
그 사람이 먹는 것이 바로 그 사람이다!
절제와 노동은 진실한 두 의사
직업은 자연의 의사, 행복의 본질적 요소
일러스트=브레인, sport nest

세상에서 가장
힘세고 건강하고
행복한 사람이 되는 길?
사랑하는 것!
사랑이 충만하다면 치유하지 못할 병도, 이겨내지 못할 역경도 없다. 의심의 여지없이 사랑은 모든 것의 근본이다. 사랑은 세상에서 가장 중요한 감정일 뿐 아니라, 유일하게 중요한 최고의 과학적 진실이기도 하다. 서로 사랑하면서 우리 안에 깃든 양심, 인성, 영성의 감각을 일깨울 때 3층으로 이뤄진 뇌가 통합돼 몸도 건강하고, 정서적으로도 안정돼 머리도 잘 돌아가고, 영적으로도 충만한 삶을 누릴 수 있다. 이것이 바로 참된 행복에 이르는 길이다!

퀴즈

Quiz

동기유발의 뇌부위가 있다고
알려진 곳은?

전두엽

학습정리

김연아 선수의 피겨 기술을 통해 분명하고 정확하게 공부하는 법을 살펴보았다. 분명히 아는 것은 내 것이지만 희미하게 아는 것은 결국 남의 것이다.
즐겁게 공부할 수 있는 뇌과학적 방법, 즉 "뇌는 바삐 추리할 때 재미 느낀다" "즐거운 뇌가 공부도 잘 한다" "목표가 분명할 때 뇌는 힘차게 작동한다"는 사실을 학습했다.

참고문헌 및 사이트

- 가토 다이조, 대학생활 어떻게 할까?, 김홍희 역, 디자인하우스
- 류영주, 성공두뇌 만들기, 대구가톨릭대학출판부

차시예고

다음 시간에는
8주 1차시 성공두뇌 만들기(2)을
학습하도록 하겠습니다.

학습목표

효율적인 뇌 활용법을 설명할 수 있다.

학습내용

지능이 높은 뇌는 힘이 덜 든다.

1. 지능이 높은 뇌는 힘이 덜 든다.

축구에 비유하면 **'적게 뛰고 많이 넣고'**

각 나라의 축구 형태는 언뜻 보기엔 비슷해 보이지만 자세히 보면 저마다 자신의 색깔을 갖고 있음.

1. 지능이 높은 뇌는 힘이 덜 든다.

영국 축구

- 체력을 앞세운 몸싸움과 공중전, 격렬한 태클을 주로 하는 직선적이고 단순한 축구
- 비가 많고, 잔디가 풍성한 환경과 연관

독일 축구

- 조직적, 독일축구를 전략과 작전 수립하기 쉽게 만듦
- 독일제품의 튼튼함, 정확성과도 관련

1. 지능이 높은 뇌는 힘이 덜 든다.

남미 축구

'화려한 개인기'라는 대명사로 불린다. 더운 날씨 탓에 체력보다 기술축구가 발전된 것이다.

하지만 한편으론 가난한 환경과도 연관된다. 일정한 틀 없이 골목이나 빈터에서 뛰어놀던 자유분방함이 천의무봉의 예술축구를 낳은 것!

1. 지능이 높은 뇌는 힘이 덜 든다.

축구황제 펠레는 소년시절을 이렇게 회고

"나는 다행스럽게도 전술이라든가 포메이션 따위를 모르고 자라 나만의 축구를 발전시킬 수 있었다"

1. 지능이 높은 뇌는 힘이 덜 든다.

남미 축구
- 적게 뛰고 많이 넣고

2010년 남아공 월드컵에서 8강 진출국 중 절반이 남미팀

남미팀 특징: **적게 뛰고 많이 넣는 효율적 경기**

아르헨티나는 네 경기를 치르면서 393km 달림. 가장 먼 거리 달린 미국(473km)보다 80km 모자라지만 미국보다 골을 두 배 터뜨림

1. 지능이 높은 뇌는 힘이 덜 든다.

남미팀처럼 영리하게 뛰는 선수로 박지성을 꼽음. 두뇌회전이 빠르고, 전술적 감각, 지구력이 뛰어남

박지성의 열정과 공을 몰고가는 데 있어서 공간 이해력이 가장 마음에 든다. 공을 소유하고 있지 않을 때도 움직임이 좋고, 위치선정도 훌륭하다. 공간 이해력이 좋아서 팀이 공을 가졌을 때 항상 공을 패스를 받을 수 있는 위치에 미리 가 있다.

– 퍼거슨 감독

1. 지능이 높은 뇌는 힘이 덜 든다.

박지성의 강점

멀티플레이, 양발사용

폭발적인 순간 스피드

창조적인 공간 창출과 뛰어난 예측 능력

1. 지능이 높은 뇌는 힘이 덜 든다.

박지성과 남미팀 경기스타일을 보니, 지능이 높은 뇌는 힘이 덜 든다는 말이 떠오름

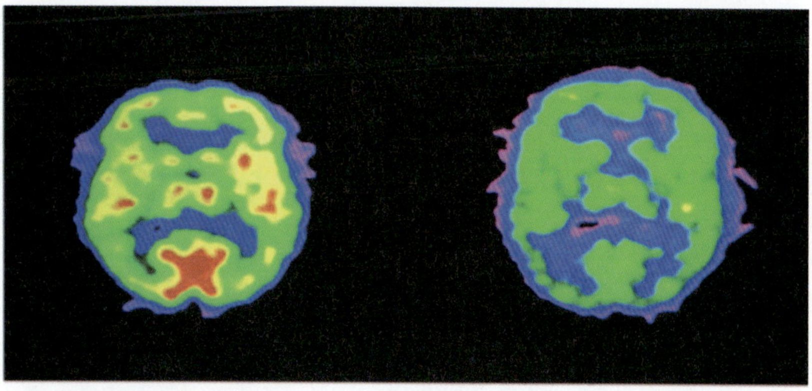

- **시험 잘 친 학생(100점)이 못 친 학생(50점)보다 반드시 더 많은 뇌의 힘을 사용하는 것이 아님. 이 PET은 얼마나 많은 포도당을 뇌가 대사하는지 보여줌.**
- **오른쪽 '현명한' 뇌는 왼쪽 뇌보다 시험에 정확한 답을 찾기 위해 더 적은 포도당(노란색)을 이용.**

1. 지능이 높은 뇌는 힘이 덜 든다.

수학 달인 위원석

수능과 유학시험, 두 시험에서 모두 최상위 성적 얻은 그만의 공부비법!

1. 지능이 높은 뇌는 힘이 덜 든다.

경주용차 마세라티, 덩치큰 지프 허머(보통 차량은 1L당 13km, 마세라티는 1L당 20km, 지프는 1L당 10km)

위원석은 수학에서 '연비 좋은 차'가 됨

1. 지능이 높은 뇌는 힘이 덜 든다.

- 프로 골프선수도 마찬가지
- 프로와 초보 스윙 순간 뇌 상태 fMRI로 촬영
- 초보 - 머릿속에서 배운 것을 정리하느라 생각이 복잡, 감정중추인 변연계까지 활성화
- 프로 - 반복훈련 결과, **운동피질만 조금 사용**

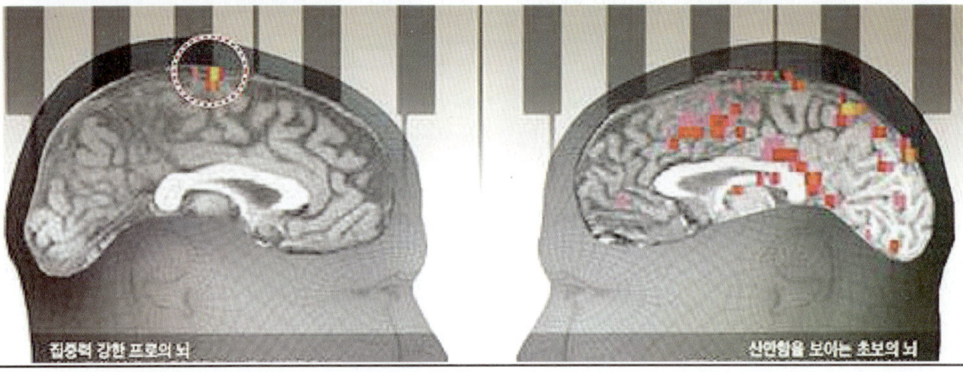

프로 뇌 Vs. 아마추어 뇌

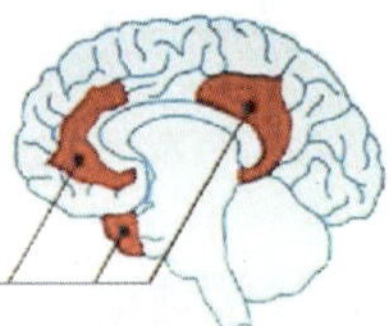

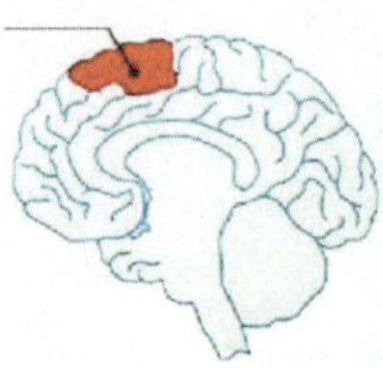

프로

- 집중력 뛰어남
  - 사용 부위 적음
- 정보를 훨씬 능률적으로 처리

→ 거듭된 연습과 숙달된 지식을 쌓은 결과

아마추어

- 평소 다른 생각을 많이 하기 때문에 뇌 전체를 사용함.
- 남들 놀 때 공부하듯, 아마추어 뇌는 놀아야 할 뇌까지도 열심히 동원

1. 지능이 높은 뇌는 힘이 덜 든다.

체스 그랜드마스터 수전

"어떤 수를 둘지 감지할 뿐 생각하지 않는다."

1. 지능이 높은 뇌는 힘이 덜 든다.

그냥 추측하는 것처럼 보여도 먼저 치렀던 게임들을 바탕으로 한 **이성적 추측**

수전 뇌엔 약 3억 개 체스패턴들로 이뤄진 '체스전용 프로세스' 있음. 실전에선 그 패턴들이 머릿속에서 나와 상대와 체스를 두는 것. 이건 그냥 만들어진 게 아님. 5살 때부터 수전은 **체스게임 안의 모든 패턴을 반복암기**(5천권 체스책과 10만개 체스기보 암기). 이 과정이 그녀 뇌를 개조하면서 체스전용 프로세스가 만들어짐.

1. 지능이 높은 뇌는 힘이 덜 든다.

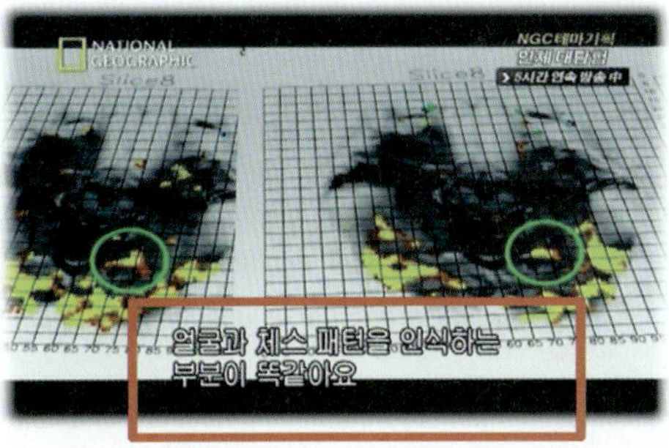

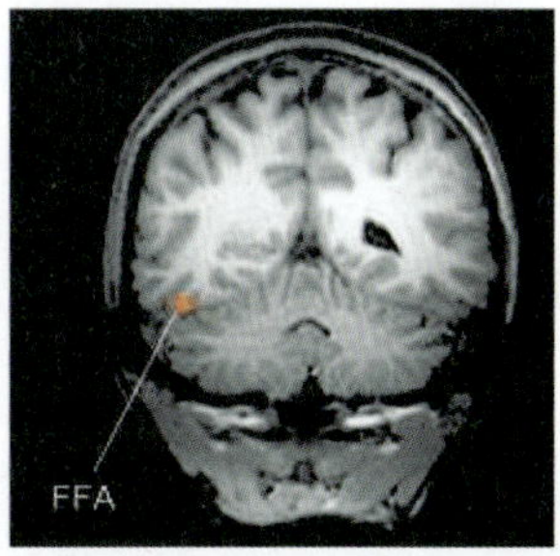

수전은 얼굴을 인식하는 방추형 얼굴 영역(Fusiform Face Area)을 체스패턴 인식 처리장소로 활용하고 있었다. 이 부위는 콩알만한 크기로 방추모양을 한 뇌이랑에 위치함. 이곳은 측두엽과 후두엽이 만나는 곳이다.

방추형 뇌이랑은 얼굴, 몸, 물체뿐 아니라 색깔, 단어, 숫자를 인식한다고 알려져 있는데 특히 FFA는 특히 인간의 얼굴을 알아보도록 분화된 곳이다. 사람이 얼굴을 인식할 때 fMRI로 찍어보면 이 부위가 활성화 된다. 그런데 체스 그랜드마스터 수전은 이 부위를 체스패턴을 인식하는 부위로 활용했던 것이다.

➢ 수전 폴가는 누구?

- 헝가리계 미국인으로 역사상 최고의 체스선수
- 세계여자체스선수권 4회 우승, 체스 Grandmaster GM 칭호 획득
- 웹스터대학 1위 팀의 헤드 코치에서 SPICE의 이사(체스 연구소)

- **1982년** 12세 나이에 16세 미만 여자에 대한 세계체스선수권대회 우승
- **1984년** 세계최고등급 여성체스선수
- **1992년** 체스챔피언
- **1996년** 자신의 제4회 세계선수권대회 타이틀 차지
- **2003년** "올해의 그랜드 마스터" 사상최강의 US 오픈 블리츠선수권대회에서 우승한 최초의 여자

⋮

➢ 수잔 폴가의 배경
●라즐로 폴가: 수전 폴가의 아버지
• 체스 교사이자 교육심리학자
• 유태인계 헝가리인
• '천재는 태어나는 것이 아니라 만들어지는 것 (아주 어려서부터 특별한 주제에 대한 교육을 받으면 뛰어난 성취를 이룰 수 있다)'이란 신념을 가진 사람
'역사상 가장 놀라운 교육 실험'
딸이 셋 태어났고, 부부는 체스를 비롯해 러시아어, 영어, 독일어, 고등 수학 등을 가르치며 일종의 '선택지 제안'을 한다. 첫째인 수전의 '응답'은 체스 선택이었다. 수전은 우연히 보게 된 체스 도구에 빨려 들었다고. ... 이후 동생들의 선택엔 맏이의 선택이 일종의 초기조건이 된 듯하다.

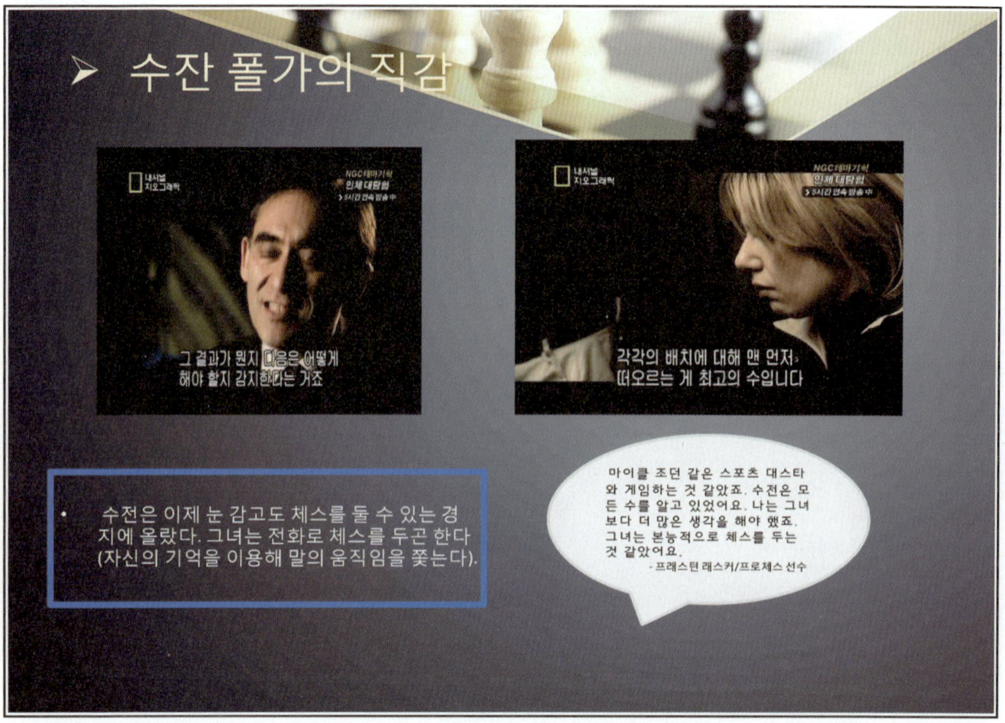

➢ 수잔 폴가의 직감
그 결과가 뭔지 다음은 어떻게
해야 할지 감지한다는 거죠
각각의 배치에 대해 맨 먼저
떠오르는 게 최고의 수입니다
• 수전은 이제 눈 감고도 체스를 둘 수 있는 경지에 올랐다. 그녀는 전화로 체스를 두곤 한다(자신의 기억을 이용해 말의 움직임을 쫓는다).
마이클 조던 같은 스포츠 대스타와 게임하는 것 같았죠. 수전은 모든 수를 알고 있었어요. 나는 그녀보다 더 많은 생각을 해야 했죠. 그녀는 본능적으로 체스를 두는 것 같았어요.
-프래스턴 래스커/프로체스 선수

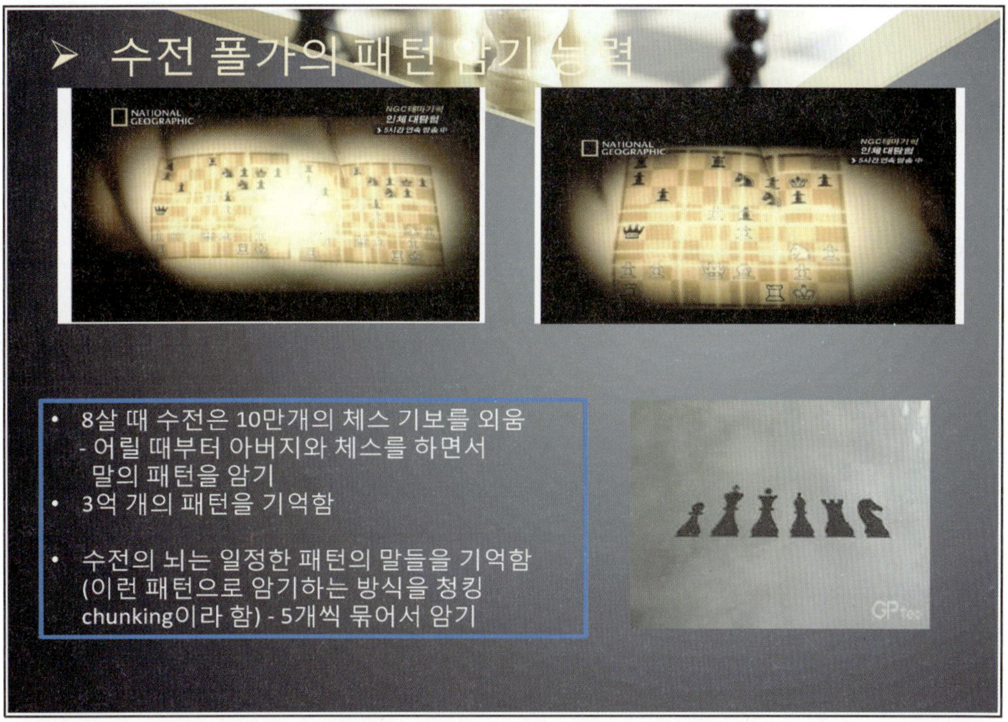
➢ 수전 폴가의 패턴 암기 능력
• 8살 때 수전은 10만개의 체스 기보를 외움
- 어릴 때부터 아버지와 체스를 하면서
말의 패턴을 암기
• 3억 개의 패턴을 기억함
• 수전의 뇌는 일정한 패턴의 말들을 기억함
(이런 패턴으로 암기하는 방식을 청킹
chunking이라 함) - 5개씩 묶어서 암기

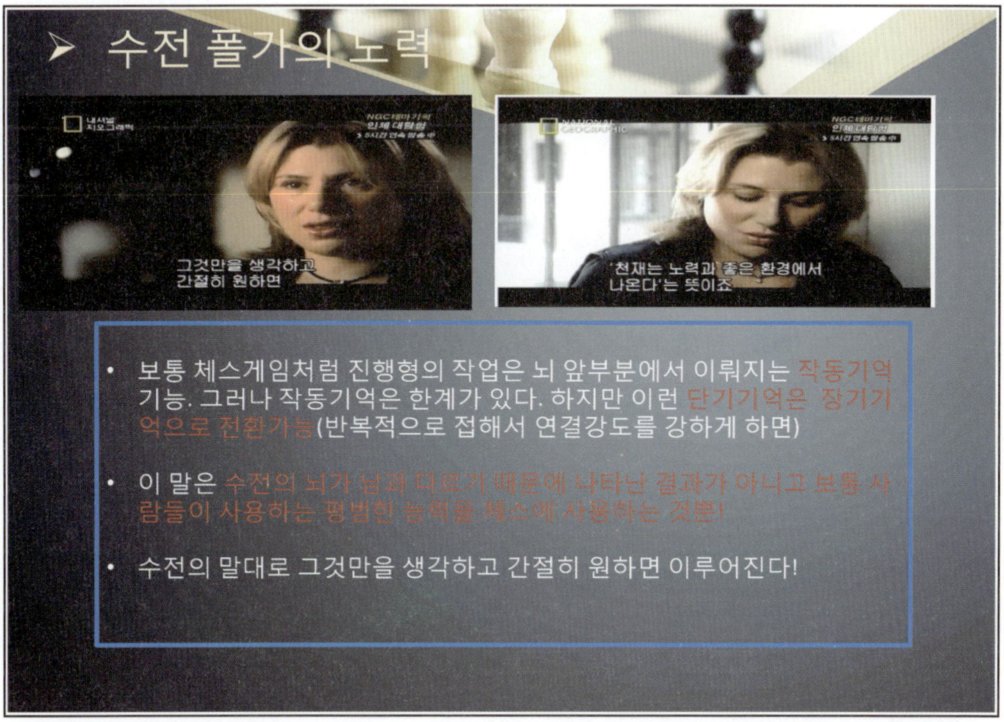
➢ 수전 폴가의 노력
그것만을 생각하고
간절히 원하면
'천재는 노력과 좋은 환경에서
나온다'는 뜻이죠
• 보통 체스게임처럼 진행형의 작업은 뇌 앞부분에서 이뤄지는 작동기억 기능. 그러나 작동기억은 한계가 있다. 하지만 이런 단기기억은 장기기억으로 전환가능(반복적으로 접해서 연결강도를 강하게 하면)
• 이 말은 수전의 뇌가 남과 다르기 때문에 나타난 결과가 아니고 보통 사람들이 사용하는 평범한 능력을 체스에 사용하는 것뿐!
• 수전의 말대로 그것만을 생각하고 간절히 원하면 이루어진다!

참고문헌 및 사이트

- 류영주, 성공두뇌 만들기, 대구가톨릭대학출판부
- [NG] 천재 1부 – 당신도 천재가 될 수 있다

차시예고

다음 시간에는

2차시 박지성 선수의 사례를

학습하도록 하겠습니다.

재미있는 뇌이야기

8주 2차시 박지성 선수의 사례

학습목표

박지성 선수의 경기 스타일을 통해 지능이 높은 뇌는 힘이 덜 든다는 이론을 설명할 수 있다.

학습내용

1. 박지성 선수의 경기 스타일
2. 박지성 선수의 땀과 눈물

1. 박지성 선수의 경기 스타일

박지성 프로필

- 1999년 명지대 진학
- 2000년 올림픽 축구 대표팀과 연습경기에서 좋은 활약을 보여 허정무 감독에 의해 올림픽 대표로 선발
- 2000년 명지대 휴학, 일본 교토퍼플상가 구단으로 진출 당시 하위권이던 교토퍼플상가에서 맹활약. 팀이 2부로 강등된 후에도 팀에 잔류해 다양한 포지션 소화하며 팀을 1부 리그로 이끔
- 2003년 1월, 가시마를 맞아 0-1로 뒤지던 후반 7분, 프리킥을 받아 헤딩으로 동점골 성공시키며 팀의 2-1 역전승 도움. 교토퍼플상가가 처음으로 우승하는데 기여
- 유럽 무대 진출시, 교토퍼플상가 구단주 말함
  "네가 절름발이가 돼서 돌아와도 받아 주겠다"
- 2002년 네덜란드 에인트호벤 이적
- 2005년 영국 프리미어리그 맨유 이적

1. 박지성 선수의 경기 스타일

박지성 애칭

'산소 탱크'
활동량이 넓고 경기장 전체를
폭넓게 뛰어도 체력이 남는
강철체력을 소유했다는 뜻

'유령'
경기장 어디든 순식간에 나타나
공 뺏는 모습을 보고 하는 말

1. 박지성 선수의 경기 스타일

경기 스타일

- 집중력과 근성이 돋보임
- **공간활용 능력과 영리한 움직임으로** 정평(sight: 박지성 포르투갈전 활약상)

- 공격 전개시 직접 볼을 처리하기보다는 좋은 위치에 있는 동료를 활용해 **팀 플레이 선호,** 팀의 승리를 위해 헌신적 기여

1. 박지성 선수의 경기 스타일

박지성 강점

Q 박지성 선수의 강점은 강인한 체력이 아닐까. 90분 내내 그라운드를 누비는 모습에 프랑스 언론에선 "경기장 안에 3명의 박지성이 있다"고 표현했을 정도. 빡빡한 팀 일정을 고려할 때, 체력은 최대 강점으로 꼽힌다. 그런 강철체력은 어디서 온 건가?

어머니 덕분. 어머니는 반찬가게를 했을 정도로 음식솜씨가 뛰어나다. 구할 수 있는 재료가 한정돼 있는 영국에서도 감격스러울 정도로 맛있는 메뉴로 식탁을 차려준다. 평소 어머니가 해주는 음식으로 아침과 저녁식사를 한다. 음식만큼은 한국에 있을 때와 다른 점이 없다. 나의 체력은 어머니가 차려준 식탁에서 나온 것.

1. 박지성 선수의 경기 스타일

박지성 강점

Q 경기 내내 뛰는 게 아니라 중간중간 종종 쉬는 모습을 봤다. 잠시 쉬는 동안 체력 회복 속도가 탁월하다 들었다.

운동을 오래 하면 근육 속에 '**젖산**'이 쌓인다. 이 젖산이 쌓이는 것을 '**피로**'라 한다. **나의 피로지수를 보면 상당히 낮게 나온다. 따라서 순간적으로 팍 뛰고, 좀 쉬고 하면 90분 내내 큰 차이 없이 뛸 수 있다.**

Q 그밖에 장점이라면?

창조적 공간창출 능력
양발사용
멀티플레이어 능력

1. 박지성 선수의 경기 스타일

박지성 강점

1. 창조적인 공간 창출 능력

박지성은 현란한 드리블, 화려한 경기를 뽐내는 선수가 아님. 빈 공간을 찾아 부지런히 움직이면서 찬스를 만들어 내고 수비가 없는 동료에게 패스를 해줌. 패스 후엔 2차 움직임까지 생각하고 이동함.

경기를 보는 시야가 넓은 박지성은 공간창출 능력과 동시에 효율적인 움직임을 보여줌. 이 점은 팀플레이를 쉽게 풀어갈 수 있게 함.

폭발적 순간 스피드도 장점. 박지성은 경기를 읽는 예측능력이 좋아 수비수보다 한 박자 빠르게 움직임.

1. 박지성 선수의 경기 스타일

박지성 강점

2. 양발 사용

축구는 0.1초 사이 모든 상황이 변하기 때문에 멈칫하는 사이에 수비수에게 둘러싸여 결정적 기회를 놓칠 수 있음. 그러므로 좌우 양발을 사용하는 선수가 유리함. 순간적으로 슈팅이든 패스든 어느쪽 발에서 바로 나갈 수 있기 때문에.

2005년 홍콩전 분석결과, 오른발잡이인 박지성은 45분을 뛰는 동안 양발을 고르게 사용한 것으로 나타남(오른발:57.2%, 왼발:42.8%). 같은 경기 교체투입된 라이언 킥스는 왼발만 사용한 수치와는 대조적(오른발:16.2%, 왼발:83.2%).

1. 박지성 선수의 경기 스타일

박지성 강점

3. 멀티플레이어 능력

박지성은 왼쪽, 오른쪽, 중앙 모든 공간에서 공격할 수 있음. 이런 능력은 팀 전술변화에 중요한 영향을 미침.

멀티플레이어 능력은 강인한 체력과 양발 사용, 전술변화를 빨리 이해하는 선수에게만 가능. 왼쪽 공격수로 나선 홍콩전, 박지성은 한 경기 내에서도 수시로 위치를 바꿈.

이런 능력을 키우기까지는 박지성이 흘렸던 땀과 눈물이 있었음.
초등 4학년 때 축구선수의 꿈을 정했고 축구철학을 세우기 시작.

2. 박지성 선수의 땀과 눈물

어린시절

나는
초등학교 4학년 때부터
축구선수의 길을
가려고 결심했다

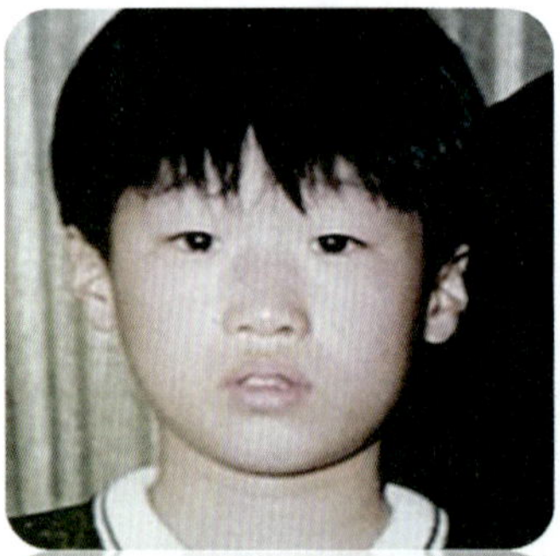

2. 박지성 선수의 땀과 눈물

축구철학

"브라질의 둥가처럼"

둥가는 1994년 월드컵 우승을 이끈 선수(현재 브라질 축구 국가대표팀 감독). 당시 브라질팀은 주장 둥가가 있을 때와 없을 때 차이가 확연. 수비형 미드필더로서 기량뿐만 아니라 팀 전체 분위기를 좌우하는 그의 카리스마가 박지성 마음을 사로잡음.

'나도 둥가처럼 동료와 코칭스탭, 팬들로부터 신뢰받을 수 있는 선수, 그런 존재가 되리라'

동료들에게 정신적 안정감 주는 존재가 되기 위해선, 그라운드 안팎 행동이 빈틈없어야 함. 팬들에게 화려한 눈요깃거리만 주는 선수가 아니라, 팀승리에 헌신하는 선수로서 사랑받아야 함. 코칭스탭에겐 그라운드에 있든지 벤치에 있든지, 늘 팀 운영에 도움되는 선수로 인정받아야 함. 이렇게 박지성은 자신만의 축구철학을 다져감.

2. 박지성 선수의 땀과 눈물

초등생 박지성 일기

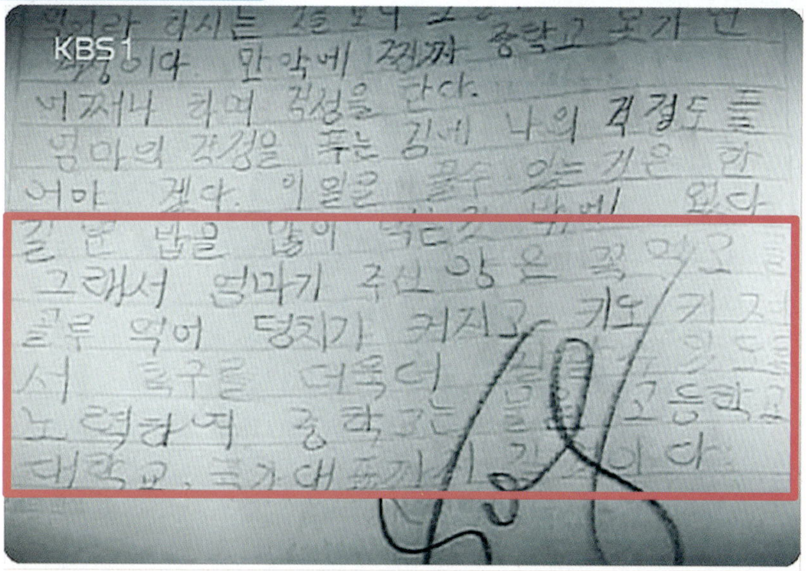

2. 박지성 선수의 땀과 눈물

박지성 일기

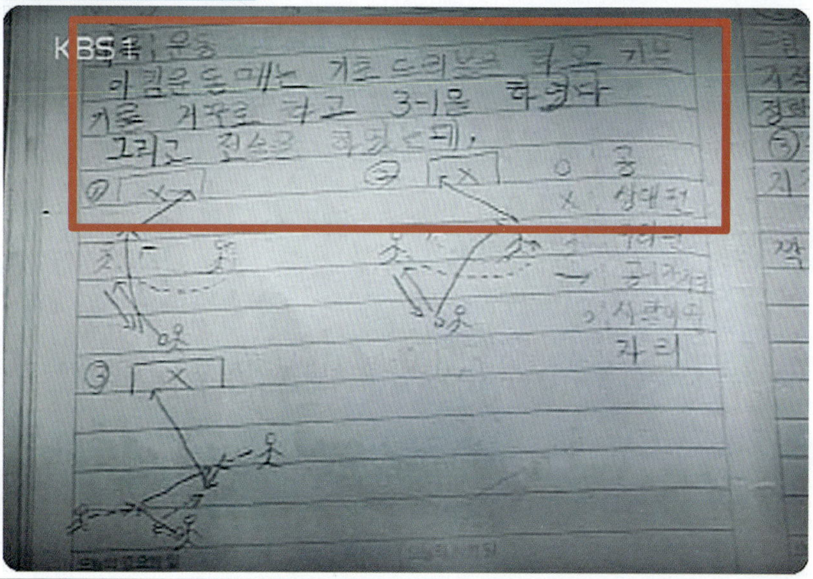

2. 박지성 선수의 땀과 눈물

박지성 일기

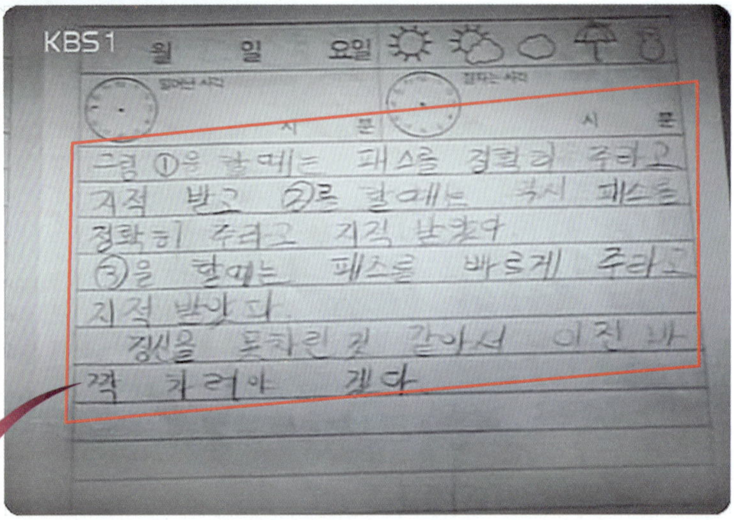

정신을 못 차린 것 같아서 이젠 정신을 바짝 차려야 겠다.

2. 박지성 선수의 땀과 눈물

박지성 발

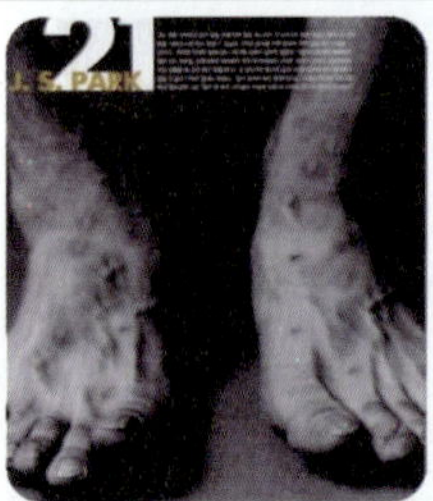

다른 선수의 축구화에 밟히기 일쑤고, 공 차는 것을 잘못해 그만 땅을 차는 일이 다반사. 그러다 보니...

"내가 평발인지도, 평발이 운동에 불리한지도 몰랐다"

많이 뛴 날은 아팠지만 운동을 많이 하면 누구나 그런 거라 여겼다. 그냥 열심히 연습했을 뿐.

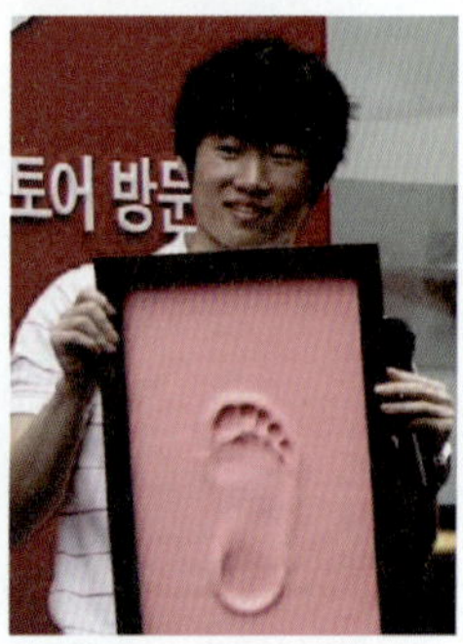

평발이란 사실을 안 건 오래되지 않음. 2002년 미국전, 발에 극도로 통증을 느꼈고, 경기 후 병원을 찾음. "평발이니 많이 뛰지 마세요"

환자가 국가대표 축구선수임을 안 의사는 경악을 금치 못하며 "장애를 극복했다"며 찬사. 박지성은 그때 20년 만에 처음으로 평발임을 알았다.

2. 박지성 선수의 땀과 눈물

박지성 발

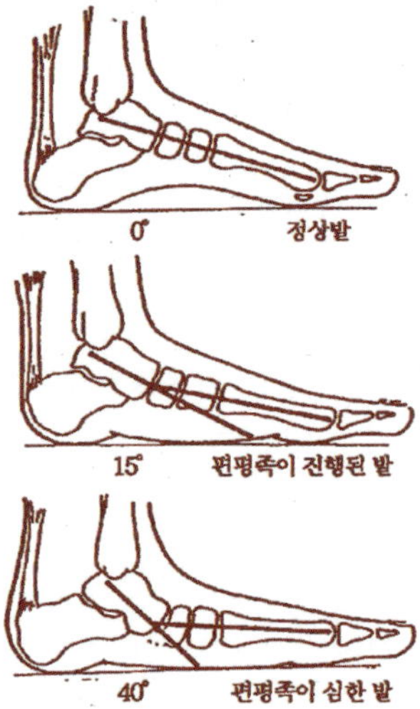

정상발과 평발

평발인 사람은 발에 아치구조가 없어 발바닥이 땅에 수평으로 놓임. 신생아 중 80%가 발바닥에 아치가 생기지 않는 평발이지만 열살쯤 되면 대부분 정상으로 돌아옴.

평발은 조금만 걸어도 **충격흡수가 되지않아 발바닥과 종아리에 통증이 심함** 걸을 때 다리바깥에 힘 실으면 다리뼈 전체가 밖으로 기울어져 **발목관절염이 생길 수 있는 위험.**

2. 박지성 선수의 땀과 눈물

고통에 비명을 질러대다

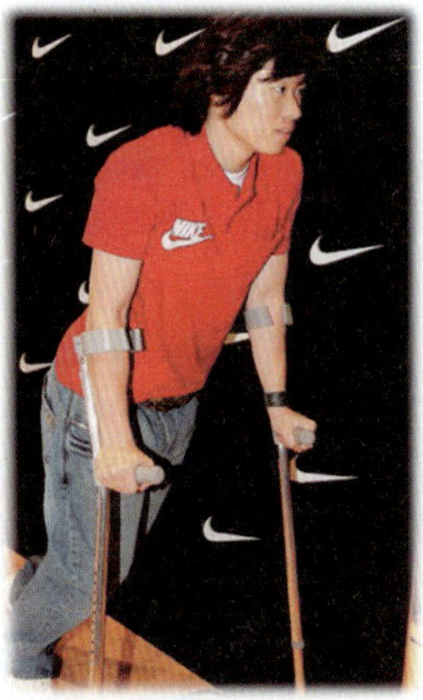

관절경 수술

2002년 네덜란드에서의 시작은 순조롭지 못했다.

몸에서 이상징후가 발견. 작은 통증이 느껴졌던 오른쪽 무릎이 갈수록 아파왔던 것. 두달 지나도록 계속되는 통증 원인도 모른 채 나을 기미조차 보이지 않았다.

검사결과 무릎연골 일부가 찢어짐. 통증 없애려면 찢어진 연골을 제거하는 관절경수술 받아야 했고, 수술 후 재활훈련을 실시. 약해진 근육을 강화시키기 위해 같은 동작 반복. 그때마다 다친 부위 근육이든, 반대 근육이든 고통에 비명을 질러대는 상황이 계속되었다. 좋아하는 축구를 하기 위해선 이 악물고 견뎌야 했다.

2. 박지성 선수의 땀과 눈물

소리내 울 순 없었다

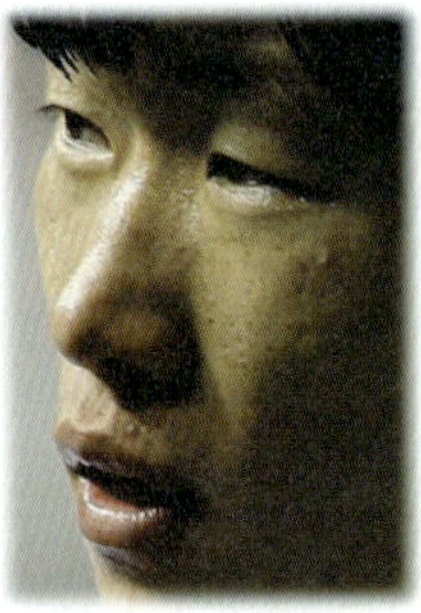

무사히 수술을 마쳤지만 부상보다 더 큰 장벽이 도사리고 있었다. 컨디션이 예전만큼 살아나지 않았던 것. 당시 에인트호벤 양쪽 날개는 아르옌과 데니스였는데 두 선수 모두 엄청난 스피드와 드리블 능력을 갖춘 최고 윙 플레이어였다. 그들과 비교해 내가 뛰어난 점이 있다면 공간활용능력과 패스플레이인데 컨디션 좋지 않으니 능력을 발휘할 수 없었다.

수비수들은 이상하리만치 정확하게 예측하고 내 앞길을 막아섰다. 자연히 패스미스가 잦아졌고 동료들로부터 신뢰 받지 못한다는 느낌이 들었다.

이런 일이 계속되자 자신감마저 사라졌다. 날 **더욱 힘들게 한 건 홈팬들의 야유. 홈팬들 앞에서 어정쩡한 경기를 펼치는 선수는 가차없이 비난의 대상이었다.** 언제부턴가 '우~'하는 야유소리가 메아리 쳤다. 내가 공을 받기만 해도 야유가 터져나왔다. 라커룸으로 향하는 내 눈에 이슬이 맺혔지만 소리내 울 수는 없었다.

2. 박지성 선수의 땀과 눈물

내 능력을 믿어야 한다!

훌륭한 플레이 위해 무엇보다 자신감이 필요함. 자신감 없으면 아무리 뛰어난 선수라도 기량을 마음껏 펼칠 수 없다. 엄청난 야유가 난무하는 유럽 원정경기에선 더욱.

'내 능력을 믿어야 한다. 도전을 계속해야 한다'

네덜란드 진출 첫 해, 부상과 슬럼프로 허우적대며 홈팬들의 야유를 받는 처절함 속에 깨우친 사실이었다. 경기장에 들어서기 전에 이 주문을 외면 터질 것 같이 고동치던 심장이 어느새 고른 박자로 뛰었고 정신이 맑아졌다.

2. 박지성 선수의 땀과 눈물

맨유에서의 첫 골!

포기하지 않고 **묵묵히**

맨유 이적 133일째

팬들이 얼마나 첫 골을 고대하는지 알기에 마음이 가볍지 않았다. '이러다 골 한번 못넣고 영국땅 밟은 첫해가 넘어가는 건 아닐까' 내심 불안했다.

칼링컵 8강전, 후반전 5분경, 그토록 바라던 순간이 왔다.

미드필드에서 넘어오는 공이 내 시야에 잡힌 것. 재빨리 뛰어올라 날아오는 공을 헤딩으로 받아 사하에게 연결했다. 공은 사하의 발앞에 정확히 떨어졌고, 사하는 왼쪽에서 바짝 다가서있던 수비수를 처리하지 못하고 우물주물하고 있었다. 사하가 수비수를 제치려는 찰나 공이 수비수와 사하 발을 동시에 맞고 내쪽으로 튕겨 왔다. 공을 잡고 페널티 에어리어 안으로 치고 들어갔고, 순간 발끝으로부터 느낌이 전해졌다. 운명 같은 자신감도 차올랐다. 공을 골문 어디에 꽂아야 할지 머릿속에 그림이 그려졌고 골키퍼의 움직임도 감지되었다. 오직 내 왼발이 목표로 하고 있는 공에만 신경을 집중시켰다.

2. 박지성 선수의 땀과 눈물

글로벌 시대, 언어는 필수!

한국어 제외하고 내가 구사할 수 있는 언어는 3개다. 일본어, 네덜란드어, 영어. 처음 배운 일본어는 의사소통에 특별히 문제가 없을 정도. 네덜란드어는 간단한 의사표현, 영어는 인터뷰 가능.

축구만큼 죽기살기로 외국어 공부에 매달렸다. 가장 열심히 한 외국어는 일본어. 일본 교토퍼플상가에 진출한 후 꼬박 1년 동안 일본어 공부에 매달렸다. 말이 통하지 않았기 때문에 외출할 일도, 친구들과 어울릴 일도 없었다. 훈련이 끝나면 곧 내방으로 돌아와 혼자 일본어 교본을 붙들고 살았다.

2. 박지성 선수의 땀과 눈물

히딩크, 퍼거슨 감독과 함께

박지성의 성공요인 01 확실한 자신감

자기암시

오늘만큼은 경기장에서 내가 최고의 선수!
목표는 우승!

자기암시의 3단계

경기장을 나설 때
체력과 기술
성공한 선수라는 세뇌

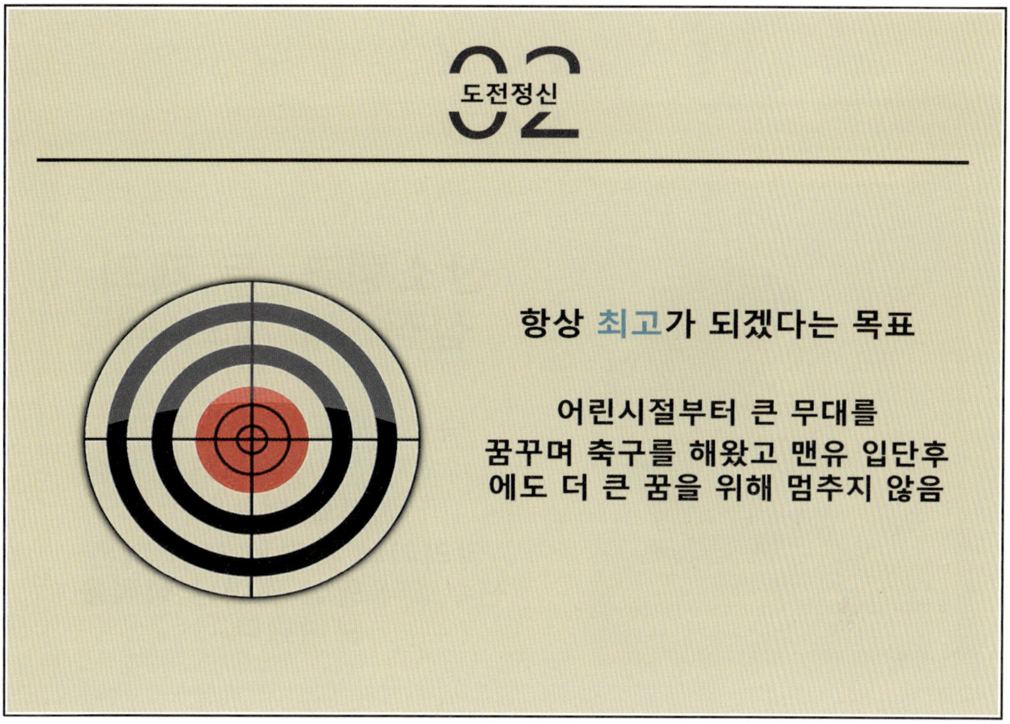
02
도전정신
항상 최고가 되겠다는 목표
어린시절부터 큰 무대를
꿈꾸며 축구를 해왔고 맨유 입단후
에도 더 큰 꿈을 위해 멈추지 않음

03
준비하는 자세
준비된 자에게 기회는 온다
나에게도 기회가 주어질 것
축구를 잘하기 위해 충고와
조언을 다 받아들임
팀원과 팀워크를 쌓기 위해
4개 국어 구사
5

04 강철 체력

산소탱크, 두 개의 심장, 세 개의 폐

축구실력도 실력이지만, 지치지 않는 체력에서도 높은 평가를 받는다.
달리기나 훈련을 하면 다른 선수보다 항상 뛰어난 성적을 보여줬다.

05 인간성

겸손함

골에 대한 욕심 없고 자신보다 좋은 위치의 팀원에게 패스함

배려심

후배와 동료를 우선적으로 생각함

우직함

축구에 좋지 않다고 하는 것은 절대 하지 않음

좋은 스승

'많은 사람들에게 도움을 받고 많은 것을 배웠지만
히딩크 감독은 내 인생의 전환점'

박지성에 대한 평가

판 보멀 : 박지성은 공을 가진 동료가 패스를 할 수 있도록 공간을 찾는 시야와 능력을 갖고 있다.

파트리스 에브라 : 박지성은 후천적 노력으로 만들어진 존재다.

크리스티아누 호날두 :
아주 환상적이고 사랑스러운 선수다.
박지성과 한 팀에서 뛰고 있어 좋다.
경기 외적으로도 나와 좋은 친구다.

멈추지 않는 도전
멈추지 않는 도전
Neverending Challenge
박지성
박지성 저

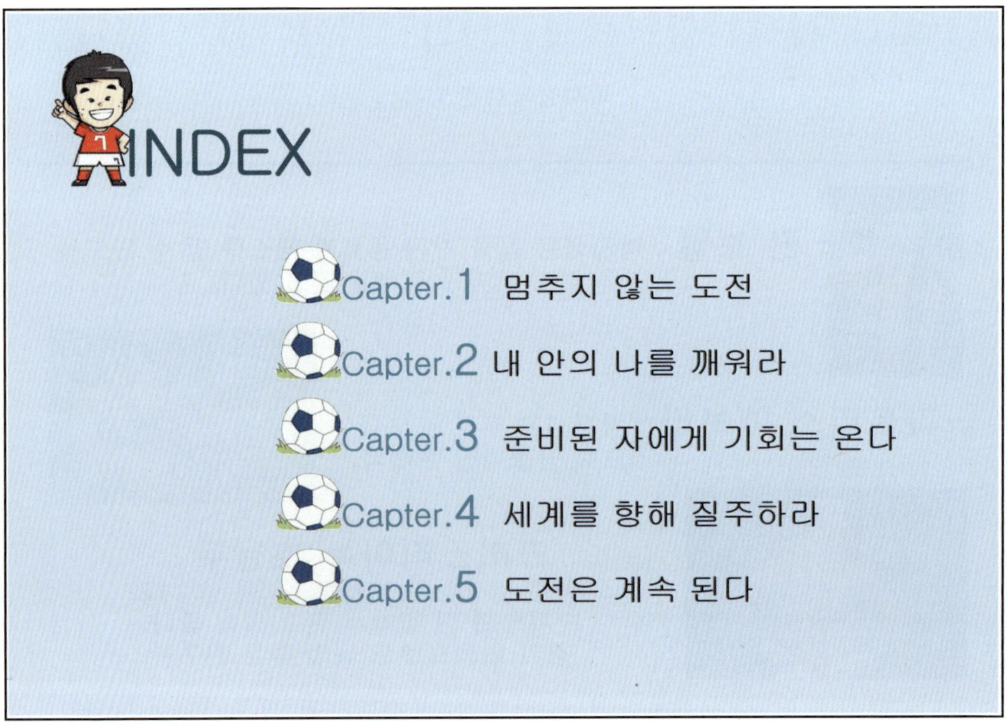
INDEX
Capter.1 멈추지 않는 도전
Capter.2 내 안의 나를 깨워라
Capter.3 준비된 자에게 기회는 온다
Capter.4 세계를 향해 질주하라
Capter.5 도전은 계속 된다

Capter.1 멈추지 않는 도전

인내심 많은 여자와 만나고 싶다

- 해외에서 몇 년씩 경기하는 걸 생각하며 여자친구는 배려심 깊고 인내심 많은 여자여야겠다고 생각했다.

가장 많이 먹은 보양식 '개구리'

- 어린시절 키가 작았기 때문에 축구생활이 쉽지 않았다. 키를 유전 탓이라 생각한 부모는 키 크는데 도움된다는 것을 먹이곤 했는데, 그 중 하나가 개구리 보양식이었다.

Capter.2 내 안의 나를 깨워라

믿을수 없는 개막전 엔트리

- 데뷔전에서 유명 선수들을 제치고 발탁된 내용. 꼭 성취하고 싶은 꿈에 대한 이야기도 수록돼 있다.

준비하면 기회는 온다

Capter.3 준비된 자에게 기회는 온다

기술보다 기본에 충실하라

- 기본기 훈련에 충실하고 단 하루도 빠지지 않고 훈련한다. 그런 의지가 지금의 박지성을 만들지 않았을까.

네가 살 길은 실력밖에 없다.

- 집안 형편이 넉넉하지 않았고 축구라는 스포츠 세계에 아는 연고 또한 없었기에 살아 남으려면 실력 밖에 없다고 믿었다.

Capter.4 세계를 향해 질주하라

말 한마디 통하지 않는 해외에서

- 일본에 진출해 1년 간 일본어에 매진했고, 원활한 의사소통력을 갖게 된다. 박지성은 어떤 상황에서도 삶에 적응하는 강인한 정신력이 있다.

내가 마음에 안들었나?

- 박지성은 처음으로 일본 J-리그 프로선수가 된다.

Capter.4 세계를 향해 질주하라

K-리그에서 외면한 프리미어리거

K-리그 입단과 대학팀에 들어가기 위해 노력했지만 전부 퇴짜 맞았다. '과연 내가 모든 팀에서 거들떠도 안 볼 정도로 보잘 것 없는 선수인가? 딱 2년만 기다려 보아라. 쓸모 있는 선수인지 아닌지 확실히 보여주겠다!'
박지성은 다짐했다.

Capter.5 도전은 계속 된다

히딩크 감독의 예언

히딩크 감독은 박지성의 정신력이 뛰어나 세계최고 클럽에서 뛸 것이라고 했다. 몇 년 후 박지성은 세계최고 클럽 중 하나인 맨체스터 유나이티드에서 뛰게 된다. 히딩크 감독은 박지성의 숨은 재능을 알아보았다.

Capter.5 도전은 계속 된다

맞아본 사람이 싸움도 잘한다

월드컵 준비를 하면서 많은 패배를 맛 보면서 경험을 쌓아갔다. 그리고 월드컵 개막후 한국팀은 달라졌고 4강 신화를 이룬다.

찢어진 연골 없애는 관절경 수술

관절 수술 후 재활 치료를 하는데 엄청난 고통이 뒤따랐다. 소망하는 꿈을 이루기 위해 이 악물고 견뎌야 했다.

참고문헌 및 사이트

- **류영주, 성공두뇌 만들기, 대구가톨릭대학출판부**
- **박지성, 멈추지 않는 도전, 랜덤하우스코리아**

차시예고

다음 시간에는
3차시 육상선수 존의 사례를
학습하도록 하겠습니다.

재미있는 뇌이야기

8주 3차시 육상선수 존의 사례

학습목표

육상선수 존의 사례를 통해 지능이 높은 뇌는 힘이 덜 든다는 이론을 설명할 수 있다.

학습내용

1. 달리기 전용 프로세스
2. 명시적 지식과 암묵적 지식

1. 달리기 전용 프로세스

- 존, 미국 단거리 선수
- 2003년 세계육상선수권대회에 참가 부정출발 판정받음
- 그 판정에 항의하고 나섬
- "나는 절대 움직이지 않았다(I didn't move)"
- 당시 스타트를 잘 하기로 소문난 선수였던 (2000년 시드니올림픽 400m계주 1위) 존은 이 날 0.1초 이내의 반응속도로 출발

1. 달리기 전용 프로세스

"어떤 과정을 거쳐 **출발신호**가 **선수의 귀-뇌-몸 동작**까지 이를 수 있을까?"

- 출발신호가 청각중추까지 전달(0.08초)
- 청각중추에서 사고중추로 신호 보냄.
- 사고중추에서 그것이 출발신호란 것을 판단
- 사고중추에서 운동영역(팔다리 움직이도록 명령하는 부위)으로 신호전달
- 그 과정을 모두 거치는데 0.1초 걸림.

- 운동영역에서 척수를 통해 팔다리로 명령을 보내어 뛰게 하고, 그것 또한 시간이 걸림.

1. 달리기 전용 프로세스

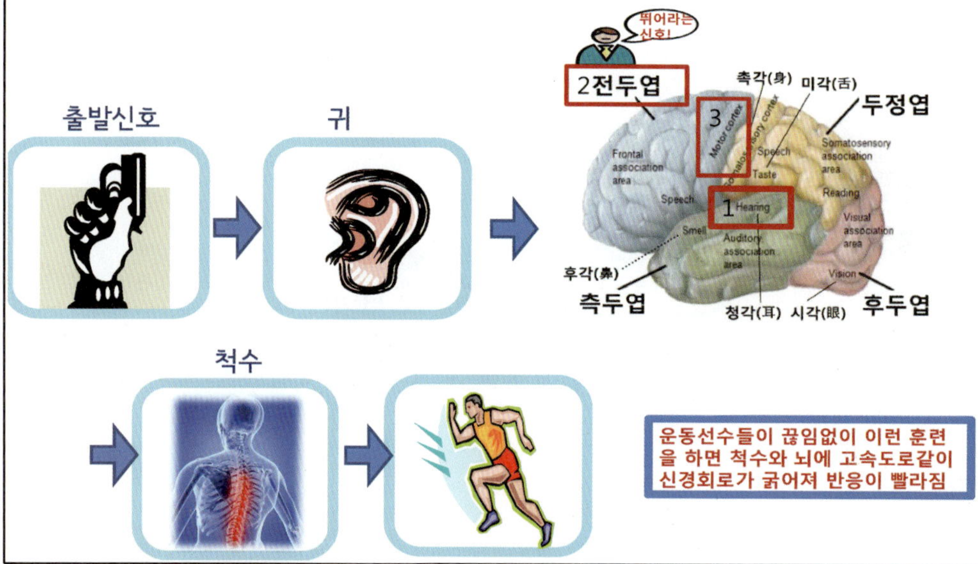

1. 달리기 전용 프로세스

- **소리자극이 뇌를 거쳐 전신에 전달되는 과정을 수없이 반복하면서, 판단하는 데 걸리는 시간이 짧아지기 때문**
- **하지만 반론도 있음**

반론

뇌를 거치지 않는다면 더 빨리 반응할 수 있지 않을까?

국제육상경기연맹 실험

- 핀란드연구원 이시가와는 남녀선수 25명을 대상으로 반복 측정해 실험을 진행. 6명이 0.1초 이내 반응 보였음
- 반응의 한계라고 알려진 0.1초는 소리자극이 뇌를 거쳐 전신에 전달되는 시간이다. 하지만 뇌를 거치지 않는다면 더 빨리 반응할 수 있지 않을까?

1. 달리기 전용 프로세스

"소리를 듣고 대뇌를 통해 반응하는 것이 아니라
소리에 대해 반사적으로 근육을 움직이게 함으로써
더 짧은 시간에 반응할 수 있지 않을까"

- 이시가와

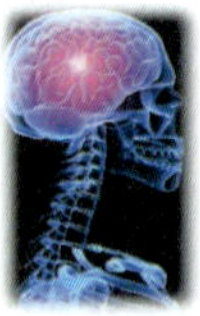

X

그렇다면?
자극이 뇌까지 가지 않고 척수까지 갔다가 곧 행동으로 옮기는
'무조건반사'인가?

O

예 뜨거운 물체에 손이 닿았을 때,
순식간에 손을 펴 그 물체를 피함

1. 달리기 전용 프로세스

무조건반사 예

뜨거운 냄비에 손 닿았다. **"앗! 뜨거!"** 이 소리는 손을 이미 뗀 후 나오는 소리
말하기 전에 손은 뜨거운 물체에 닿자마자 깜짝 놀라 확 뗌

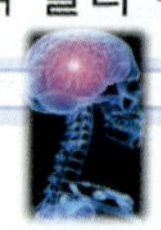

앗! 뜨거! 소리는 **대뇌가 명령해 내는 소리**
대뇌에서 뜨겁다고 판단하기 전, 우리에게 손 떼게 하는 것은 뭘까?

그건 척수에서 명령 내린 것. **무조건반사(척수반사)**라 함

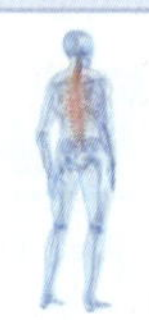

1. 달리기 전용 프로세스

무조건반사 예

뜨거운 것을 만지면 감각신경이 흥분해 정보를 척수로 보내고
척수는 즉시 운동신경에게 손을 떼라고 명령하고,
척수가 다시 대뇌로 정보를 보내면 대뇌에선 정보를 받고 '앗! 뜨겁구나! 손을 뗐느냐? 큰일 날 뻔 했네'라고 뒷북침.

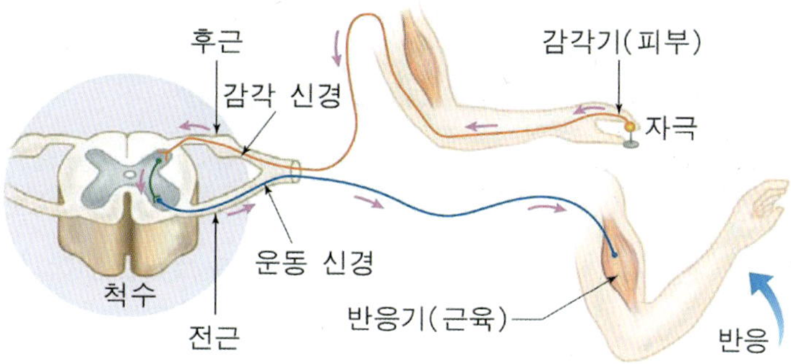

1. 달리기 전용 프로세스

무조건반사 예 " 무조건반사 작용엔 뇌가 관계하지 않는다 "

- 감각기에서 온 신호가 척수에 들어갔다가 곧장 신경으로 다시 나와 근육을 움직임. 무조건반사 작용은 시간을 절약시켜 줌
- 뜨거운 물체에 손이 닿았을 때,
  - 신호가 척수까지 갔다가 돌아오는 시간은 0.03초
  - 뇌까지 갔다 오는 데엔 0.8초나 걸림

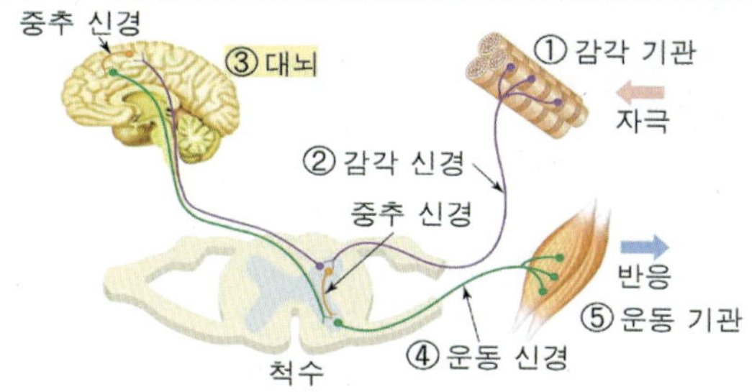

1. 달리기 전용 프로세스

가천의과학대 뇌과학연구소
김영보 교수

하지만 김교수는 "운동선수가 듣는 출발신호는, 뇌까지 전달된 뒤 판단해야 하는 조건반사, 반복훈련 통해 그 반응속도를 높일 수 있다"고 함

그럼 0.1초 룰도 인간 한계를 섣부르게 예측한 건가?

다시 2003년 세계육상권대회 존 사례로 돌아가보자. 그는 이 날 "나는 절대 움직이지 않았다"를 연신 외치며 경기장에 대자로 드러눕기까지 했지만, 결국 눈물을 펑펑 쏟으며 경기장을 떠났다.

어쩌면 존이 정말로 인간 한계를 넘어선 반응속도를 보였던 것이 아니었을까?

1. 달리기 전용 프로세스

한편 2011대구세계육상선수권대회

우사인 볼트, 명백한 부정출발!

- **- 0.104초** 출발반응 속도
- 논란거리조차 될 수 없는 예측출발
- 볼트는 총성이 울리기 직전 먼저 스타트하는 바람에 부정출발로 실격

2. 명시적 지식과 암묵적 지식

지식에는 두 종류 있음

(배움 통해 얻어지는)명시적 지식

- 머리로 익히는 명시적 지식은 역사적 사실을 암기하거나 논리적 추론을 이해하는 지식
- 역사, 과학, 수학 과목

Vs.

(익힘 통해 얻어지는)암묵적 지식

- 반복적 훈련을 통해서만 몸으로 체득할 수 있는 지식
- 예체능 과목, 영어 같은 외국어 과목

예) 젓가락질
젓가락을 능숙하게 사용하는 한국인에게 젓가락질은 암묵적 지식. 많은 연습을 통해 체득된 것

2. 명시적 지식과 암묵적 지식

- 그런데 젓가락을 처음 배우는 외국인에게 그건 일단 명시적 지식

'가운데 손가락을 고정시켜 젓가락 하나는 받치고, 엄지와 검지를 이용해 나머지 젓가락을 위아래로 움직인다'하는 식의 명시적 지식을 사용해 젓가락질을 우선 해야 함. 이렇게 젓가락질이라 해도 암묵적 지식을 통해 하는 것과 명시적 지식을 통해 하는 것 사이엔 많은 차이가 있음

뇌의 서로 다른 부분을 사용한다는 것이 뇌영상을 통해 밝혀짐

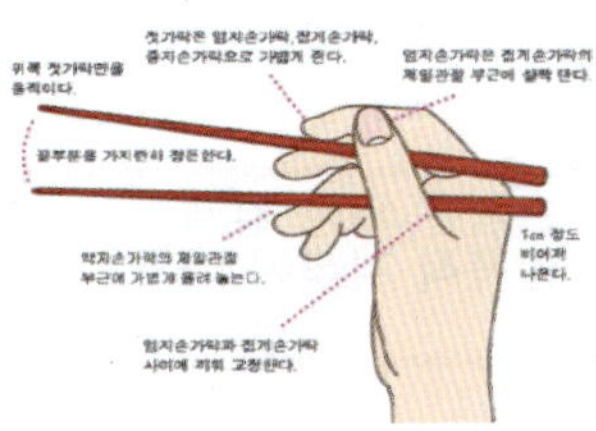

2. 명시적 지식과 암묵적 지식

**뉴로이미지에 실린 한 논문에 따르면,
프로골프선수와 아마추어는 스윙할 때
사용하는 뇌 부위가 완전히 다름**

아마추어
뇌 다양한 부위 사용, 즉 생각이 많은 것
"하체를 단단히 고정시키고, 어깨 회전은 충분히 하고, 손목코킹 각도 유지하면서 힘빼고, 끌어내리듯 치고, 골프채를 던지듯 치고..." 등 배운 내용을 머릿속에서 정리하는 것.

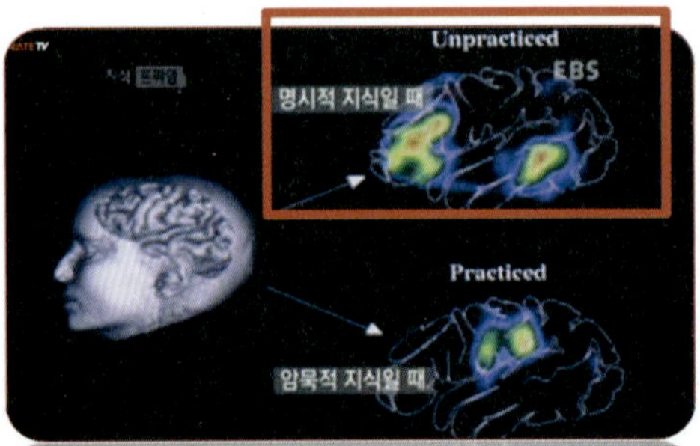

일러스트=뉴로이미지, ebs 지식프라임에서 재발췌

즉, 아마추어 골퍼에게 스윙은
명시적 지식에 따른 몸 움직이기

2. 명시적 지식과 암묵적 지식

반면 프로 골퍼, 스윙할 때

아주 특정 부위 뇌만 사용.
뇌를 훨씬 적게 사용함. 머릿속이 복잡하지 않고 '아무 생각없이' 침. 우리가 젓가락질할 때 손가락을 전혀 의식하지 않고 반찬을 집는 것처럼. 이렇게 되려면 스윙 동작이 몸에 완전히 배어있어야 함.

뇌에 그런 동작을 가능케하는 신경망 구조가 잘 형성돼있어 스윙할 때마다 뇌 여러 곳에 저장돼있는 다양한 정보를 다시 긁어모으는 일을 할 필요 없음.

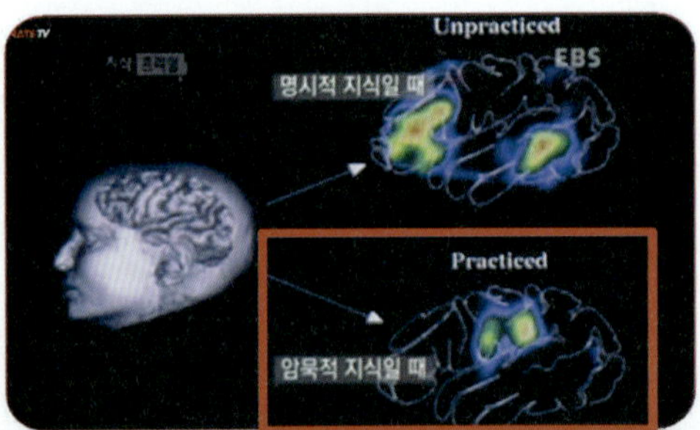

프로 골퍼에게 스윙은 뇌에 깊게
습관화돼 있는 **암묵적 지식**에 따른
몸 움직이기

2. 명시적 지식과 암묵적 지식

암묵적 지식

- 몸에 배이게 한다, 습관 들인다는 뜻
- 그런데 이런 지식은 **사실 몸에 배이는 게 아니라 뇌에 새겨지는 것**
- 더 정확하게 말하면 뇌신경들 사이 보다 **단단하고 견고한 신경연결망**이 새로 형성된다는 뜻(특정 행동에 뇌가 자동적으로 반응할 수 있도록 새로운 신경망 구조를 잘 만들어 둔다는 뜻)
- 새로운 신경망이 형성되려면 **시냅스**에 **새로운 단백질 합성**이 일어나 일정한 형태로 자라야 함. 때문에 훈련과 연습의 효과를 보려면 오랫동안 반복해야 함

어떤 일에 능숙하기 위해선 명시적 지식을 뛰어넘어 암묵적 지식을 얻어야 함!

2. 명시적 지식과 암묵적 지식

암묵적 지식과 명시적 지식은 개인지식과 조직지식과 서로 비교할 수 있음

개인지식

- 개인이 체험해 뇌에 담고 있는 개념적 지식

예) 어머니가 된장찌개를 끓일 때 "된장 한 숟가락, 마늘 조금, 소금 약간" 이런 식으로 머릿속에 갖고 있는 것

Vs.

조직지식

- 조직의 문화, 시스템, 제도 등 언어로 명시된 지식

예) 요리책으로 기록될 때 "된장 10cc, 마늘 10g, 소금 5g"으로 표현

2. 명시적 지식과 암묵적 지식

개인지식/암묵적 지식이 몸에 배게 되면 이런 경지에도?

드라마 대장금에서 장금이는 미각을 잃었지만 훌륭하게 음식을 만들어냈다. 장금은 한 상궁의 조언에 따라 손맛과 재료들이 어떻게 어우러져 맛을 내는지에 대한 기억만으로 맛을 안보고도 훌륭하게 음식을 만들어냈다. 실제로 가능할까?

그렇다. 오랫동안 음식을 해온 사람들은 손으로 대충 집어도 재료와 양념 양을 정확히 가늠한다. 나물을 무칠 때와 만두소를 만들 때 손가락과 손바닥 모양을 달리하는 등 조리방법을 손으로 모두 기억하고 있다. 바로 손맛이다. 즉, 손이 기억하고 있는 조리법. 요리대가들은 음식양이 아주 많을 때 외엔 맛을 안보는 경우가 많다!

2. 명시적 지식과 암묵적 지식

장금은 벌침을 맞고 미각을 회복했지만 미각을 완전히 회복하지 못했더라도 맛을 느낄 가능성 있다. 장금이 베토벤 경지에 올라선 경우

외부자극이 없는 경우에도 생각만으로 뇌 해당부위에서 활성이 일어날 수 있다. 베토벤처럼 천재음악가는 청각을 잃어도 머릿속에서 음을 상상하면 뇌 청각중추가 반응할 수 있다(귀로는 들을 수 없어도 뇌로는 들을 수 있다는 것). 장금이 천부적인 절대미각 가진 경우라면, **혀로는 맛을 못봐도 뇌로는 맛을 느낄 수 있었을 것!**

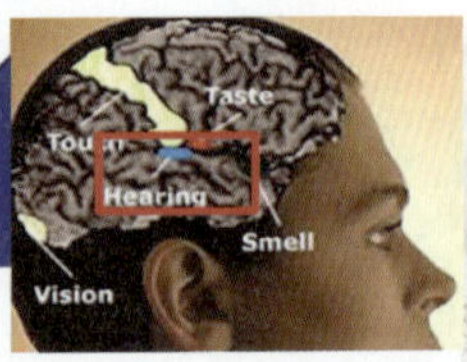

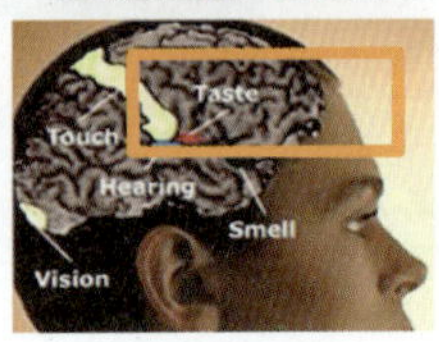

일러스트=브레인

2. 명시적 지식과 암묵적 지식

2008년 미국 최고요리사 그랜트

- 장금이처럼 미각 잃고도 최고 요리사가 된 그랜트
- '2008 미국 최고요리사'에 선정되었으나 원래 치명적인 설암환자였음.
- 혀에 생긴 악성종양으로 미각 잃고 투병생활 하며 주방 지킴.
- 그랜트는 2007년 7월 청천벽력 같은 소식 들음
- 3년 전부터 혀에 하얀점이 나타나서 스트레스 탓으로 돌렸는데, 설암 4기 판정 받음.
- 혀가 부어올라 말하는 것도 힘들어졌고 미각도 잃음.
- 의사는 혀 2/3 잘라내는 수술 권함.
- 혀 잘라낸다는 건, 요리사로서 운명을 끝내는 것과 마찬가지.
- 순간 절망했지만, 포기하지 않고 방사선/화학치료 받기 시작.
- 치료 받으면서도 새로운 요리메뉴 개발에 혼신을 다했고, 병원에선 노트북 컴퓨터로 요리책 저술(요리책은 2008년 9월 발간).

2. 명시적 지식과 암묵적 지식

'최고 요리사상' 시상식 소감

"화학치료로 혀 감각은 사라졌지만 음식재료 하나하나에 대한 기억력은 사라지지 않았다. 감각을 잃었다는 사실 때문에 오히려 새로운 메뉴를 끊임없이 개발할 수 있었다"

"나파밸리 욘트빌에 있는 프랑스식당에서 도제식 훈련 받을 때 요리하는 방법뿐 만 아니라 살아남는 법도 배웠다. 당시에 배운 끈기와 추진력 덕분에 생명과 경력을 위협한 설암과 싸워 이길 수 있었다"

2. 명시적 지식과 암묵적 지식

드라마 대장금에서

(장금) 마마님! 제가 저를 포기할 겁니다.
(한상궁) ...
(장금) 음식맛을 못 보는 자가 임금님 음식을 할 순 없습니다.

미각 잃고 망연자실해 하는 장금

감정이 격한 상태로 양념통에서 소금을 꺼내 한 움큼 먹는다. 물로 입을 가셔내고, 다시 음식을 먹어본다. 별다른 것이 없다. 뛰쳐나가 감나무가 있자, 올라가 떫은 감을 딴다. 떫은 것을 그냥 먹는다. 창고를 뒤져 쓴 익모초를 꺼내 먹어본다. 별 느낌 없다. 이제는 이성을 잃고 옆에 끓고 있는 가마솥을 열어보니, 물이 설설 끓고 있다. 그 물을 퍼서 마시려 하는데, 너무 뜨거워 바가지를 놓치고, 물은 엎어진다. 장금도 놀라 멍하니 서 있는데, 그런 장금의 눈에서 눈물이 한없이 흐른다. 밖에서 이런 장금의 모습을 보고 있는 한상궁, 역시 눈물이 흐른다.

2. 명시적 지식과 암묵적 지식

잠시 후, 한상궁 뇌리에 퍼뜩 스치는 장면이 있는데, 바로 눈 먼 상인(장님)이 생선을 흥정하는 장면. 상인은 섬세한 손놀림으로 생선을 골랐다.

"앞을 못 보지만 촉각과 후각에만 의지해 생선을 가려낼 수 있다면, 음식 역시 촉각과 후각에만 의지해 할 수 있지 않을까"

(한상궁) 장님 생선장수를 기억하느냐?
(장금) 예. 앞을 못 보는데 생선을 가려내던
(한상궁) 그래. 실은 그 사람을 떠올리다가 생각이 났다. 앞을 못 보지만 촉각과 후각에만 의지해 생선을 가려낼 수 있다면 '음식 역시 촉각과 후각에 의지해 할 수 있지 않을까' 하다가 내가 했던 훈육이 생각나고 그러다 보니 그렇게 생각이 죽 이어지더구나. 허나, 그 상인이 그렇게까지 할 수 있었던 데는 피나는 노력이 있었을 것이다.

대장금
大長今
Copyright@hyedu.me

Part
1
대장금, 이렇게 태어나다
희미한 묵향이 감도는 중종실록 한 면엔 "내 병에 대해선 장금만큼 아는 이가 없다"라고 선명한 자국이 남아 있었다. 교서를 뒤적이던 TV연출가는 이 짧막한 글귀를 무려 54부작 장편드라마로 제작했고, 50%가 넘는 시청률 기록
장금은 어떤 인물인가?
지성미를 갖춘 총명한 여인으로 적극적인 성격. 온갖 풍상을 겪으나 강인한 의지로 끝내 이겨냄.
극한 상황에 놓일수록 기지를 발휘해 모든 상황을 막힘없이 해결해감
도전정신으로 똘똘뭉친, 복잡함이 없는 인간, 성공하고 싶은 욕구가 굉장히 강한 여성.
大長今
大長今

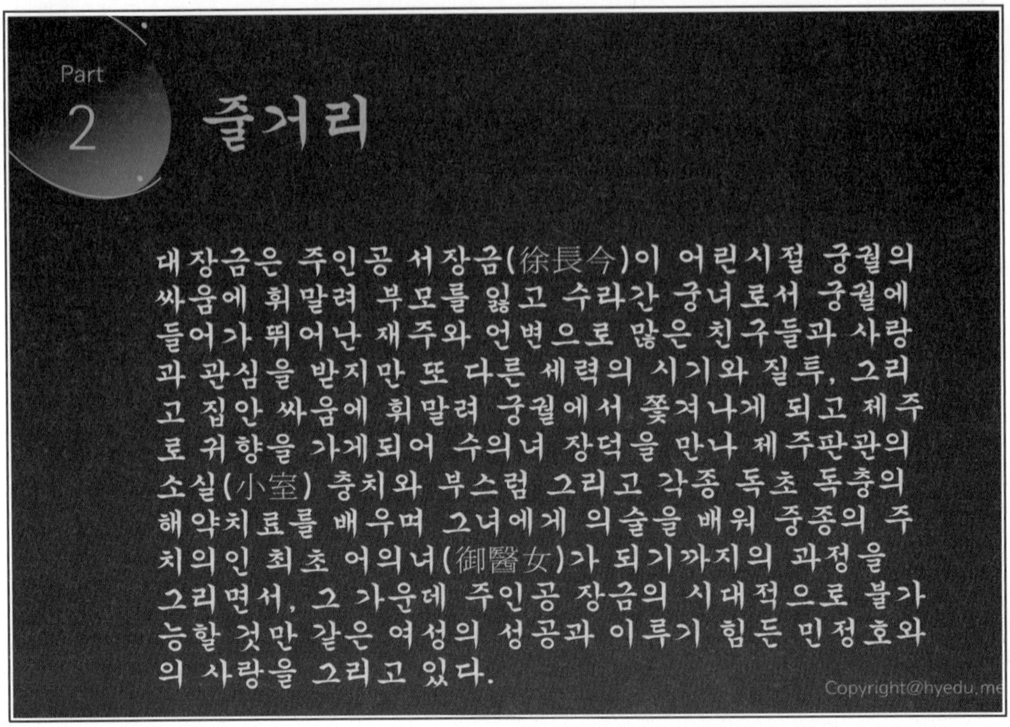
Part
2
줄거리
대장금은 주인공 서장금(徐長今)이 어린시절 궁궐의
싸움에 휘말려 부모를 잃고 수라간 궁녀로서 궁궐에
들어가 뛰어난 재주와 언변으로 많은 친구들과 사랑
과 관심을 받지만 또 다른 세력의 시기와 질투, 그리
고 집안 싸움에 휘말려 궁궐에서 쫓겨나게 되고 제주
로 귀향을 가게되어 수의녀 장덕을 만나 제주판관의
소실(小室) 충치와 부스럼 그리고 각종 독초 독충의
해약치료를 배우며 그녀에게 의술을 배워 중종의 주
치의인 최초 어의녀(御醫女)가 되기까지의 과정을
그리면서, 그 가운데 주인공 장금의 시대적으로 불가
능할 것만 같은 여성의 성공과 이루기 힘든 민정호와
의 사랑을 그리고 있다.
Copyright@hyedu.me

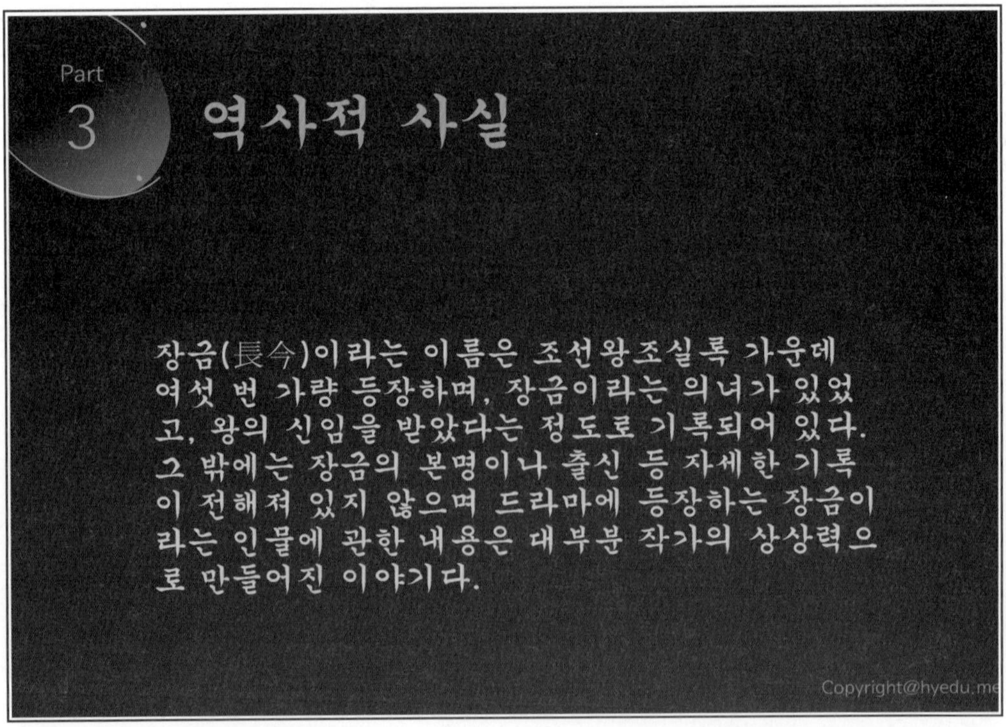
Part
3
역사적 사실
장금(長今)이라는 이름은 조선왕조실록 가운데
여섯 번 가량 등장하며, 장금이라는 의녀가 있었
고, 왕의 신임을 받았다는 정도로 기록되어 있다.
그 밖에는 장금의 본명이나 출신 등 자세한 기록
이 전해져 있지 않으며 드라마에 등장하는 장금이
라는 인물에 관한 내용은 대부분 작가의 상상력으
로 만들어진 이야기다.
Copyright@hyedu.me

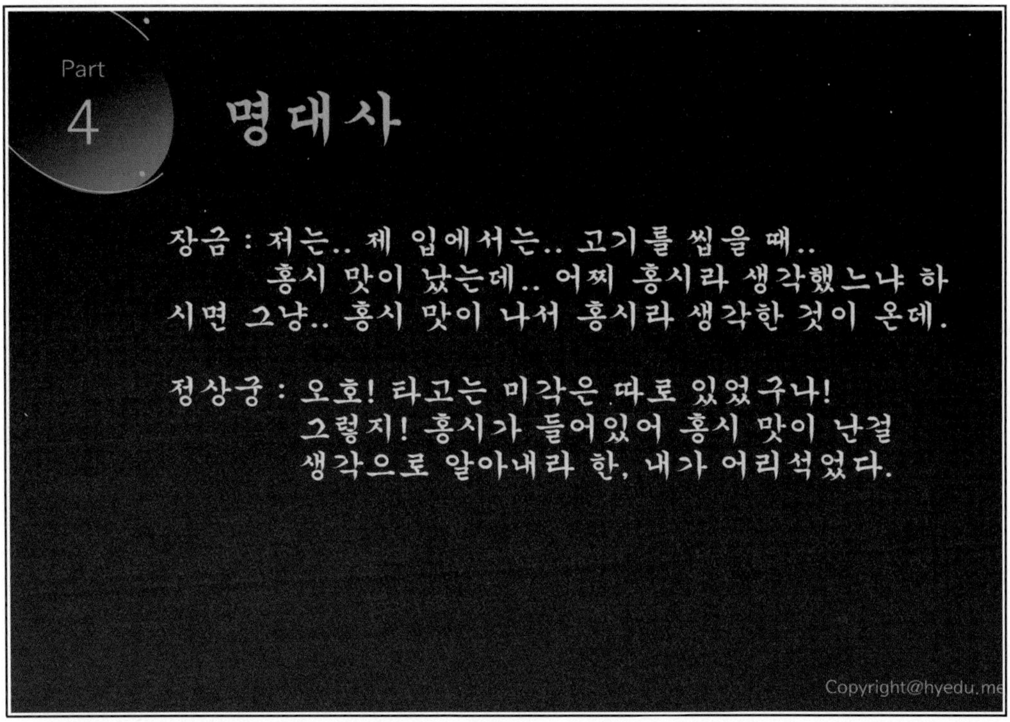
Part
4
명대사
장금 : 저는.. 제 입에서는.. 고기를 씹을 때..
홍시 맛이 났는데.. 어찌 홍시라 생각했느냐 하시면 그냥.. 홍시 맛이 나서 홍시라 생각한 것이 온데.
정상궁 : 오호! 타고는 미각은 따로 있었구나!
그렇지! 홍시가 들어있어 홍시 맛이 난걸
생각으로 알아내라 한, 내가 어리석었다.
Copyright@hyedu.me

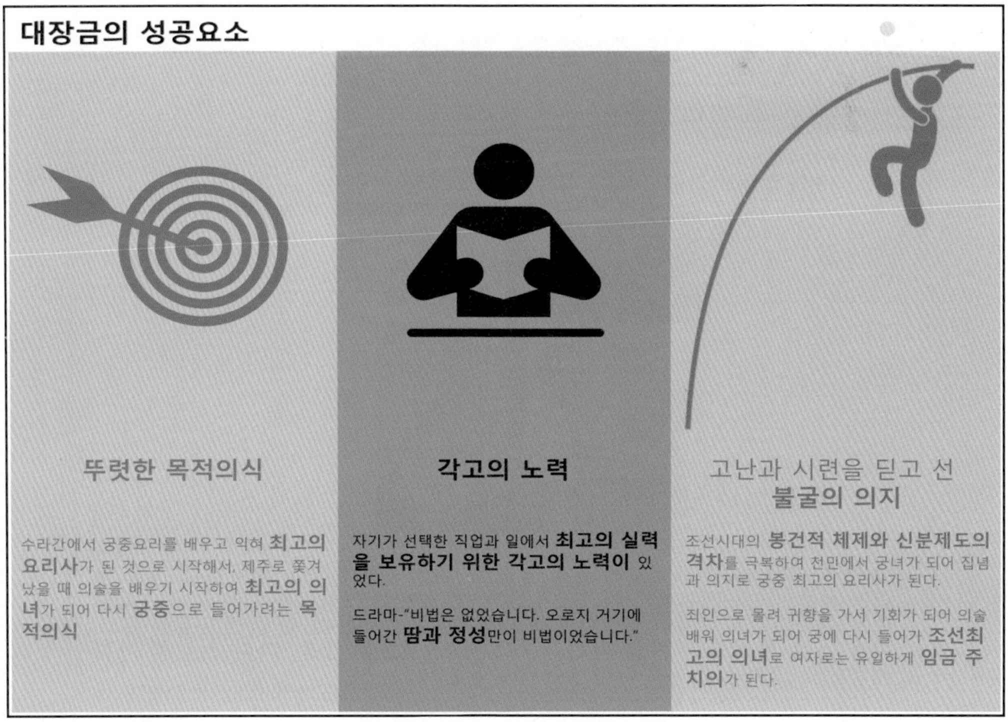
대장금의 성공요소
뚜렷한 목적의식
수라간에서 궁중요리를 배우고 익혀 최고의 요리사가 된 것으로 시작해서, 제주로 쫓겨났을 때 의술을 배우기 시작하여 최고의 의녀가 되어 다시 궁중으로 들어가려는 목적의식
각고의 노력
자기가 선택한 직업과 일에서 최고의 실력을 보유하기 위한 각고의 노력이 있었다.
드라마-"비법은 없었습니다. 오로지 거기에 들어간 땀과 정성만이 비법이었습니다."
고난과 시련을 딛고 선
불굴의 의지
조선시대의 봉건적 체제와 신분제도의 격차를 극복하여 천민에서 궁녀가 되어 집념과 의지로 궁중 최고의 요리사가 된다.
죄인으로 몰려 귀향을 가서 기회가 되어 의술 배워 의녀가 되어 궁에 다시 들어가 조선최고의 의녀로 여자로는 유일하게 임금 주치의가 된다.

Quiz

장금이는 **미각을 잃지만** 벌침을 맞고 **미각을 회복**한다.

만약 장금이 **천부적인 절대 미각을 가진 경우**라면 (　)로는 맛을 못봐도 (　)로는 **맛을 느낄 수 있었을 것**이다.

혀

뇌

2. 명시적 지식과 암묵적 지식

맹인도 볼 수 있다

눈이 없어도 그림 그리는 화가 '아르마간'

선천적 맹인이지만 손가락에 눈이 달린 듯, 손가락에 물감을 찍어 경치, 정물 등 어떤 사물이라도 정확하게 캔버스에 옮김. 빌 클린턴 초상화를 그려 선물한 적도 있음. 아르마간은 주름이 잡혀있는 종이에 그림을 그리는데, 한 손엔 연필을 들고, 다른 손은 캔버스 주름을 따라가면서 전체 구도를 잡음. 마치 시각을 가진 사람처럼 그려냄. 어떻게 이런 일이 가능할까?

2. 명시적 지식과 암묵적 지식

하버드대 신경학자 레오나의 실험결과,
"아르마간이 그림을 그리고 있을 때 대뇌를 스캔한 결과, 시각피질이 빛을 발하고 있었으며, 마치 정상인이 사물을 '보고 있는' 것과 같았다"

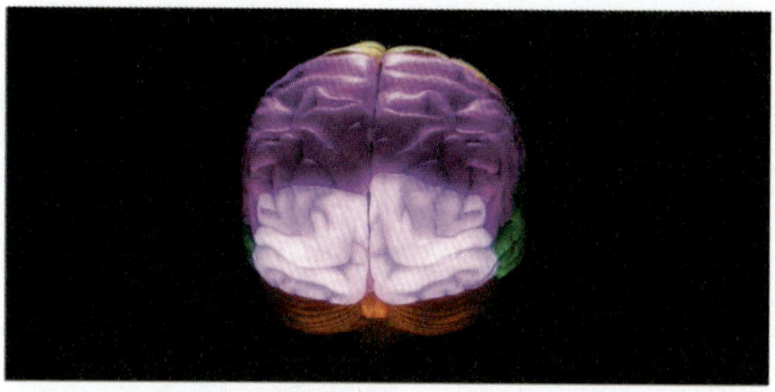

후두엽
https://www.koshland-science-museum.org/explore-the-science/life-lab/brain

시각피질은 눈을 통해 들어온 정보를 가공하는 일을 한다. 그런데 아르마간은 시력이 없다. 아르마간은 눈이 아니라 '뇌'를 통해 사물을 인식하는 것처럼 보인다.

2. 명시적 지식과 암묵적 지식

이 사례를 통해
"인간이 시각 외 다른 감각을 통해서도 사물을 인식한다"는 가설이 제기.
가령 컵을 볼 때 시각 뿐 아니라 또 다른 감각이 관여한다는 것. 우린 눈으로만 대상을 본다고 생각할 뿐... 즉 '마음의 눈'이 개입돼 있으며, 아르마간의 경우 그 '마음의 눈'이 보통 사람에 비해 훨씬 발달돼 있다는 것

"이를 통해 인간에게 심안(영혼의 눈)이 존재한다는 결론에 도달했다. 인체 내에서 과학적으로 설명할 수 없는 능력이 존재하며 이런 잠재능력을 계발할 필요성을 인식하게 되었다" - 레오나/하버드대 신경학자

2. 명시적 지식과 암묵적 지식

이런 '눈 기능'이 정상인에겐 약하거나 없는 이유는, 일반 눈을 통해 들어오는 외부 시각정보가 너무 강하기 때문에 이런 선천적 기능이 묻혀 버렸기 때문

"나는 정식으로 미술교육을 받지 못했지만 내가 그림을 그릴 수 있다는 사실을 직감적으로 깨달았다. 일곱 살 때부터 마분지에 못을 눌러 스케치를 했고, 열다섯 살 때 색연필을 사용했다. 지금은 유화가 주 종목. 보이지 않는 눈 대신 소리를 들을 수 있는 두 귀와 촉감을 느낄 수 있는 두 손으로 미술을 받아들인 것"

- 아르마간

2. 명시적 지식과 암묵적 지식

" 시력을 잃으니, **마음**이 보이더라 "

- 개그맨 이동우
- 빛을 잃고 더 빛나는 남자
- 2004년 시야가 조금씩 좁아지다 시력을 잃게 되는 망막색소변성증 진단
- 시각장애 1급 판정

2. 명시적 지식과 암묵적 지식

Q 습관 때문에 힘든 건 없나? 옛날 앞이 보일 때 습관들 말이다. 사고로 신체 일부를 잃은 사람들이 겪는 '환상통'처럼 남아 있는 감각의 기억 같은 것이 있나? 꿈에선 주로 무엇을 보나?

A 시각장애인은 꿈 꾸지 않는다. 내 경우, 실명 후 점점 꿈 횟수가 줄더니 나중엔 아예 꾸지 않게 되더라. 평소 시각적 자극이 없으니 그 감각에 대한 기억자체가 옅어지는 것 같다.

"그런데 다행이다. 예전보다 잘 들을 수 있게 됐다"

2. 명시적 지식과 암묵적 지식

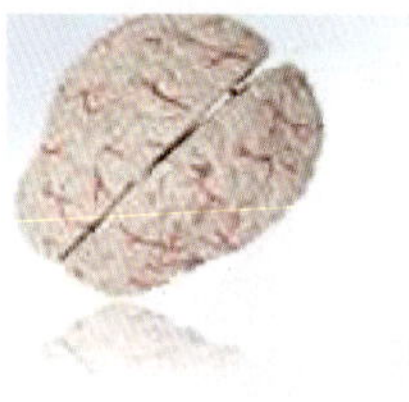

"앞을 못보면 사물 감지할 '새로운 시각' 깨워"

시각장애인은 정상시력 가진 사람들보다 촉각이나 청각이 훨씬 발달돼 있다. 그 이유를 규명한 연구결과가 나왔다.

하버드대 리온은 앞이 보이지 않게 되면 잃은 시력 대신하기 위해 뇌 보상이 일어나 다른 감각을 빠르고 순응력 있게 발달시키는 것을 규명했다고 밝혔다.

"갑자기 시력을 모두 잃은 사람에게서 뇌 시각피질이 활발한 변화를 일으키는 것을 발견했다" "시각을 잃으면 눈으로 보는 시각 대신 사물을 감지할 수 있는 뇌의 '새로운 시각'이 활발해지는 것을 확인했다"고 밝혔다.

2. 명시적 지식과 암묵적 지식

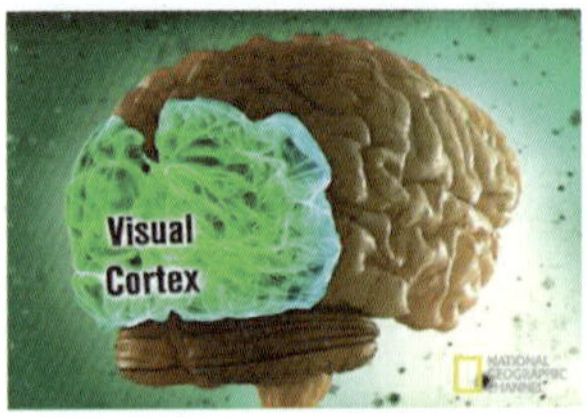

시각이 손상되면 뇌보상이 일어나 다른 감각들이 활발해져
연구진은 47명의 피험자들을 두 그룹으로 나눠 5일 동안 관찰했다. 한 그룹은 완전히 앞을 못 보는 상태로 활동하게 하고, 다른 그룹은 테스트 때만 앞을 가리게 하고 나머지 시간 때는 정상적으로 볼 수 있도록 했다.
피험자들은 실험 기간 동안, 점자 전문가에게 하루 4-6시간 동안 집중적인 점자 교육을 받았다. 연구 시작부터 마무리 시점까지 대상자들의 뇌를 fMRI로 연속 촬영했다.
이후 점자 읽기 테스트를 한 결과, 5일 동안 완전히 앞을 못 보게 한 그룹이 앞을 볼 수 있게 한 그룹보다 점자 배우는 능력이 뛰어난 것으로 나타났다. 더욱이 5일 동안 완전히 앞을 못보게 한 사람들의 뇌의 영상을 판독한 결과, 촬영 처음 상태에서는 별 반응을 보이지 않았던 뇌의 시각피질 활동이 점자를 만질 때 촉각에 반응해 극도로 활발해지는 것으로 나타났다.

2. 명시적 지식과 암묵적 지식

연구진은 "이로써 성인일 때 시각을 잃었어도, 뇌의 시각 시스템이 완전히 시각을 잃은 데 대한 보상으로 촉각의 발달을 빠르게 하는 것을 알 수 있다"고 말했다.

뇌 잠재된 감각능력 재편성 능력이 놀라울 따름
연구진은 "새로운 신경세포들이 연결돼 다른 감각이 발달됐다기보다는 시각이 온전했을 때에는 시각피질이 베일에 가려진 채 존재하고 있다가, 시각을 잃게 되면 그 기능이 활성화돼 다른 감각의 발달이 빠르게 나타나는 것"이라고 설명했다.
공동연구자 마라빗 박사는 "정확히 말하면, 연구에서 보듯 앞을 못 보게 하는 상태에서 잠재돼 있던 뇌 보상 활동이 시각 대신 다른 감각을 활발하게 깨웠기 때문"이라고 설명했다.

2. 명시적 지식과 암묵적 지식

자신의 중요한 감각을 잃어버렸지만
암묵적 지식으로 듣고 보고 맛보는 것이 가능

퀴즈

명시적 지식과 암묵적 지식의 차이는?

명시적 지식은 머리로 익히는 지식으로 역사적 사실을 암기하거나 논리적 추론을 이해하는 지식. 역사, 과학, 수학 과목이 이에 해당

암묵적 지식은 반복적 훈련을 통해서만 몸으로 체득할 수 있는 지식. 예체능 과목, 영어 같은 외국어 과목이 이에 해당.

학습정리

'적게 뛰고 많이 넣는' 남미팀 축구스타일과 박지성의 스타일, 집중력 뛰어난 프로 뇌와 산만한 아마추어의 뇌, 그리고 육상선수 존 사례를 통해 '지능이 높은 뇌는 힘이 덜 든다'는 이론을 학습했다.

참고문헌 및 사이트

- 류영주, 성공두뇌 만들기, 대구가톨릭대학출판부

차시예고

다음 시간에는
9주 1차시 인성의 뇌과학적 기제를
학습하도록 하겠습니다.

재미있는 뇌이야기

9주 1차시 인성의 뇌과학적 기제(1)

학습목표

인성의 뇌과학적 기제를 설명할 수 있다.

학습내용

1. 인성의 정의
2. 인성이 실력이다!
3. 인성의 뇌과학적 기제
4. 인성 관여 뇌부위
5. 뇌과학이 왜 도덕성을 건드리나?

1. 인성의 정의

보통 인성이라고 하면 '마음씨 좋은' '착한(도덕군자)' 개념을 떠올리지만 이 용어는 매우 포괄적이고 추상적인 의미를 포함한다.

사전적 의미	사람의 성품 또는 각 개인이 가지는 사고와 태도 및 행동특성
유사한 개념	인격, 인간성, 사람 됨됨이, 심성
심리학	퍼스낼리티(personality), 성격
교육학	캐릭터(character), 사람의 성품(성질과 품격)

2. 인성이 실력이다!

- 이제는 인성이 실력이 되는 시대
- 대학마다 앞다퉈 인성 평가를 강화한 새로운 입시안을 발표하는 등 인성에 관한 평가 항목이 강화됨
- 공부만 잘하는 학생이 아니라 인성이 좋은 신입생을 선발하겠다는 의지

"대학입학은 공부를 잘한 사람만을 선발하는 것이 아니라 앞으로 공부를 많이 할 사람을 뽑는 과정이다. 고등학교까지 배운 지식은 어느 수준만 되면 다를 게 없다. 인터넷 검색을 하면 1초 만에 나오는 것들을 몇 개 더 알거나 수학문제 한두 개 맞춘 것이 우수한 대학의 선발 기준이 되는 것은 바람직하지 않다. 그 대학을 졸업해 사회에 나갈 인재로서 인성과 덕목을 갖추었는지가 선발과정에서 중요하다."

- 김수정/교육학자

"지금의 아이들이 살아갈 미래는 어느 대학을 졸업했느냐가 아니라 독특한 끼와 개성, 미래에 대한 희망, 인성을 갖추었느냐가 경쟁력이 될 것이다. 인재를 제대로 기르려면 국가 차원의 정책만 필요한 것이 아니라 학부모의 용기도 필요하다. 자녀를 교육할 때 인성을 기르는 것이 아이의 미래를 위해 필요하다는 점을 인식해 주었으면 좋겠다."

- 서남수/전 교육부장관

2. 인성이 실력이다!

Quiz 기업이 가장 중요하게 보는 인성 요소는?

'성실성'(48.8%)이 1위를 차지했다. 이밖에 '대인관계성'(22.4%) '정직성'(12.8%) '정서적 안정성'(12.8%)' 이타성'(1.6%) 등이 뒤를 이었다.

취업포털 사람인 2014년 조사결과

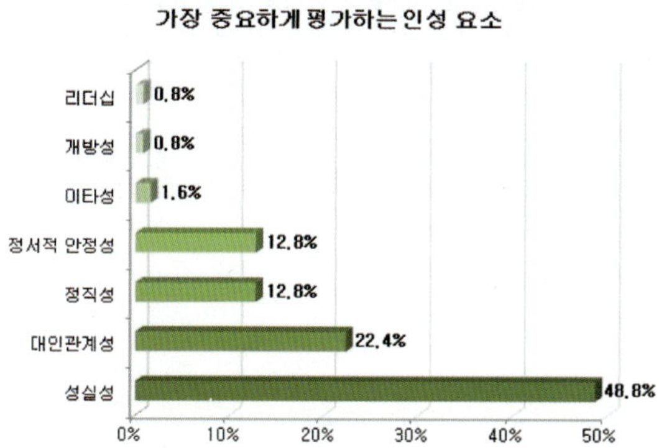

3. 인성의 뇌과학적 기제

- 지난 2014년 3월 고려대에서 도덕·신경과학 국제학술 대회가 열렸음
- 도덕·신경과학이란 인간의 이타심, 넓게는 도덕성의 본질을 파헤치는 학문
- 이 대회에서는 **'남을 돕는 이타적 행동의 생리적 메커니즘 분석'**과 **'도덕적 판단의 두 가지 뇌 경로에 대한 고찰'** 등에 관한 연구결과를 발표함

4. 인성 관여 뇌부위

Q 인성에 관여하는 뇌 부위가 있다던데?

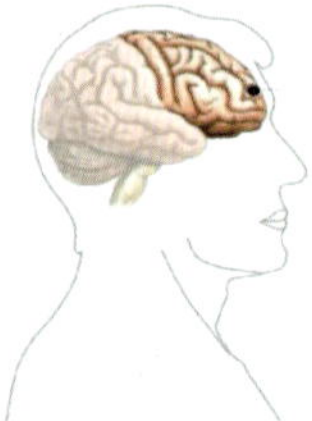

일러스트=브레인

A 인성에 관여하는 부위를 칼로 무 자르듯 딱 구분할 순 없지만, 굳이 꼽으라면 **전두엽**(보다 정확하게 말하면 전전두엽)이다.

전두엽(frontal lobe)은 인간을 다른 동물과 구분 짓게 하는 부위며, 인간을 인간답게 만드는 보석 같은 기능을 맡고 있다. 그래서 전두엽을 '문명의 뇌' '판단의 뇌' '예측의 뇌' '선견지명의 뇌'라고도 부른다.

인간과 동물의 가장 큰 차이는 바로 **윤리적·도덕적 고민과 갈등을 할 수 있느냐의 여부**에 달려 있다. 인간은 사람으로서 지켜야 하는 도리, 가치 등을 생각하며 죄책감과 도덕적 갈등을 느끼는데, 이 역시 전전두엽이 담당한다.

4. 인성 관여 뇌부위

전전두피질은 바깥쪽면, 가운데 안쪽면, 아래쪽면으로 나뉜다.

바깥 측면에서 본 전두엽	안쪽 측면에서 본 전두엽	아래쪽에서 본 전두엽
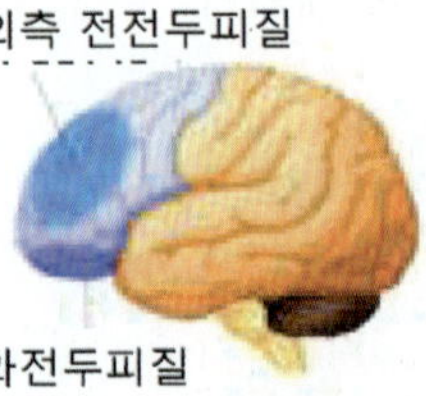 	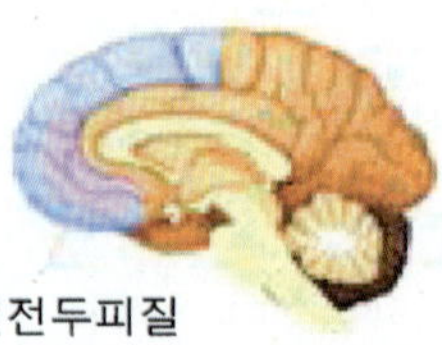 	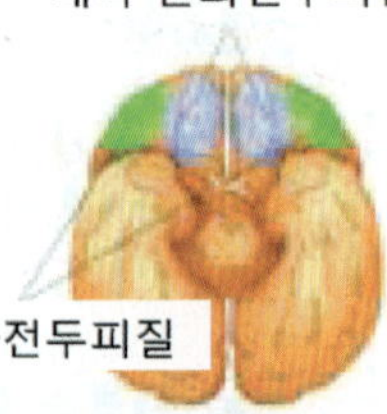
배외측 전전두피질	복내측 전전두피질	안와전두피질

일러스트=브레인

눈과 접하는 아랫면은 **충동억제센터**. 이곳이 손상되면 충동을 조절하지 못함.
가운뎃면은 **동기센터**. 이곳이 손상되면 무엇을 하려는 의욕이 없어짐.
바깥쪽면은 **계획센터(독창센터)**. 이곳이 손상되면 판단력이 떨어지고, 우유부단하며, 계획을 세우지 않음. 새로운 생각을 하지도 못함.

4. 인성 관여 뇌부위

1) 전전두엽, 인성·도덕성 관장

사례1

미국 버몬트 주에 사는 젊은 철도공인 '휘네아스 게이지(Phineas Gage)'는 누구에게나 호감 받던 청년이었다. 1848년의 어느 날까지는 말이다. 게이지는 새 철도를 놓기 위해 철도공사 작업을 하고 있었다. 게이지는 쇠막대로 다이너마이트를 구멍 속에 밀어 넣었다. 그 순간, 재앙이 닥쳤다.

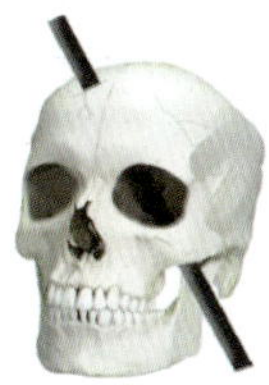

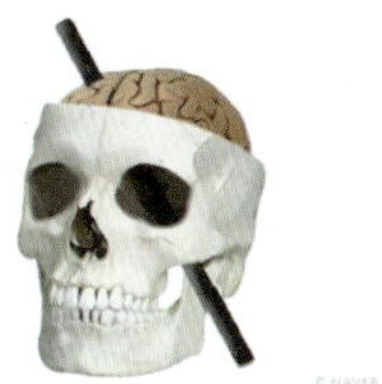

다이너마이트가 터지면서 끝이 뾰족한 1m 정도의 쇠막대가 게이지의 머리를 뚫었다. 그 막대는 턱 왼쪽에서 위로 들어가 전전두엽을 관통하여 시상봉합 가까이로 통과했다.

4. 인성 관여 뇌부위

1) 전전두엽, 인성·도덕성 관장

사례1

몇 미터 떨어진 곳에서 발견된 쇠막대에는 불쌍한 게이지의 골수가 잔뜩 묻어 있었다. 그 충격으로 게이지는 기절했다. 그러나 뇌파편투성이가 된 그는 곧 정신을 차리고 제 발로 걸어서 병원으로 갔고 치료도 받았다. 뚫린 구멍은 꽤 커서 의사가 손가락 몇 개를 두개골 속에 집어넣을 수 있을 정도였지만 놀랍게도 게이지는 살아남았다. 그러나 그 상처로 인해 그는 크게 변했다.

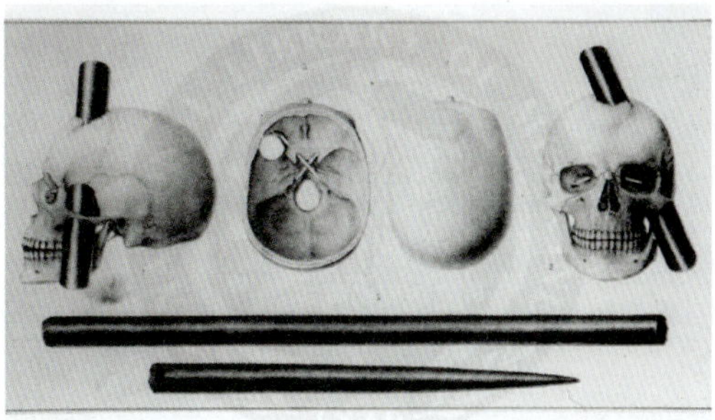

4. 인성 관여 뇌부위

1) 전전두엽, 인성·도덕성 관장

사례1

한 기록에 다음과 같은 보고가 있다.

"그는 사고 후 12년간 살았다. 그러나 그의 하루하루는 이성이 없이 감정 그대로를 나타내는 생활의 연속이었다. 성격이 완전히 뒤바뀌어 참을성이 없어졌고 늘 불평만 해댔다. 변덕스럽고 주의가 산만해져 무모한 계획을 세우곤 했다. 그리고 자주 술에 취하곤 했다. 직장에 밥 먹듯이 결근하고, 물건을 훔치고, 부인과 자녀들을 때리는 성격파탄자가 되어 버렸다. 그렇게 완전히 다른 사람으로 변한 게이지는 직장에서 해고되고, 부인과 이혼하고, 방황의 삶을 살았다."

4. 인성 관여 뇌부위

1) 전전두엽, 인성·도덕성 관장

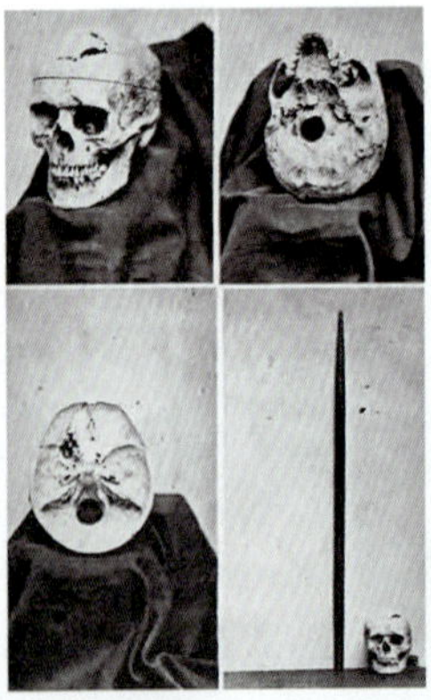

게이지의 두개골과 그의 머리를 관통한 쇠막대

사례1

의학자들은 게이지의 구멍 뚫린 머리를 몹시 연구하고 싶어했다. 그래서 게이지는 죽기 전에 자기 시체를 몇 군데 의과대학에 미리 돈을 받고 팔았다. 그의 사후 뇌를 부검한 하버드 의대 연구진은 게이지의 성격에 놀라운 변화를 일으킨 주요 원인을 전전두엽의 파괴에서 찾았다(그 유명한 쇠막대는 하버드 의대 박물관에 보관됨).

4. 인성 관여 뇌부위

1) 전전두엽, 인성·도덕성 관장

사례1

게이지가 사고를 당했을 때 쇠막대가 뇌를 관통한 모습

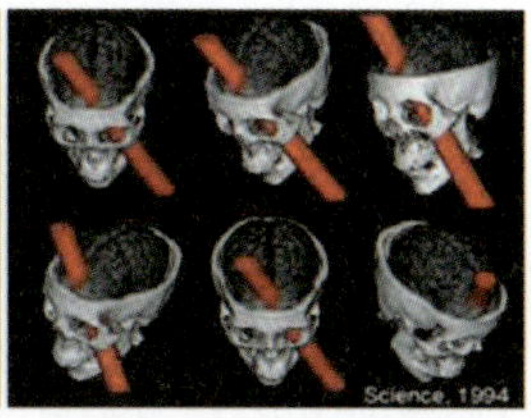

일러스트=Science

- 게이지의 사례를 보아 감정적 행위는 전전두엽에 의하여 조절되는 것을 알 수 있음

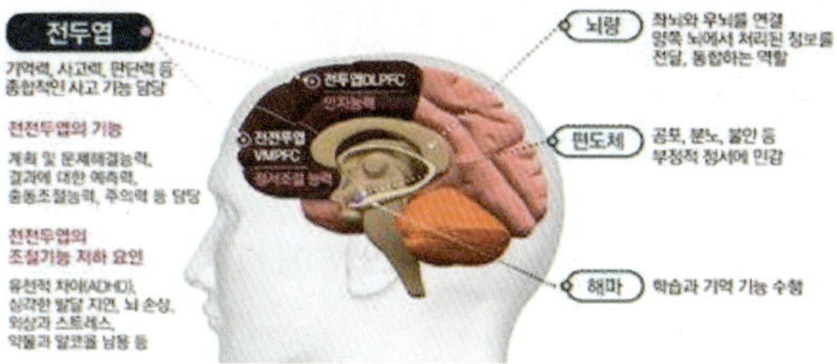

해부학적으로 전전두엽의 많은 신경세포들이 변연계에 신경섬유를 뻗치고 있음

4. 인성 관여 뇌부위

1) 전전두엽, 인성·도덕성 관장

연구결과

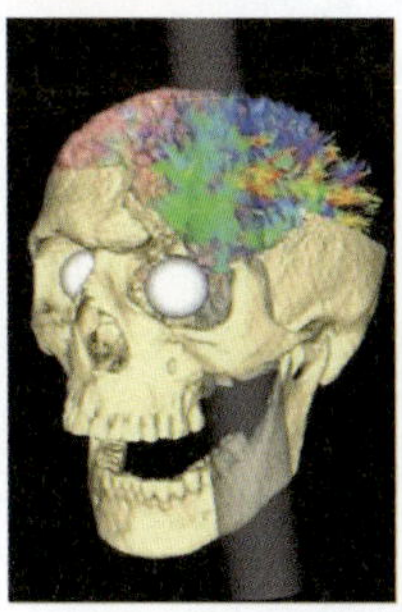

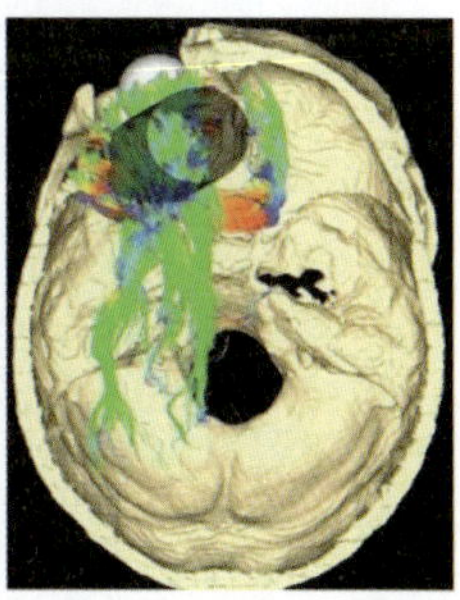

- 게이지의 부상은 많은 의사와 학자들에게 뇌의 기능에 대해 의문점을 던졌고, 전전두엽이 추상적인 생각, 판단, 예측, 충동 억제 등의 기능을 한다는 것을 추론하게 했으며, 수많은 실험과 연구를 통해 이 사실이 증명되었다.

4. 인성 관여 뇌부위

1) 전전두엽, 인성·도덕성 관장

- 전전두엽 손상과 폭력
- 살인범 뇌는 전전두엽이 비정상적으로 기능한다는 증거가 뇌영상 연구에서 얻어졌음
- 폭력적이고 반사회적인 경향이 강한 사람은 정상인에 비해 전전두엽이 더 작다는 연구결과도 나왔음

사례2

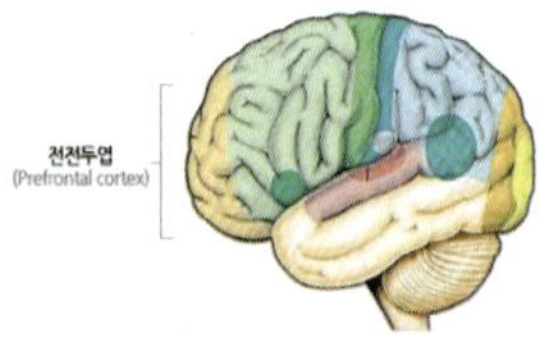

미국 조지타운대 블레이크 연구진은 충동조절 장애자들의 무려 65%에서 신경학적 진찰상 전전두엽 기능이 이상하다는 것을 발견했다. 상당수가 CT나 MRI 촬영에서 전전두엽 이상 소견을 가지고 있었다(이들 중 반 이상은 살인을 할 때 쯤 술을 많이 마셨다 했는데 알코올은 전전두엽 기능을 억제하는 대표적 약물). 살인자와 정상인 41명에게 PET을 시행했는데 전전두엽 포도당 대사가 살인자 그룹에서 현저히 떨어졌다.

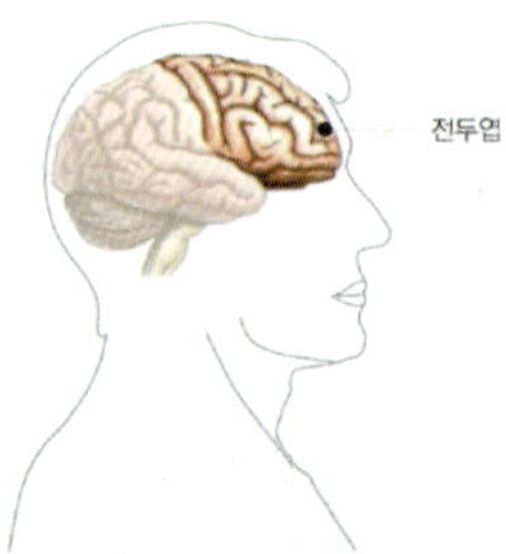

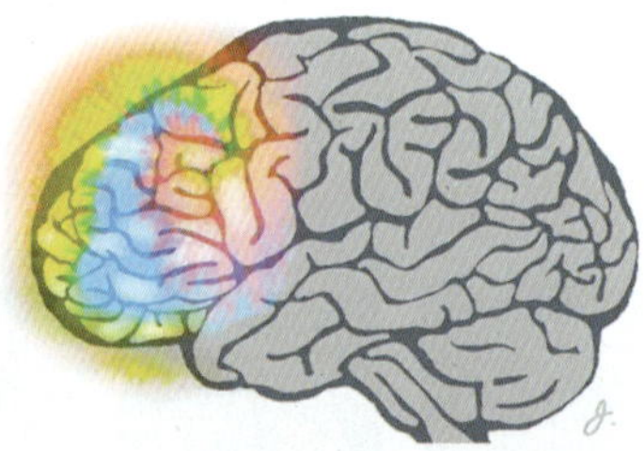

일러스트=조선일보

전전두엽이 손상되면 충동을 조절하는 기능이 현저히 떨어진다. 성격이 급해지거나 고집스러워지고, 참을성 없어져 충동적 행동을 하기도 한다. 반대로 아무런 의욕이나 감정변화 없이 무감각한 상태로 지내기도 한다.

4. 인성 관여 뇌부위

1) 전전두엽, 인성·도덕성 관장

배외측 전전두피질

- 피험자들에게 공간, 수리, 언어적 문제를 풀게 하고 뇌 혈류가 어떻게 변화하는지 실험. 이때 활성화된 곳은 전두엽의 바깥쪽 상단인 배외측 전전두피질(dorsolateral prefrontal cortex. DLPFC)이다.
- 배외측 전전두피질은 전두엽의 기능을 설명할 때 가장 많이 언급되는 부위(일명 '똑똑한 뇌'로 불리는 곳)

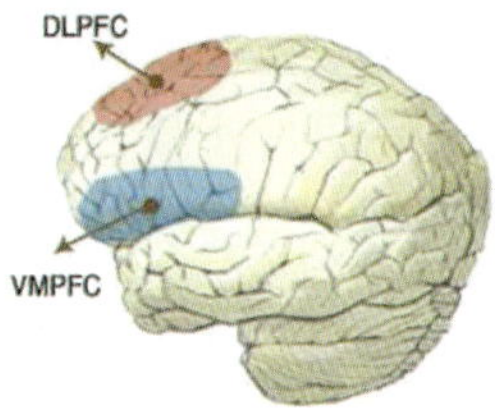

4. 인성 관여 뇌부위

사례2

2003년 '대구지하철 참사' 피해자들의 뇌영상 연구에 의하면, 배외측 전전두피질이 활성화될수록 회복이 빨랐다. 배외측 전전두피질의 기능에는 인지적 재평가가 있는데, 이는 삶에서 일어나는 사건의 의미와 목적을 이해하고 평가하는 것이다. 즉, 참사를 겪고 난 뒤 ***'왜 이런 끔찍하고 고통스러운 일이 내 인생에서 일어났을까' 라고*** 묻고 생각하는 것이다.

Q 배외측 전전두피질이 활성화될수록 회복이 빨랐다는 것은, 자신의 상황을 받아들이려는 노력이 회복에 도움이 됐다는 것인가?

A 그렇다. 사고 후 배외측 전전두피질이 활성화될수록 회복이 빨랐다는 것은 상황을 받아들이고 이해하려는 노력이 정신적 충격과 상처로부터 회복을 앞당겼다는 뜻이다.

배외측 전전두피질은 부정적 정서를 재해석하고 원치 않은 기억을 억제하는 등 정서를 통제하는 것으로 알려져 있음

4. 인성 관여 뇌부위

2) 배외측 전전두피질

"배외측 전전두피질, '뇌 속 아픈 기억' 치유"

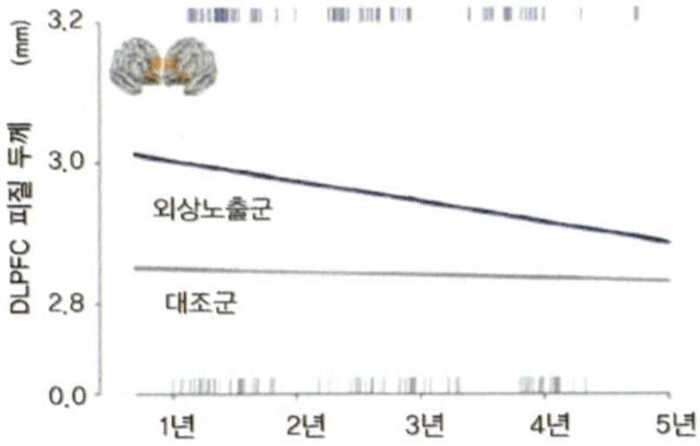

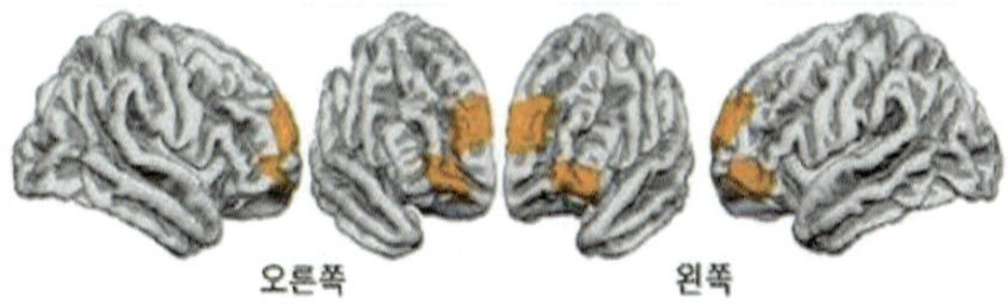

심리적 외상 후 두꺼워지는 배외측 전전두피질 부위

일러스트=류연균

Q 그래프를 보니, 외상노출군(사고로 충격을 받은 생존자)이 대조군 (일반인)에 비해 배외측 전전두피질이 훨씬 두껍다. 그리고 서서히 정상 수준으로 얇아진다.

A 사고로 충격을 받은 생존자들은 배외측 전전두피질이 일반인에 비해 5~6% 정도 두꺼워졌다가, 외상에서 회복함에 따라 서서히 정상 수준으로 줄어들었다. 아울러 외상 후 전전두피질이 많이 커질수록 외상후 스트레스 지수의 감소 폭, 다시 말해 심리적 상처가 치유되는 정도 역시 더 컸다.

4. 인성 관여 뇌부위

2) 배외측 전전두피질

Q 그같은 변화는 어디서 일어나는가?

A BDNF(Brain-Derived Neurotrophic Factor, 뇌유래신경인자)가 영향을 준 것으로 분석한다. BDNF는 감정 조절과 기억 소멸에 이바지하는 유전자로 뇌세포의 가소성에도 관여한다.

4. 인성 관여 뇌부위

2) 배외측 전전두피질

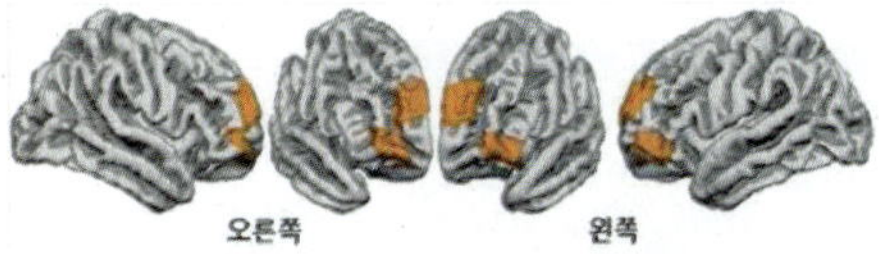

<심리적 외상 후 배외측 전전두피질의 두께 변화>

심리적 외상 후 두꺼워지는 배외측 전전두피질 일러스트=류인균

A

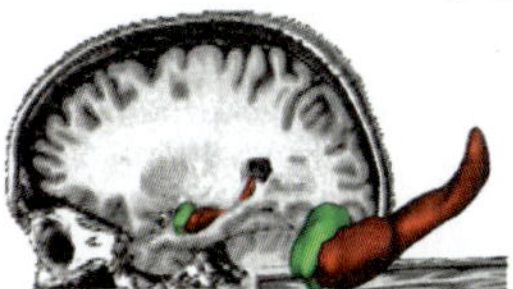

해마와 편도체
SACHA: automatic segmentation of the hippocampus and the amygdala from MRI

http://cogimage.dsi.cnrs.fr/projets/nemesis/

심리적 외상을 입으면 배외측 전전두피질에서 'BDNF' 유전자 활성으로 같은 이름의 단백질이 만들어진다. 이 단백질이 뇌세포를 보다 살찌우고 튼튼하게 만들어 세포 하나가 차지하는 공간이 커지며 결과적으로 배외측 전전두피질이 두꺼워지는 것. 심리적 외상시 다른 부위가 아닌 배외측 전전두피질의 기능이 활발해지는 이유는 배외측 전전두피질이 뇌의 다른 부분(편도체·해마)의 활동을 조절하기 때문이다. 편도체나 해마는 뇌 가운데 기억을 관장하는 중심 부위로, 막대기만 보고도 뱀의 기억을 떠올려 공포를 느끼게 하는 곳이다. 따라서 배외측 전전두피질이 나쁜 기억에 대한 편도체나 해마의 반응과 활동을 억제함으로써 스트레스 치료에 기여한다는 얘기다.

참사에 노출된 생존자의 배외측 전전두피질이 두꺼워진 것은 참사에 따른 심리적 외상을 극복하기 위해 생존자 뇌가 적응한 결과

4. 인성 관여 뇌부위

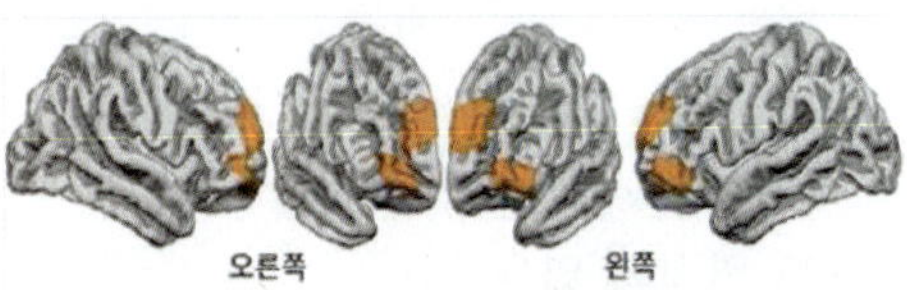

심리적 외상 후 두꺼워지는 배외측 전전두피질

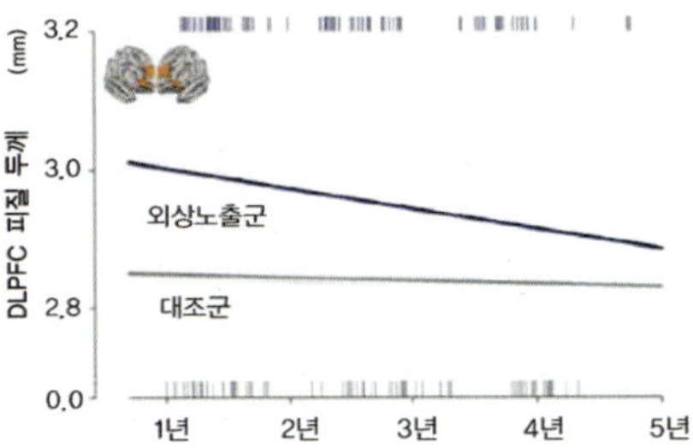

정리

연구진은 1년에 한 차례씩 구조성 자기공명영상(structural MRI) 장치로 30명의 뇌를 촬영해 배외측 전전두피질 두께를 쟀다. 2004년 첫 촬영에서는 생존자들의 배외측 전전두피질 평균 두께가 3mm로 나타났다(정상인의 배외측 전전두피질 두께는 평균 2.85mm). 이는 사고 뒤 생존자들의 배외측 전전두피질이 정상치에 비해 5% 정도 두꺼워졌다는 것을 의미한다.

하지만 해가 갈수록 생존자들의 배외측 전전두피질 두께는 점점 얇아졌다. 2008년 마지막 촬영에서는 배외측 전전두피질의 평균 두께가 2.88mm정도로 조금 줄어들었다. 연구진은 "배외측 전전두피질이 정상인과 비슷한 두께가 되면 생존자들의 외상 후 스트레스 장애도 거의 회복될 것"이라 설명했다.

4. 인성 관여 뇌부위

연구진은 뇌 촬영 외에도 생존자들의 신경심리검사도 병행하면서 유전자를 분석해 뇌 기능과의 연관성도 찾았다. 이 과정에서 BDNF라는 유전자와 외상 후 스트레스 장애의 관계도 찾아냈다. BDNF라는 유전자가 같은 이름의 단백질을 많이 만들어낼수록 배외측 전전두피질도 많이 두꺼워졌지만 그만큼 정상으로 돌아오는 시간도 짧았다.
연구진은 "BDNF 유전자가 만들어내는 단백질이 배외측 전전두피질의 두께에 영향을 미친다"면서 "이 단백질을 이용해 배외측 전전두피질 두께를 조절할 수 있게 만드는 치료제를 개발하면 외상 후 스트레스 장애를 쉽게 극복할 수 있다"고 말했다.

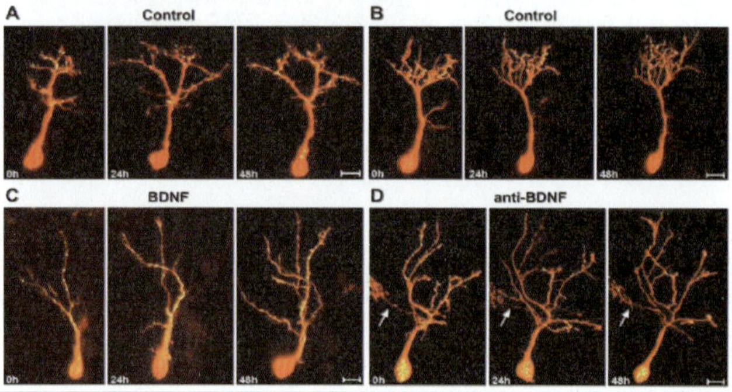

BDNF 처리를 한 신경세포 수상돌기가 시간 지날수록 수나 밀도가 더 증가했다는 연구가 있다.
일러스트=Scanchez et al.,(2006).

4. 인성 관여 뇌부위

3) 복내측 전전두피질

- 피험자들에게 사랑하는 사람의 얼굴을 보여 주며 뇌혈류의 변화 조사
- 복내측 전전두피질(ventromedial prefrontal cortex, VMPFC)이 활성화
- 이 부위는 감정의 뇌인 변연계와 밀접하게 연결돼 있음
- 복내측 전전두피질은 변연계와 밀접하게 연결돼 감정을 세련되게 하는 것으로 알려져 있음
- 전전두엽은 인간의 지성뿐 아니라 조화로운 감성을 가능케 하는 뇌임을 알 수 있음

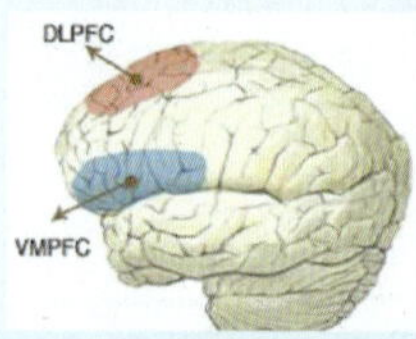

4. 인성 관여 뇌부위

- **배외측 전전두피질(DLPFC)**: 이성적 사고와 판단을 할 때 반드시 활성화되는 부위로 객관적 정보에 의지해 논리적 판단을 함
- **복내측 전전두피질(VMPFC)**: 감정적 판단을 함
- 복내측 전전두피질이 변연계와 가깝게 연결돼 있고, 배외측 전전두피질은 비교적 떨어져 있기 때문

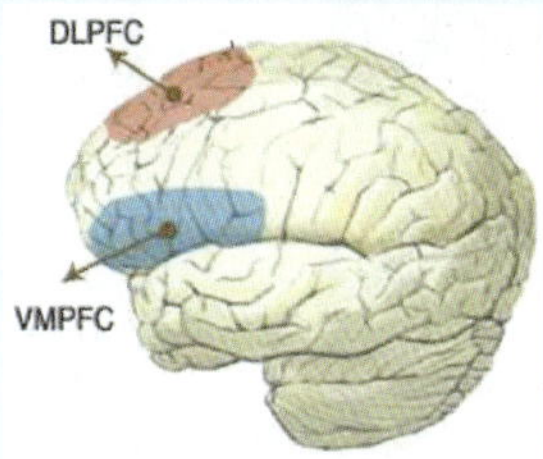

뇌 안에는 이성적인 판단을 하는 부위(DLPFC)와 감성적인 판단을 하는 부위(VMPFC)가 따로 있음

4. 인성 관여 뇌부위

3) 복내측 전전두피질

Q 감정은 비논리적이긴 하지만 선과 악, 옳고 그름(도덕적 판단)을 판단하는 데 중요한 역할을 한다.

A 물론이다. 때문에 감정 뇌와 연결된 복내측 전전두피질에 손상을 입은 사람은 도덕적 딜레마에 처했을 때 냉혹한 판단을 하는 것으로 나타났다. 미안함이나 죄책감, 후회, 당혹감, 관용, 동정 등의 감정을 느끼지 못했다.

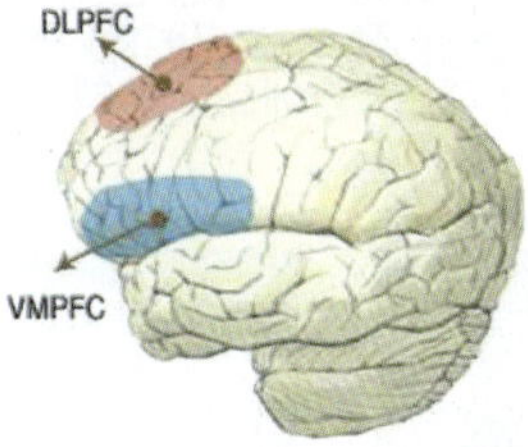

- 복내측 전전두피질이 손상된 사람들은 도덕적 딜레마에 처했을 때 좀 더 실용적인 선택, 곧 소수보다 다수에게 이익이 되는 쪽을 선호
- 복내측 전전두피질 손상으로 사회적 정서 기능(예: 미안함이나 죄책감, 후회, 당혹감, 관용, 동정 등)이 약화됨과 아울러 실리를 따지는 이성적 기능이 더욱 활성화되었기 때문

5. 뇌과학이 왜 도덕성을 건드리나?

Q 선과 악, 옳고 그름에 대한 질문들은 '가치'의 문제다. 그런 문제에 과학이 답을 줄 수 있을까?

책 <도덕의 풍경>은 국내에선 <신이 절대로 답할 수 없는 몇가지-악의 시대 도덕을 말하다>로 번역됨.

A 좋은 지적이다. 『도덕의 풍경(The Moral Landscape)』의 저자 샘 해리스의 견해를 들어보자. 그는 이 책에서 과학이 도덕적 문제에 대한 근거가 될 수 있고 또 그래야만 한다고 주장한다. 그에게 있어 도덕이란 인간의 행복을 증진시키는 것이며, '어떤 행동이나 상황이 행복을 증가시키는가'에 대한 답도 결국 뇌과학 연구를 통해 밝힐 수 있다.

"인간의 행복이 세상의 사건과 뇌의 상태에 의존하므로 과학적 사실로 이를 설명할 수 있다. 따라서 도덕적 질문에 대한 답은 과학에서 나올 수 있으며, 과학적 사고가 인간을 인간답게 하는 그 무엇에 대한 답을 제시하고, 나아가 '인간이 어떻게 살아야 하는지'까지 말해 줄 수 있다."

– 샘 해리스

5. 뇌과학이 왜 도덕성을 건드리나?

Q 하지만 인간의 행복, 믿음, 종교, 철학과 사회의 모든 면을 과연 과학이 설명할 수 있을까?

A 물론 아니다. 저자의 생각도 그렇다. 그는 '뇌과학적 접근만으로 온전히 인간의 도덕적 문제에 대한 근거를 밝힐 수 있다'고 생각하지 않는다. 뇌과학적 방법론에는 아직 분명한 한계가 있으며, 향후 뇌 메커니즘의 모든 것(예: 신경세포의 구조, 해부학적 연결, 전기·화학적 작동원리 등)이 해명돼도 인간의 모든 정신 활동을 물질적으로만 설명하면 환원주의(reductionism, 정신=뇌)에 빠질 수도 있다. 그럼에도, 이 책은 이런 논쟁의 끝이 아닌 출발로서 분명한 의미가 있을 것이다.

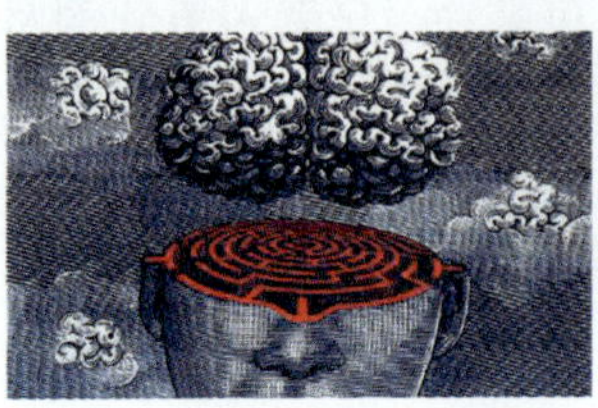

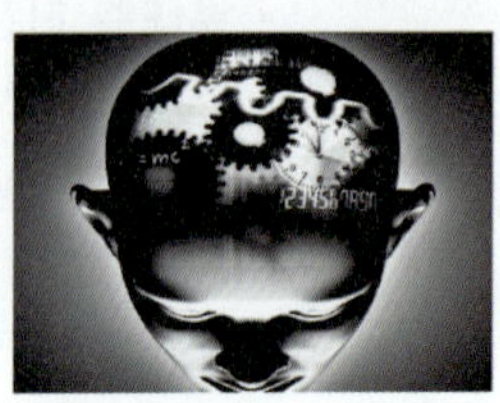

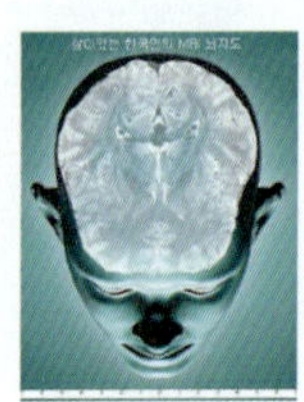

일러스트=교수신문

5. 뇌과학이 왜 도덕성을 건드리나?

산업융합의 대표적 사례로 제품끼리 융합된 스마트폰. 다양한 휴대장치의 기능을 갖춘 애플의 아이폰이 거둔 성공은 산업융합의 중요성을 상징적으로 보여준다. 산업융합은 새로운 성장 동력을 창출하는 지름길로 여겨진다. 일러스트=조선일보

21세기 성장 동력으로 '융합'이 떠오르고 있다. 어떤 대학의 비전은 '융합학문을 선도하는 대학'이며, 융합의 이름이 들어간 학과가 생겨나고 있다. 또 융합적 사고형 인재(예: 스티브 잡스)를 키워야 한다는 목소리는 교육현장에서 반영되고 있다. 하나의 학문에 얽매이지 않는 융합적 사고는 시대적 화두가 된 것. 이런 흐름은 기술이나 학문이 탐구의 중심이 아니라 그 가치가 중요하다는 생각에서 출발한다. '우리가 어떻게 하면 인성적으로 올바를 수 있을까' '어떻게 우리 사회를 착하게 만들 수 있을까'에 대한 물음에 대한 답의 융합적 추구도 마찬가지일 것이다.

5. 뇌과학이 왜 도덕성을 건드리나?

Q 뇌과학이 세상을 살기 좋게 만드는 데 기여할 수 있을까?

A 그러리라 생각한다. 뇌과학이 여러 학문과 창조적 융합을 통해 세상을 보다 살기 좋게 만드는 데 기여할 수 있다. 그런 날이 오기를 소망해 본다.

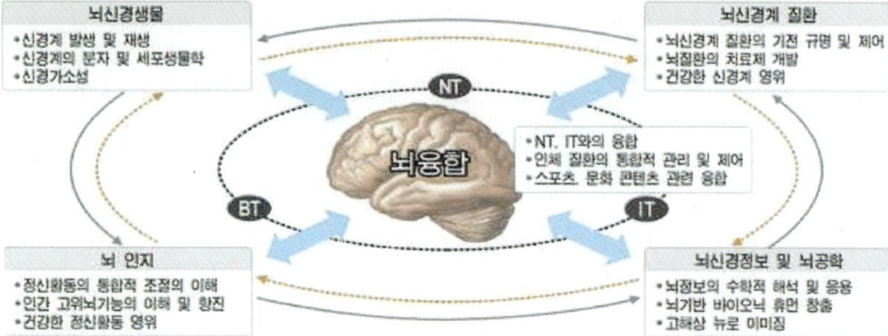

미래의 엘도라도 '뇌과학'

참고문헌 및 사이트

- 류영주, 성공두뇌 만들기, 대구가톨릭대학출판부
- ______, 성공적인 대학생활 1권, 대구가톨릭대학출판부

차시예고

다음 시간에는
2차시 인성의 뇌과학적 기제(2)를
학습하도록 하겠습니다.

재미있는 뇌이야기

9주 2차시 인성의 뇌과학적 기제(2)

학습목표

1. 인성의 뇌과학적 기제를 설명할 수 있다.

학습내용

1. 안와전두피질은 사회성과 감정조절을 담당
2. 실패를 후회하는 것은 성장에 큰 도움이 된다
3. 조앤 캐슬린 롤링의 교훈
4. 사이코패스는 안와전두피질과 편도체가 부실
5. 사이코패스는 상대의 고통을 모른다
6. 소시오패스, 양심불량자
7. 편도체, 신용평가의 뇌
8. 신뢰감을 얻는 법-첫인상 좋게 만들기

1. 안와전두피질은 사회성과 감정조절을 담당

안와전두피질(orbito frontal cortex)

- 눈 가까이 있는 전두엽으로 배외측 전전두피질과 연결돼 있으며 편도체와 같은 변연계와도 밀접하게 연결돼 있음
- 따라서 인지적 정보와 감정적 정보를 모두 다룸

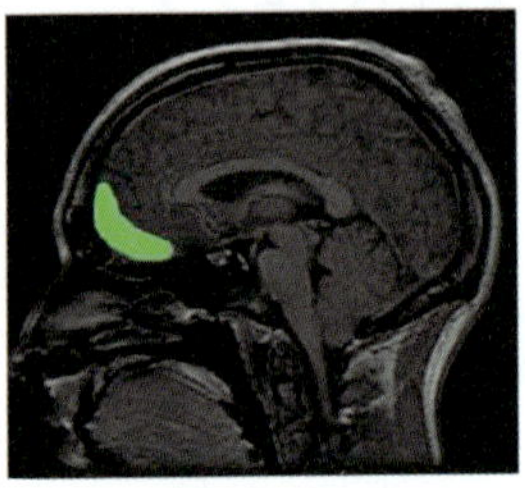

옆에서 본 모습

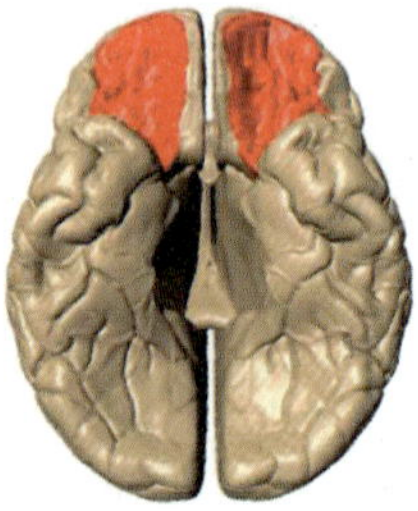

밑에서 위로 본 모습

1. 안와전두피질은 사회성과 감정조절을 담당

안와전두피질(orbito frontal cortex)

- 안와전두피질은 **자기감정 조절뿐 아니라 애착과 신뢰감의 온상이며 공감 능력, 감정이입 능력, 문제를 건설적으로 해결하는 능력, 참고 기다릴 줄 아는 능력, 복구력, 비언어적 소통 능력, 스트레스 감내 능력 등 인간으로서 지켜야 할 기본적 능력이 총망라돼 있음**
- 안와전두피질이 건강하게 발달돼야 비로소 인간이라 할 수 있음

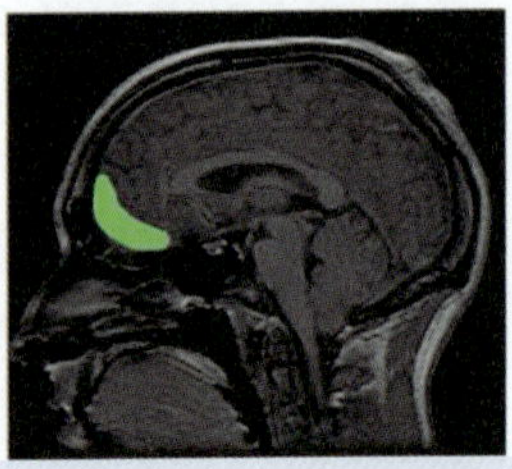

1. 안와전두피질은 사회성과 감정조절을 담당

"명상하면 안와전두피질이 자란다"

명상이 안와전두피질의 회백질(grey matter, 신경세포가 촘촘히 얽혀 있는 층)을 키운다. 캘리포니아대 아일린 루더스 연구진은 오랫동안 명상해온 사람의 우뇌 안와전두피질을 이루는 회백질 부위가 일반인보다 발달했다는 사실을 알아냈다. 오랫동안 꾸준히 명상해온 사람 22명과 그렇지 않은 22명의 뇌 속을 MRI로 들여다보았다. 명상 그룹은 불교 좌선과 스리랑카에서 유래한 '사마타', 고대 인도불교에서 유래한 '위빠사나' 등의 명상을 하루 10-90분씩 평균 24년을 했다. 오랫동안 명상해 온 그룹의 경우, 그렇지 않은 그룹에 비해 오른쪽 안와전두피질 회백질 부피가 더 큰 것으로 분석됐다.

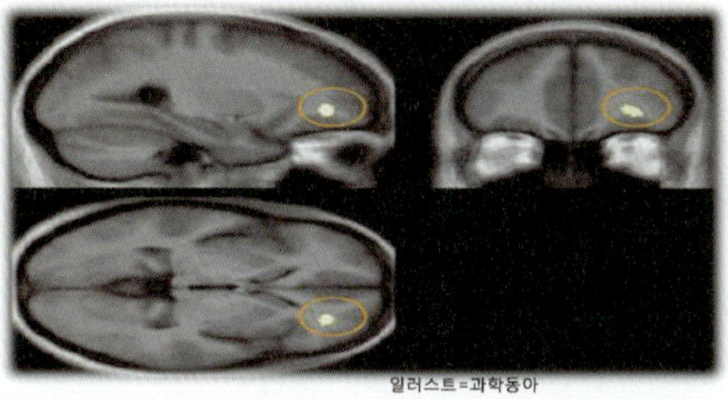

일러스트=과학동아

1. 안와전두피질은 사회성과 감정조절을 담당

"명상하면 안와전두피질이 자란다"

연구진은 "오랫동안 명상한 사람은 감정 조절하는 능력이 탁월한데, 이런 능력은 감정을 다스리는 안와전두피질의 회백질이 더 큰 데서 비롯된 것으로 보인다"고 했다. 게다가 오랫동안 명상한 그룹은 자신의 미묘한 감정 변화에도 집중을 더 잘하는 것으로 드러났다.

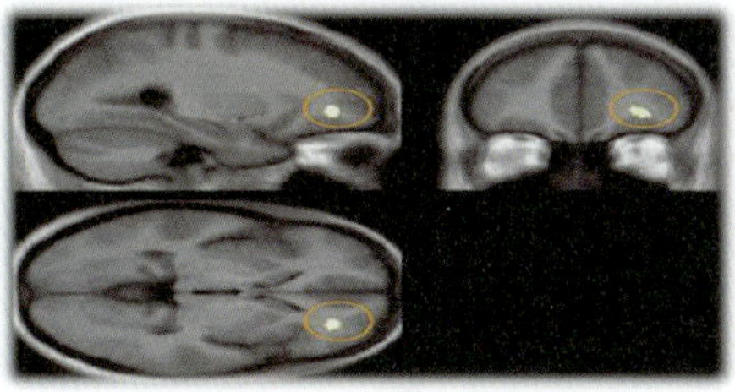

명상을 오래하면 오른쪽 안와전두피질(동그라미 안 밝은 부분)을 이루는 회백질의 부피가 커지는 것으로 드러났다. 이 부위는 감정을 다스리는 중추역할을 한다. 명상을 오래하면 감정을 다스리기 쉬운 이유다.

1. 안와전두피질은 사회성과 감정조절을 담당

"명상하면 안와전두피질이 자란다"

Q 프로게이머(이영호 선수)와 일반인의 뇌를 브레인 스펙(Brain spec, 뇌 혈류 측정영상장치)을 통해 비교·분석해 보았다. 이 선수의 경우 안와전두피질의 혈류가 다른 사람에 비해 활성화된 것으로 확인됐다.

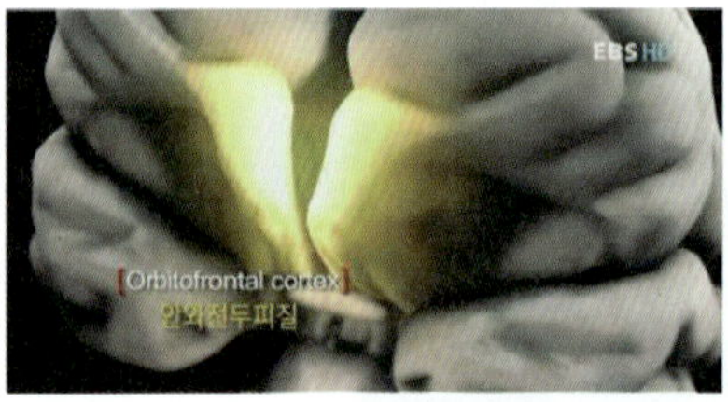

A 안와전두피질은 가까운 미래 행동에 대한 결과를 예상하고 감정조절과 충동행동 조절에 관여한다. 안와전두피질이 발달됐다는 것은 감정조절과 상황대처 능력이 뛰어나다는 걸 뜻하며, 이런 사람은 위기 상황에 처했을 때 감정 컨트롤을 잘한다.

반면, 안와전두피질에 이상이 오면 감정조절을 잘하지 못할뿐더러 무책임해지고 사회적으로 부적절한 행동을 한다. 실수나 실패를 통해 학습하는 능력도 상실한다.

2. 실패를 후회하는 것은 성장에 큰 도움

- 실패 후 후회하는 일은 안와전두피질에서 이뤄짐
- 안와전두피질은 환경의 변화에 대응하는 적응력을 담당하는 부위
- '이렇게 했으면 좋았을 걸'하는 반성을 함으로써 결국 성공의 길로 들어서게 되는 것
- 마치 바둑이 끝난 후 복기를 하면서 어디가 잘못되었는지를 확인하고 개선해 나가는 것과 같음

2. 실패를 후회하는 것은 성장에 큰 도움

그런 의미에서 실패는 새로운 도전의 계기가 된다. 좌절하거나 낙담하지 말고 자기의 장단점을 좀 더 잘 알게 되는 귀중한 기회로 삼아야 한다.

이를 계기로 지금과는 전혀 다른 길로 나아갈 수 있다. 실패를 통해 지금까지 걸어온 길이 자신의 개성과 적성에 맞지 않았을 뿐, 인간적 능력 전체가 무능해서가 아니라는 사실을 확인할 필요가 있다.

후회하고 물러설 게 아니라 무엇이 잘못되어 실패했는지 냉철히 분석하고 다른 길을 가야 한다.

"인생의 길은 여러 갈래다. 한 길이 잘못되면 다른 길을 선택할 수 있는 유연성이 있어야 한다. 실패는 기회다."

- 모기 겐이치/뇌과학자

2. 실패를 후회하는 것은 성장에 큰 도움

Q 요즘 젊은이들은 한 번의 실패로 쉽게 좌절하고 포기하는 경우가 많다. 2013년 구인구직사이트 알바몬이 대학생 714명을 대상으로 좌절감에 대한 설문 조사를 실시한 결과, 응답자의 91%가 대학 입학 후 좌절감을 느낀 적이 있다고 답했다. 그리고 좌절감을 느낀 대학생의 58%가 그 좌절감을 극복하지 못한 것으로 드러났다.

A 절반 이상이 좌절감 극복에 실패한다니 안타깝다. 뇌과학적으로 보면 쉽게 좌절하고 포기하는 젊은이의 기질은 어린 시절 안와전두피질의 미숙한 발달에 기인한다.

대학생 절반 이상이 좌절감 극복 실패

일러스트=SBS '너의 목소리가 들려'

3. 조앤 캐슬린 롤링의 교훈

"삶에는 성취보다 더 많은 실패와 상처들이 존재한다. 실패가 두려워 아무것도 하지 않는 것이 가장 큰 패배다."

- 조앤 캐슬린 롤링

해리포터 주인공들과 함께

3. 조앤 캐슬린 롤링의 교훈

전 세계를 '해리 열병(Harry Fever)'에 빠뜨린 천재 작가 조앤 캐슬린 롤링. 그녀는 2008년 하버드대 졸업식 축사에서 "바닥을 쳐본 처절한 실패경험이 오늘의 나를 만들었다"고 고백했다.

2008년 하버드대 졸업식에서 졸업축사를 하는 롤링

롤링의 전 재산은 추정가만 1조 2천억원. 19세기에 지어진 스코틀랜드의 대저택에 살며 일주일 만에 70억 원을 버는 전 세계 최고 갑부 작가. 해리포터 시리즈는 전세계 65개 이상 언어로 번역되었다. 우리나라는 물론 세계 각지에서 해리포터 시리즈가 나왔다 하면 줄 서서 구매할 정도.

3. 조앤 캐슬린 롤링의 교훈

이 책은 마크 샤피로 저서로 롤링이 여러 매체들과 가진 인터뷰를 중심으로 그녀의 삶과 해리포터 창작과정을 재구성한 르포

영국 액시터 대학 불문과를 졸업한 롤링은 일반 비서직에 취직했다. 하지만 항상 뭔가를 끄적거리며 공상하는 습관 때문에, 자신의 말처럼 "비서로는 아주 꽝"이었다. 결국 비서직에서 해고된 그녀는 생계를 위해 다시 맨체스터에 있는 회사에 취직한다. 그런데 바로 집과 맨체스터를 오가는 기차 안에서 '세기의 영감'이라 이름붙일 만한 영감이 떠오른 것이다.

그 후로 몇 달 동안 롤링은 여가가 생길 때마다, 한 마법사 소년과 그를 둘러싼 여러 가지 모험에 관한 온갖 아이디어를 닥치는 대로 적기 시작했다. 이리하여 친척집에서 초라하게 양육되다가 어느 날 갑자기 자신이 마법사라는 사실을 알고 마법학교인 호그와트로 향하는 고아 소년 해리포터의 이미지가 구체화되기 시작한 것이다.

3. 조앤 캐슬린 롤링의 교훈

이 무렵 롤링은 포르투갈로 건너가 영어교사를 하고 있었고, 거기서 사랑하는 사람을 만나 결혼을 한다. 그리고 딸 하나를 낳았지만, 그 결혼 생활은 13개월 만에 끝난다. 싱글맘이 된 롤링은 어린 딸만 데리고 영국에 무일푼으로 돌아왔다. 정부에서 지원해 주는 기초 생활보조금으로 근근히 생계를 유지하던 그녀는 기저귀 살 돈도 없었고, 딸의 식비를 위해 자신은 굶어야 할 만큼 형편이 좋지 않았다. 감당하기 힘든 가난과 이혼으로 인하여 매일매일 죽고 싶다는 생각을 하고 살았으며, 정신과 의사로부터 심각한 우울증에 걸렸다는 진단을 받을 만큼 몸과 마음은 무척 지쳐 있었다. 롤링은 "내가 이런 상태에서 딸을 키울 수 없다"면서 우울증과 싸우며 글쓰기에 매달리기 시작했다.

3. 조앤 캐슬린 롤링의 교훈

니콜슨카페는 롤링이 해리포터의 초고를 작은 냅킨에 써내려 간 곳으로 유명. 지금은 '스푼 카페 비스트로(Spoon Café Bistro)'로 새롭게 탈바꿈.

마땅히 글 쓸 장소도 없어서 매일 '니콜슨' 카페를 찾아 유모차를 밀어두고 글을 써나갔다(니콜슨 카페는 현재 세계적인 명소가 됨). 어린 딸에게 우유 먹일 돈도 없어서 물을 물리고 있을 때가 잦았다. 마침내 책을 완성한 롤링은, 출판을 하려면 에이전시의 도움을 받아야 한다는 사실을 막연하게 듣고 에이전시 두 명에게 각각 원고를 보냈다. 8만 단어에 이르는 방대한 원고를 복사할 비용이 없어서 가까스로 구한 구식 타자기로 손수 두 번 타이핑했다. 드디어 크리스토퍼 리틀이라는 에이전트에게서 독점계약을 원한다는 답장이 오고, 에이전트의 노력으로 블룸스베리 출판사에서 2천 달러를 받고 계약을 맺었다.

3. 조앤 캐슬린 롤링의 교훈

이듬해 책이 나오자, 몇 달이 채 되지 않아 전 세계 출판업자들로부터 문의 전화가 쇄도하게 되었다. '해리포터 열풍'이 지구촌을 뒤흔들기 시작한 것. 다음은 롤링의 하버드대 졸업식 축사 내용이다.

하버드대 졸업식에서의 롤링

저는 대학을 졸업하고 7년 동안 엄청난 실패를 겪었습니다. 결혼에 금세 실패했고 실업자에다 싱글맘, 더 이상 가난하기 힘들 정도였지요. 누가 봐도 전 실패한 사람이었습니다. 그 시기에 저는 정말 힘들었고, 긴 터널이 언제 끝날지도 알 수 없었습니다. 그럼 제가 왜 실패의 미덕에 대해 말하려고 하는 걸까요? 실패가 제 삶에서 불필요한 것들을 제거해 주었기 때문입니다. 저는 스스로를 기만하는 것을 그만두고, 제 모든 에너지를 가장 중요한 일에 쏟기 시작했습니다. 제가 가장 두려워하는 실패가 현실이 됐기 때문에 오히려 저는 자유로워 질 수 있었습니다. 실패했지만 저는 살아 있었고, 사랑하는 딸이 있었고, 낡은 타이프 라이터와 엄청난 아이디어가 있었지요. 가장 밑바닥이 제가 인생을 새로 세울 수 있는 단단한 기반이 되어 준 것입니다. 바닥을 치면 더 이상 두려울 것도 꺼릴 것도 없는 법입니다. 다시 일어나서 나아갈 일만 있기 때문입니다. 삶에는 성취보다 더 많은 실패와 상처들이 존재합니다. 그러나 실패가 두려워 아무것도 하지 않는 것이 가장 큰 패배입니다.

데이비드 핫셀호프의 교훈

데이비드 핫셀호프: 미국 배우 및 가수
출연작품: SOS 해양구조대, 전격 Z 작전

99.9% 거절을 당했지만,
결코 포기하지 않았다.

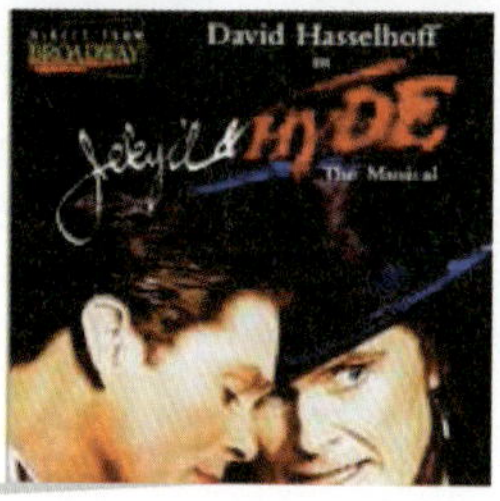

4. 사이코패스는 안와전두피질과 편도체가 부실

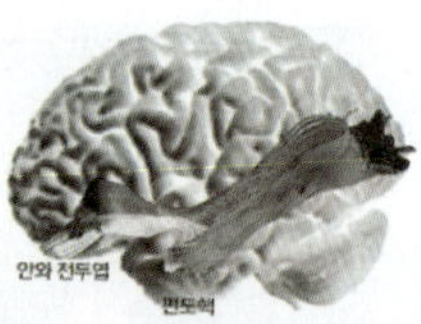

극단적인 폭력성은 전두엽의 기능 장애와 연관이 있을 수 있다 (왼쪽)
사이코패스의 뇌는 안와 전두엽과 편도핵에서 정상인과 차이를 보인다(오른쪽)
출처: Mol Psychiatry. 2009 Oct;14(10):946-53, 907. Epub 2009 Jun 9.)

- 영국 킹스칼리지런던대 데클린 머피 연구진이 MRI로 사이코패스(psychopath)의 뇌 속을 들여다보았음
- 사이코패스들은 무계획적인 살인, 여러 차례에 걸친 강간, 살인 미수 등의 범행 경력을 갖고 있었음
- 관찰결과, 안와전두피질과 편도체 사이를 연결하는 갈고리다발(uncinate fasciculus) 구성이 정상인보다 떨어지는 것으로 확인됨
- 갈고리다발의 구성이 부실할수록 더욱 잔인한 것으로 나타남
- 안와전두피질은 정보처리와 의사결정을, 편도체는 감정을 담당

4. 사이코패스는 안와전두피질과 편도체가 부실

Q 감정과 의사결정 연결이 부실하다는 것인가?

A 그렇다. 감정과 의사결정 네트워크가 제대로 작동하지 않는 셈이다. 그리고 그것은 감정과 상관없이 행동을 할 수 있다는 의미가 된다. 보통 범죄자는 범행 순간이나 범행 뒤에 자책, 공포 등의 감정을 느끼지만 사이코패스들은 이런 감정의 동요가 거의 또는 전혀 없는 것이 특징이다.

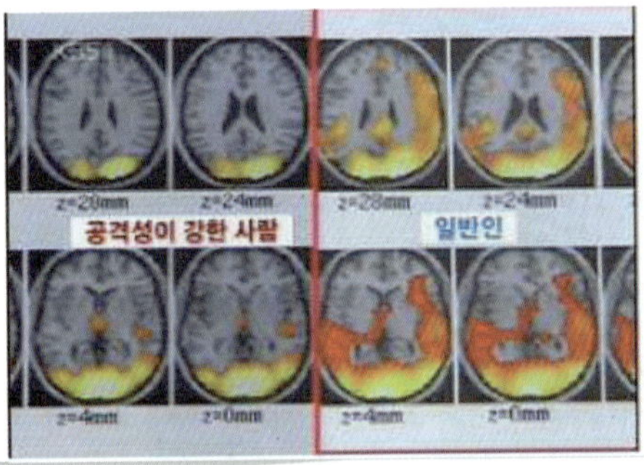

공격적인 장면을 보면 일반인들은 뇌의 많은 부위가 붉은색으로 변함. 하지만 공격성이 강한 사람들은 그렇지 못하다.
<일반인과 공격성이 강한 사람의 뇌 반응 PET사진>

4. 사이코패스는 안와전두피질과 편도체가 부실

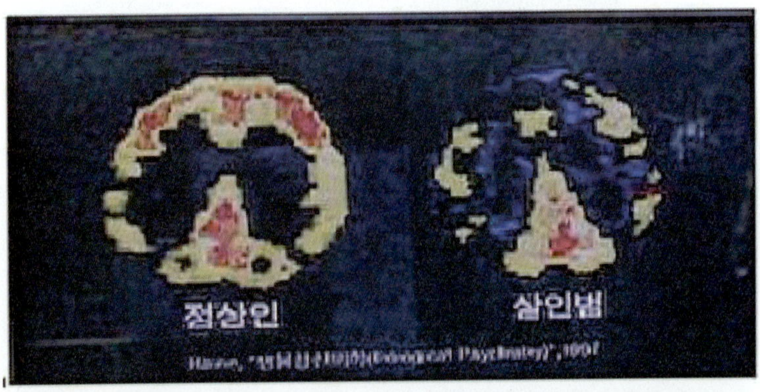

끔찍한 장면을 보게 되면 일반인들의 뇌는 흥분을 하게 된다. 하지만 사이코패스의 뇌는 감정조절이나 양심 등 고등행동들을 관장하는 전두엽이 거의 반응을 하지 않는다.

4. 사이코패스는 안와전두피질과 편도체가 부실

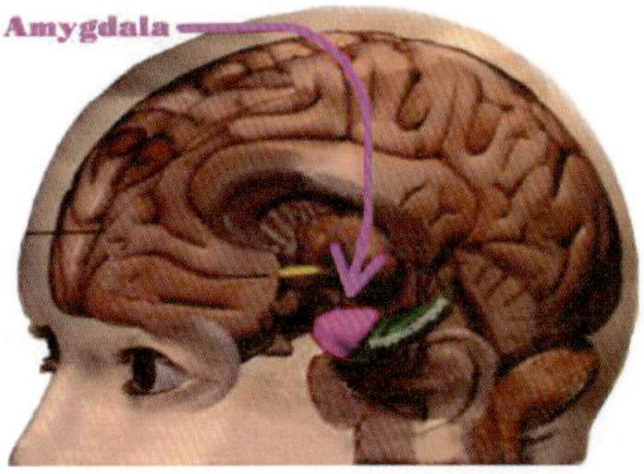

편도체
http://www.neilslade.com/chart.html

- 편도체는 변연계의 작은 구조물인데 도덕적 판단과 감정 조절, 감정 형성에 중요한 역할을 함
- 1970년에 마크와 어빈은 두 명의 간질 환자의 편도체를 전기로 자극해 보았음
- 안쪽을 자극하자 환자들은 주체할 수 없이 폭력적인 행동을 보였고 바깥쪽을 자극하면 기분이 좋아졌음
- **편도체가 인간의 감정 변화에 중요한 역할을 한다는 결론**

4. 사이코패스는 안와전두피질과 편도체가 부실

- 편도체는 또한 시각·청각·촉각 등 감각을 담당하는 대뇌피질과 복잡하게 연관돼 우리가 받아들이는 감각에 감정을 집어넣음
- **아름다운 여성이 있다고 가정할 때** 그녀를 보는 것은 후두엽의 시각중추이지만 그녀를 아름답다고 느끼는 것은 편도체
- 양쪽 편도체가 손상된 환자는 시력이 정상임에도 불구하고 다른 사람의 표정을 읽지 못함. 즉 활짝 웃는 미인의 얼굴을 보여주어도 즐거워하지 않으며, 인상을 찌푸린 험상궂은 사람의 얼굴을 보여 주어도 겁을 내지 않음

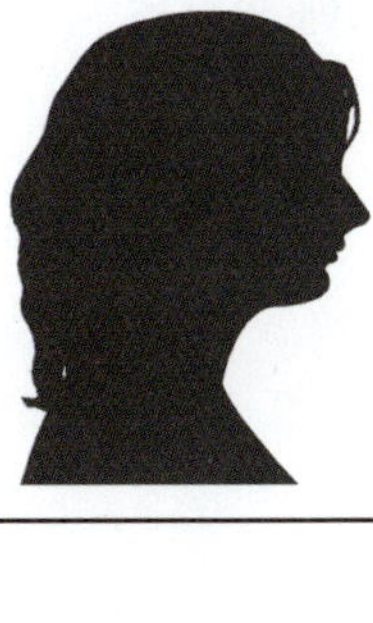

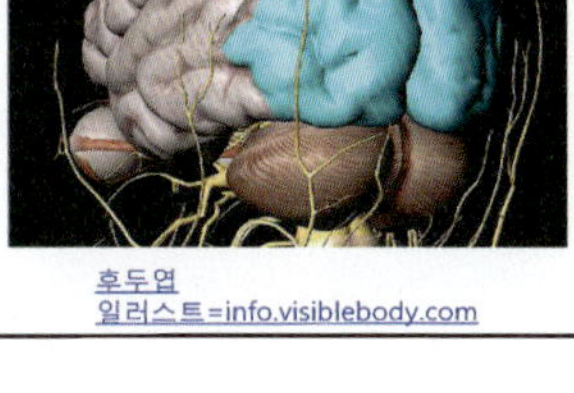

후두엽
일러스트=info.visiblebody.com

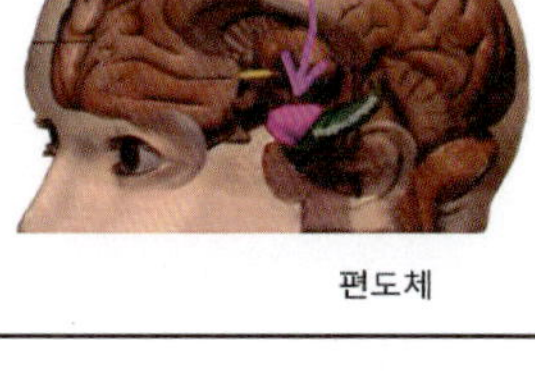

편도체

4. 사이코패스는 안와전두피질과 편도체가 부실

Q 편도체가 손상되면 공포에 둔감해진다는 것인가?

A 그렇다. 편도체를 잘라낸 쥐는 고양이를 보고도 도망가지 않는다.

편도체가 손상된 쥐는 고양이를 겁내지 않는다.

편도체 손상이 공포 둔감화를 일으킨다는 것은, 마땅히 두려워해야 할 것을 두려워하지 않는다는 말이다.

이것이 심각한 문제가 되는 것은, 공포에 별다른 반응을 보이지 않는다는 것이 공포와 가학적인 상황을 즐기는 것으로 이어질 수 있기 때문이다. 이것이 사이코패스와 같은 반사회적 인성장애의 시작이다.

5. 사이코패스는 상대의 고통을 모른다

- 사이코패스는 감정과 의사결정 네트워크의 오작동이 직접적인 원인으로 지목돼 왔음. 2010년 3월 KIST(한국과학기술원) 신희섭 연구진은 좀 더 세밀한 원인 규명에 성공
- 전두엽 부근에 있는 뇌신경의 통증체계(pain system)에서 L-타입의 칼슘이온통로(L-type Ca2+ channel)에 문제가 생길 경우 다른 사람의 고통을 공감하지 못함.
- **"평소에는 세포 속에 칼슘이 아주 낮은 농도로 있다가 밖에서 칼슘이 많이 들어오면 이 칼슘이 세포 내에 여러 단백질에 영향을 미친다. 그래서 세포의 기능이 확 바뀌는 것이다"**

5. 사이코패스는 상대의 고통을 모른다

- 형제·자매 등 친밀도가 높을수록 공포에 대한 공감도는 증가해야 하지만, L-타입 결손 쥐의 경우는 친밀도와 관계없이 고통과 공포를 공감하지 못했음

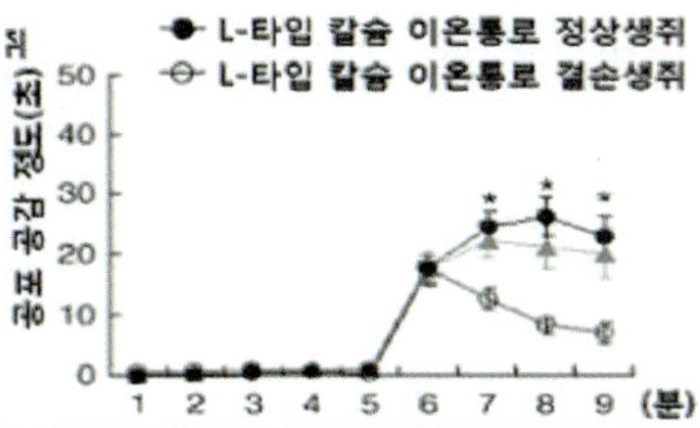

KIST 신경과학센터가 고안한 실험쥐의 고통 공감능력 실험기구

L-타입 칼슘 이온통로가 손상된 쥐는 다른 쥐의 고통을 공감하지 못하는 경향이 나타났다. 즉 이 부분이 공포 공감 능력을 좌우하는 중요요소라는 것을 확인한 셈이다.

5. 사이코패스는 상대의 고통을 모른다

- 다른 사람과 유기적인 관계를 유지하기가 힘들어지고 그만큼 사이코패스나 정신질환으로 이어질 가능성이 커짐
- **"다른 사람이 괴로워한다거나 고통스러워 할 때 뇌 신호가 어떤 패턴으로든지 반응이 보여져야 하는데 사이코패스는 그 패턴이 바뀌거나 침묵을 한다"**

"사이코패스는 인간적인 가치를 받아들이기 힘든 뇌구조를 가지고 있다"

5. 사이코패스는 상대의 고통을 모른다

사이코패스 도파민 과잉반응

미국 밴더빌트대 조슈아 부크홀츠 연구진은 사이코패스는 **타인이나 자기 자신의 생명을 위협하는 결과가 오는 한이 있어도 끝까지 보상을 추구하도록 뇌회로가 프로그램 돼있다**고 밝혔다.

연구진은 사이코패스는 오로지 보상에 대한 강력한 집착이 결과에 대한 두려움을 압도한다고 밝혀 두려움의 결여가 반드시 범죄행위의 예고지표는 아니라고 했다. 사이코패스의 이런 성격은 도파민 보상시스템의 과잉반응 때문이다고 연구진은 말했다.

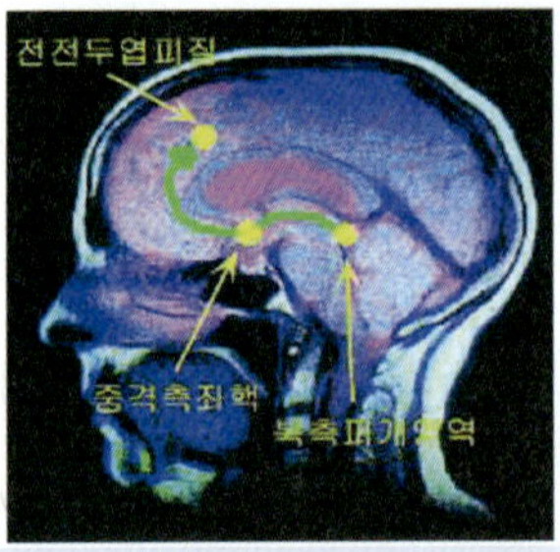

http://m.blog.daum.net/mindmove/13130

보상계는 전전두엽피질과 중격측좌핵, 복측피개영역이라 불리는 부분들이 서로 연결되는 신경회로로 구성돼 있다. 그 중 특히 중격측좌핵에서 분비되는 '도파민'이 보상체계가 작동해 기쁨을 느끼게 하는 데 매우 중요한 역할을 한다.

5. 사이코패스는 상대의 고통을 모른다

사이코패스 도파민 과잉반응

연구진은 범죄자를 포함한 지원자를 대상으로 심리검사를 실시하고 검사에서 나타난 사이코패스의 특징적 성격 정도에 따라 순위를 매긴 결과, 격한 범죄자들이 톱에 기록되었고 공격적이고 모험을 좋아하는 성격의 소유자들이 그 뒤를 이었다. 이어 PET와 fMRI로 뇌 속 도파민 분비를 측정한 결과, 사이코패스 순위 상위그룹이 하위그룹에 비해 도파민이 4배나 많이 분비되었다. 연구진은 이어 이들에게 간단한 일을 맡기고 그 일을 완수하면 돈을 주겠다고 말한 뒤 일 하는 동안 뇌를 fMRI로 관찰했다. 이때도 사이코패스 상위그룹이 하위그룹에 비해 도파민과 관련된 보상중추가 크게 활성화되는 것으로 나타났다.

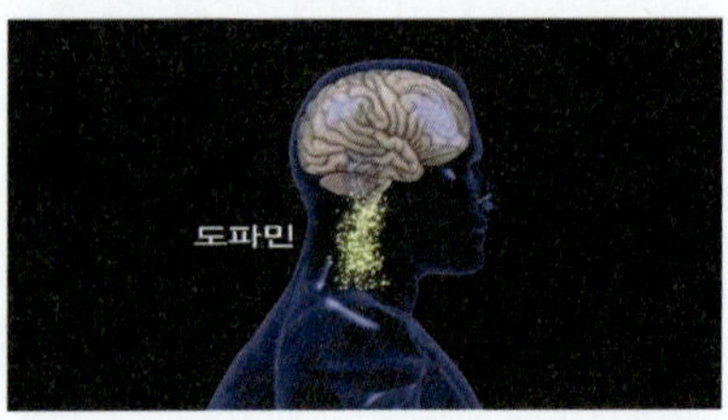

http://stayfit.co.kr.45505/stayfittip/47366

5. 사이코패스는 상대의 고통을 모른다

유전적 요인 + 환경적 요인

종합적으로 유전적 요인과 임신 중 질병 및 약물노출이나 사고 등에 따른 뇌손상, 잘못된 가정 양육 등 환경적 요인이 복합적으로 뇌에 이상을 일으키면서 사이코패스가 생기는 것으로 볼 수 있다.

특히 유아기·아동기 같이 인격이 형성되는 과정에서 학대당하거나 가정폭력을 보는 등 충격(trauma)을 겪거나 애정·관심 부족으로 욕구체계와 감정조절에 문제가 생기는 것이 원인으로 파악된다. 생후 3개월 간 양육자가 바뀌거나 모성이 불안정한 경우 발생하는 **'애착 외상(attachment trauma)'**이 원인인 경우도 있다.

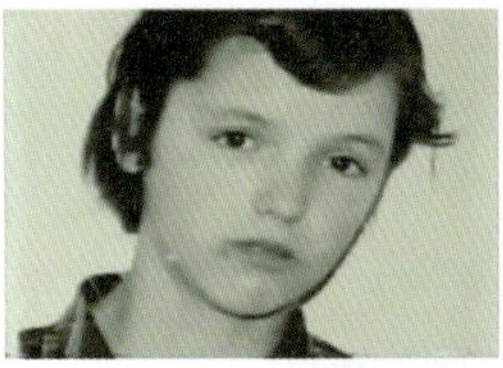

세계 최연소(11세) 사이코패스 살인마 메리 플로라 벨

1968년 5월 12일, 주간 탁아 시설 모래밭에서 3명의 소녀가 메리와 메리 친구(노마)에게 습격 당하게 되었고 메리는 소녀들 중 1명의 목을 조르며 노마에게 물었다. 목을 조르면 어떻게 될까? 죽는 걸까?

http://m.blog.naver.com.medeiason/120131488421

5. 사이코패스는 상대의 고통을 모른다

영화 <조슈아> 캡처

애착 외상이라는 말을 들으니 조지 래틀리프 감독의 영화 '조슈아'가 떠오른다. 이 영화는 천재 소년 조슈아를 통해 인간 내면의 잔혹한 폭력 본성을 그려냈다. 조슈아가 아기였을 때 엄마는 매우 불안정한 상태였다. 극심한 산후우울증으로 조그만 일로도 신경이 날카로워졌기 때문이다. 아빠는 그런 엄마를 조심조심 대하며 그녀를 격려했지만 아들은 이 둘 사이에서 소외감을 느끼며 자란다. 이후 여동생이 태어나면서 변해버린 가정환경은 조슈아가 살인을 거리낌 없이 저지르게 만든다.

6. 소시오패스, 양심불량자

- 사이코패스와 유사한 정신병리로 **'소시오패스(sociopath)'**가 있음
- 소시오패스는 사이코패스와 달리 정상적인 사회생활을 하며, 흉악한 범죄를 저지르지 않는다. 그들은 법이 허용하는, 남의 눈에 띄지 않는 범위 안에서 타인을 자기 성공을 위한 수단으로 생각

소시오패스는 사이코패스가 현대 무한경쟁사회에 맞게 진화한 형태

https://paularenee.files.wordpress.com/2012/08/female-sociopath-mask-2.jpg

6. 소시오패스, 양심불량자

Q 요즘 같은 현대사회의 경쟁구조는 소시오패스에게 이상적인 구조가 아닐까?

A 바로 소시오패스가 세간의 주목을 받고 있는 이유다. 우리 사회의 성과주의, 성공지향주의 세태에 따라 소시오패스는 점차 늘고 있다. 소득수준과 학벌, 집안 등 모든 요소에서 최고가 되야만 한다는 심리적 부담감과 압박이 소시오패스를 낳고 있다.

Q 요즘은 대부분의 사람들이 사다리를 타고 '위'로만 올라가려는 분위기다. 이런 분위기에서 소시오패스가 급증하는 것은 당연한 것인지도 모른다.

A 그렇다. 현대 사회의 이런 분위기는 우리 마음(또는 뇌)을 불편하게 한다.

6. 소시오패스, 양심불량자

http://yourselfseries.com/teens/topic/stress/your-brain-on-stress-whats-the-matter/

뇌 피로증

- 미래학자 앨빈 토플러는 1970년 『미래의 충격』이라는 책에서 라이프 사이클이 빨라지고 제품 생산 사이클도 빨라지면서 친구조차 지속적으로 사귀기 어려워지는 정서적인 문제가 올 수 있다고 예견
- 사회 변화 속도가 너무 빨라서 뇌가 미처 적응하지 못하기 때문에 피로가 오는 것
- 삶의 에너지 생성을 담당하는 '감성의 뇌'가 적정 속도 이상으로 혹사당하면서 생기는 증상
- 스트레스로 뇌 피로증이 오면 불면증, 기억력 감퇴, 외부 자극에 대해 민감해지는 증상 등이 나타남

6. 소시오패스, 양심불량자

생각해보기

일러스트=K신문

만성피로증후군(CFS) 환자의 뇌는 건강한 사람과 비교했을 때 최소한 3개의 뚜렷한 이상이 있다는 사실이 밝혀졌다. 미국 스탠퍼드대 연구진은 CFS 환자 15명과 나이·성별이 같은 대조군 14명을 대상으로 MRI 검사를 실시, 비교한 결과 CFS 환자는 **뇌백질이 적고 우뇌 신경계에 이상이 있었다고** 밝혔다. CFS 환자는 또 **우측 신경다발을 연결하는 2곳의 피질이 두꺼웠다.**

연구진은 '신경계의 이상 정도가 심할수록 피로 정도 또한 더 컸다'고 말했다. 연구결과를 확인하면 미국인 가운데 100만명 이상이 고통받는 CFS의 새로운 진단과 치료 방법의 길을 열 수 있을 것이라고 밝혔다.

6. 소시오패스, 양심불량자

사이코패스 vs. 소시오패스

다른 사람과 감정 교류를 못하는 사이코패스에 비해 소시오패스는 일정 수준의 공감과 사회적 애착 형성이 가능

- 사이코패스 정도가 높은 집단의 뇌에서만 공감·도덕적 판단·친사회적 감정 처리에 연관된 회백질이 감소한 것으로 나타남
- 반면 사이코패스 정도가 낮은 반사회적 인성장애자 집단은 일반인과 차이가 크지 않음

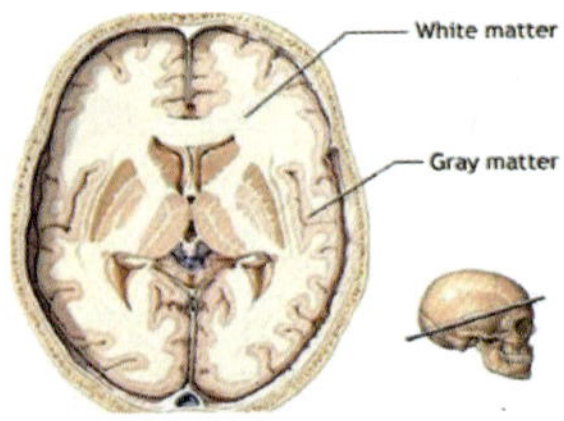

회백질과 백질

6. 소시오패스, 양심불량자

사이코패스 vs. 소시오패스

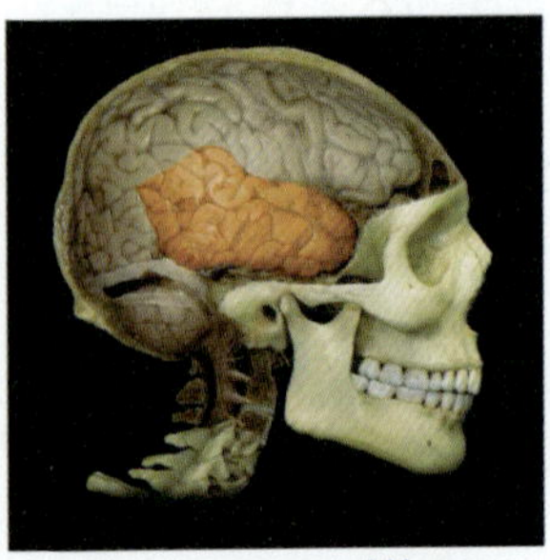

www.studyblue.com

그런데 소시오패스의 감정처리는 일반인과 차이가 있다. 소시오패스가 감정을 자극하는 단어(예: 시체, 고문)가 포함된 문제를 접할 때는, 측두엽으로 혈류공급이 증가한 연구결과가 있다. 이 현상은 보통 사람이 지적 능력이 약간 필요한 문제를 풀 때 나타나는 현상. 즉 소시오패스가 감정을 처리할 때 일반인처럼 즉각 반응하는 것이 아니라 인지적으로 접근한다는 의미.

흔한 예상과 달리 소시오패스는 매력적인 경우가 많다. 이들이 호감을 쉽게 얻는 이유는 다른 사람의 감정을 이해할 수 있기 때문. 그러나 이들의 공감은 정서적 공감이 아니라 인지적 공감으로 다른 사람을 위해 쓰지 않고 오직 자신을 위해서만 사용.

6. 소시오패스, 양심불량자

사이코패스 vs. 소시오패스

- **소시오패스가 거짓말을 잘 하는 이유는?**
  - 반사회적 인성장애 진단 기준 중 하나인 높은 사기성을 보인 이들이 보통 사람에 비해 전전두피질의 회백질이 14.2% 감소한 반면, 백질은 22-26% 증가한 것으로 나타난 연구결과가 있다. 회백질은 신경세포가 밀집돼 있는 겉부분으로 정보를 받아들이는 일을 한다. 백질은 신경세포를 서로 연결하는 섬유망이 깔려있는 속 부분으로, 받아들인 정보를 꺼내 뇌 다른 영역으로 보내거나 새로운 정보로 재구성하는 역할을 한다.

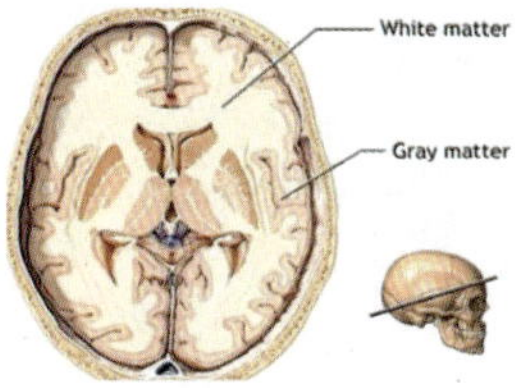

보통 회백질에는 세포체가 많이 모여있고, 백질에는 신호를 전달하는 수초의 다발이 많이 모여있다 (수초형성은 신경신호가 더빨리 순조롭게 전달되게 함). 세포체가 많은 회백질은 뇌에서 이런저런 입력신호를 처리하는 역할을 하고, 백질은 이들 사이의 연결을 담당한다.

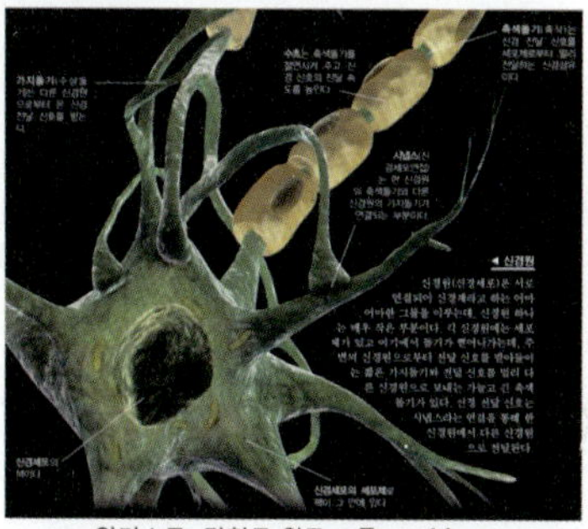

일러스트=리처드 워크, <몸>, p.14.

6. 소시오패스, 양심불량자

생각해보기

전전두엽은 상황을 판단하고 해결책을 찾는 등 고도의 인지기능을 수행하는 영역으로 알려져 있다.

여러 차례 거짓말이 들통 나지 않으려면 전에 했던 거짓말을 떠올려 앞뒤 정황을 비교해 할 말을 찾는 게 필수다.

이 일은 전전두엽에서 주로 백질의 몫이다. 때문에 거짓말을 많이 하는 사람의 백질이 넓은 것으로 추정된다.

샤론 스톤의 컴백으로 화제를 모은 영화 '원초적 본능 2'. 그녀는 영화 속에서 여러 명의 남자를 살해하고도 앞뒤가 완벽하게 들어맞는 치밀한 거짓말로 법망을 유유히 빠져나간다.

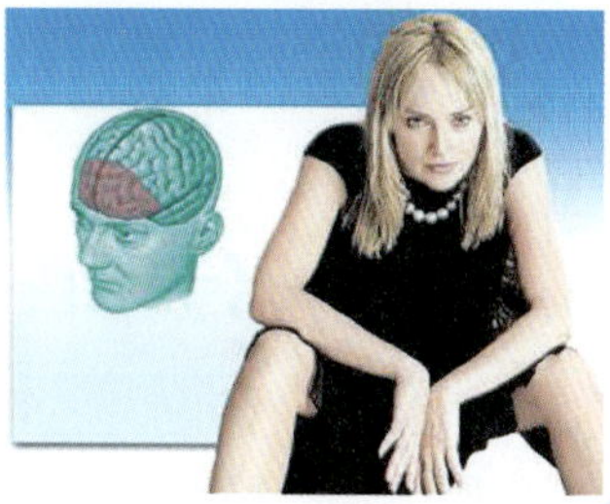

7. 편도체, 신용평가의 뇌

- 편도체는 상대가 우리 편인지 혹은 적인지 판단해 상대의 신뢰도를 가늠하고 믿을 수 있는 사람인지 아닌지를 구별함
- 일명 **'신용평가의 뇌'**

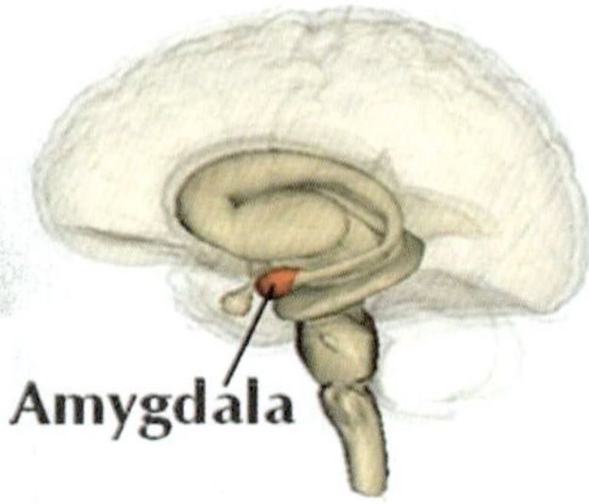

http://www.suggestkeyword.com/YW15Z2RhbGEgYW5nZXI/

7. 편도체, 신용평가의 뇌

- 상대의 정보가 전혀 없는 상태에서 처음 보는 사람들은 대부분 그 사람의 얼굴과 말투에서 믿을 만한지를 평가한다. 만약 상대의 얼굴을 보고 편도체가 지나치게 활성화되면 상대를 믿지 않는 경향이 나타남

Q 편도체가 활성화됐다는 것은 공포를 느꼈다는 것인데.

A 그렇다. 편도체가 지나치게 활성화됐다는 것은 외모에서 공포나 위압감을 느꼈다는 의미다. 다시 말해 무서운 얼굴을 한 사람을 잘 믿지 않는다는 얘기다.

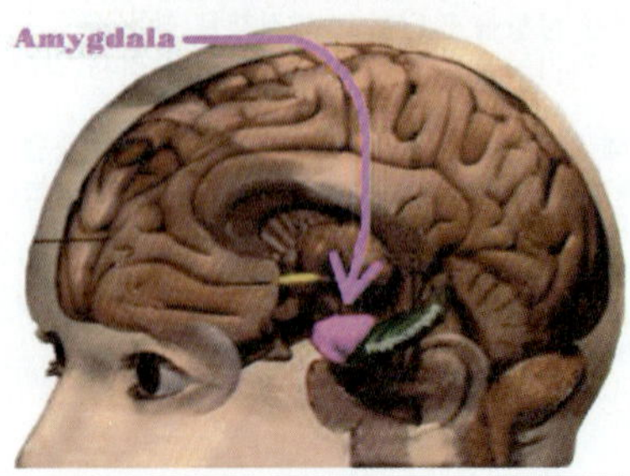

편도체(Amygdala). http://www.neilslade.com/chart.html

7. 편도체, 신용평가의 뇌

신뢰감 가는 얼굴

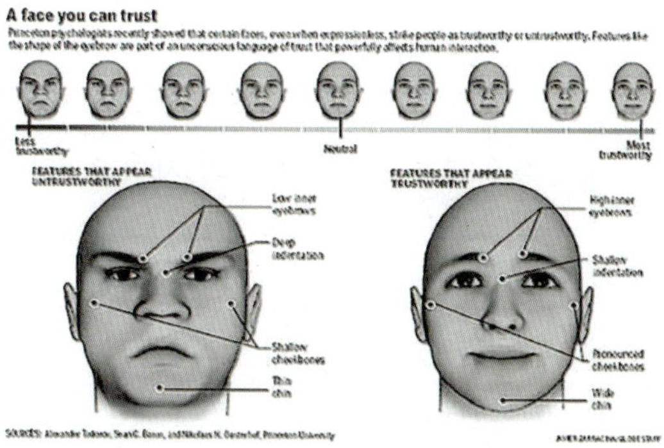

얼굴 특징에 따른 신뢰 정도(왼쪽에 가까울수록 신뢰도가 떨어진다)

치켜 올라간 눈썹과 평평한 광대뼈가 특징인 왼쪽 얼굴은 '신뢰할 수 없다'는 인상을 준다. 반면 내려간 눈썹과 높은 광대뼈가 특징인 오른쪽은 '신뢰할 수 있다'는 인상을 준다.

7. 편도체, 신용평가의 뇌

신뢰도 평가를 위해 쓰인 얼굴 이미지

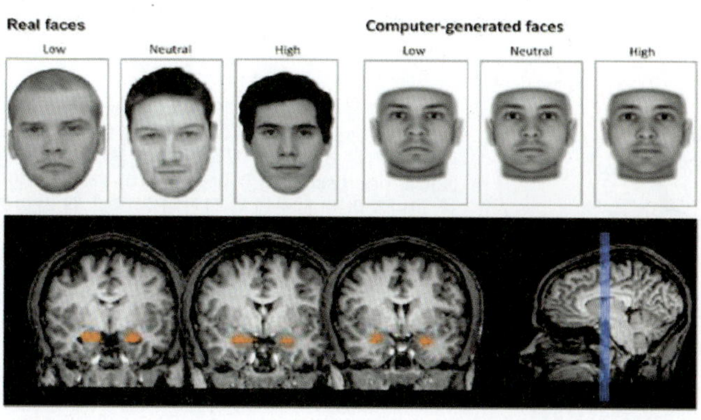

뉴욕대학 조너선 프리먼 연구진은 피험자들에게 1초도 안 되는 짧은 시간 동안 사람들의 사진을 보여주고 신뢰할만한지 혹은 신뢰하기 어려운지 말하게 했다. 그 결과 사람들은 사진을 힐끔 본 것만으로 상대가 믿을만한지 판단했다.

7. 편도체, 신용평가의 뇌

'첫인상'이 선거 당락 좌우

유권자 0.25초만에 당선자 가려내
선거에서 후보자의 첫인상이 당락에 결정적 영향을 미치는 요인이라는 연구결과가 나왔다. 미국 프린스턴대 심리학 알렉산더 *토도로프는* 유권자들이 0.25초라는 눈 깜짝할 사이에 당선자와 낙선자를 가려냈다는 실험결과를 발표

수십 년 동안 사회심리학자들은 첫인상으로 타인을 판단하는 것은 금물이라고 충고했다. "표지를 보고 그 책을 평가하지 마라"는 영어 속담을 자주 인용한다. 그러나 우리는 낯선 사람을 대할 때 그들의 표정, 나이, 의상, 목소리, 몸짓 등을 평가해서 그와 어떤 관계를 설정해야 할지를 결정한다.

7. 편도체, 신용평가의 뇌

'첫인상'이 선거 당락 좌우

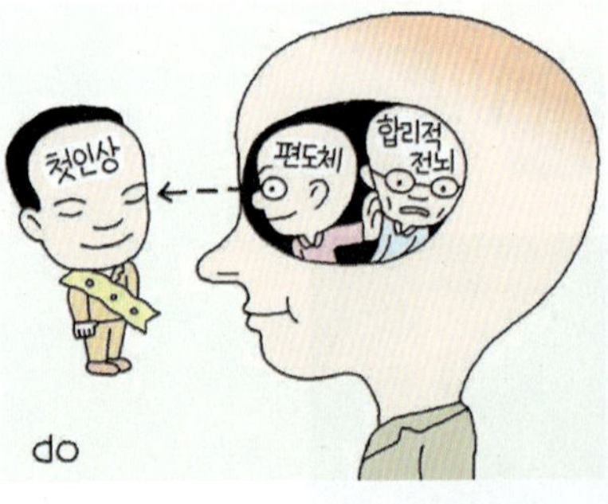

일러스트=조선일보

심리학자들은 사회적 지각(social perception)을 수십 년 동안 연구했으나 최근에야 MRI 기술의 도움을 받아 생물학적인 근거를 찾아내기 시작했다. 이른바 사회신경과학(social neuroscience)은 아직 걸음마 단계이지만 낯선 사람을 만나자마자 친구인지 적인지 가려낼 때 사람의 뇌에서 어떤 일이 발생하는지 밝혀낸 것.
예컨대 눈으로 들어온 시각 정보는 뇌의 두 개 영역, 곧 전뇌와 편도체로 이동한다. 대뇌피질의 앞쪽에 해당하는 전뇌는 의식적인 사고와 관련된 영역이며, 편도체는 기쁨이나 분노 같은 정서가 유발되는 부위이다.

7. 편도체, 신용평가의 뇌

특히 편도체는 위험상황이나 공포상황에서 대뇌피질이 관여하기 전에 신속히 반응하여 그 상황에, 우리 몸이 일단 부딪혀봐야 할지 아니면 아예 도피하는 게 안전할지를 판단한다. 가령 우리가 폭력배를 보고 겁에 질려 재빨리 도망치거나, 벌이 머리 주변을 맴돌 때 움찔하게 되는 것은 편도체가 우리 몸에 피하라는 지시를 내리기 때문이다. 위급한 상황에서 대뇌피질의 판단을 기다리며 어떻게 해야 할지 망설이다 보면 때를 놓쳐 낭패를 당하기 십상이다. 말하자면 편도체는 위험상황에서 독자적으로 작동하는 자동안전장치인 셈이다.

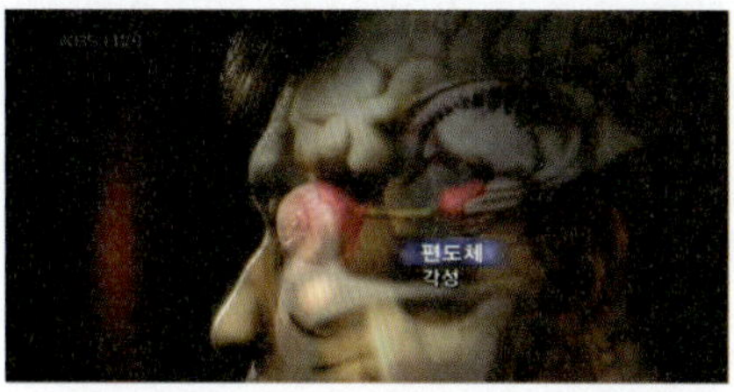

일러스트=KBS 마음

7. 편도체, 신용평가의 뇌

'첫인상'이 선거 당락 좌우

우리가 낯선 사람을 처음 보았을 때 먼저 편도체가 몇 밀리초(1000분의 1초) 안에 친구인지 적인지 판단한다. 전뇌는 편도체가 내린 결정을 바탕으로 의식적으로 정보를 처리한다. 이러한 이중의 정보처리 과정은 토론토대의 신경심리학자인 윌리엄 커닝햄에 의해 실험으로 확인되었다. 2003년 '인성과사회심리학회지'(JPSP)에 발표한 논문에서 커닝햄은 어떤 사람이 선한지 악한지를 가려내는 실험에서 주도권이 편도체에 있는 것으로 밝혀졌다고 주장했다.

그는 피험자들의 뇌를 자기공명영상 장치로 들여다보면서 마하트마 간디, 야시르 아라파트, 아돌프 히틀러 등의 이름을 불러주고 두 가지 성격이 다른 질문을 던졌다. 하나는 "그가 살아있는가, 죽었는가"처럼 객관적 사실을 묻는 것이었고 다른 하나는 "그가 좋은 사람인가, 나쁜 사람인가"처럼 주관적 판단이 요구되는 질문이었다. 첫 번째 질문의 경우, 피험자의 뇌는 별다른 변화를 나타내지 않았다.

  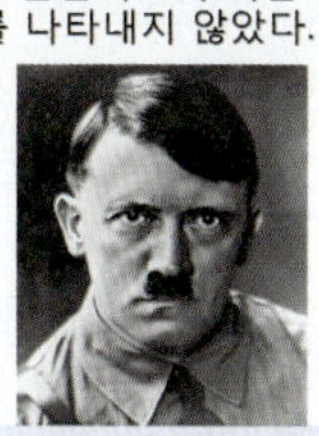

7. 편도체, 신용평가의 뇌

'첫인상'이 선거 당락 좌우

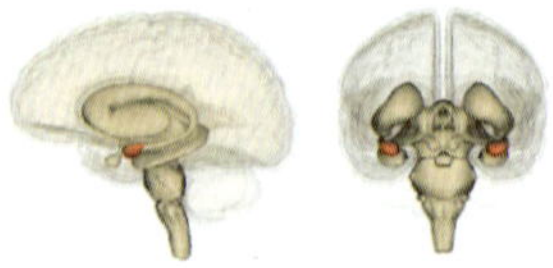

그러나, 두 번째 질문에 대해서는 전뇌가 첫 번째 질문 때와 비슷한 반응을 보인 반면 편도체의 활동이 눈에 띄게 증가했다. 요컨대 뇌가 낯선 사람이 친구인지 적인지 판단할 때 전뇌에 의한 합리적 평가보다 편도체에 의한 정서적 판단에 따르는 것으로 확인되었다.

첫인상을 보고 순간적으로 친구와 적을 분간해내는 능력을 갖춘 유권자들이 0.25초 만에 당선자를 골라낸 것은 당연한 일인지 모른다. 토도로프는 미국에서 1996년부터 2002년 사이에 치러진 89개 선거의 당선자와 낙선자의 사진을 보여주었는데, 실험 참가자들은 0.25초 만에 70% 가까이 정확하게 당선자를 골라냈다. 그들이 당선자로 여겨진 이유는 단 한 가지, 첫인상이 유능해 보였기 때문인 것으로 밝혀졌다.
인류의 뇌가 첫인상의 정보로 신속히 판단을 내리는 능력을 갖추게 된 까닭은 옛 조상들이 분초를 다투는 위급상황에서 살아남기 위해 그런 직관적인 능력이 필요했기 때문이라고 설명된다.

7. 편도체, 신용평가의 뇌

인상 좋은 사람이라면 불공정한 제안도 OK

돈을 주는 사람의 인상에 따라 돈을 받는 사람의 만족도가 달라진다는 연구결과가 있다. 고려대 김학진 연구진은 피험자 10명을 두 명씩 팀을 이뤄 '최후통첩' 게임을 진행했다. 팀원 중 한 사람에게 1만원을 주고 2~5초 안에 다른 사람에게 받은 돈의 얼마를 나눠주겠다고 하면 제안 받은 사람이 2초 안에 돈을 받을지 받지 않을지 결정하게 했다. 그동안 피험자의 뇌 속을 fMRI로 들여다보았다.

신뢰감 주는 외모 vs. 그렇지 않은 외모

제안자가 신뢰감 있게 생겼다고 여기는 사람의 30%는 제안자가 9000원을 갖고 나머지 1000원을 주겠다는 불공평한 제안에도 이를 수락했다. 8000원을 갖고 2000원을 주겠다는 제안에 긍정적으로 답한 사람은 50%가 넘었다. 반면 제안자가 신뢰감 있게 생기지 않았다고 느낀 경우에는 같은 제안을 했을 때 수락율은 각각 20%, 30%에 그쳤다. 제안자가 3000원을 갖고 7000원을 주겠다고 해도 이를 수락한 사람은 70% 수준에 머물렀지만, 신뢰감 있게 생겼다고 여긴 사람이 같은 제안을 한 경우에는 85% 이상이 긍정적인 반응을 보였다.

7. 편도체, 신용평가의 뇌

신뢰할 수 없는 사람의 제안을 받을 때, 안와전두피질이 반응

촬영한 뇌영상을 분석한 결과, 신뢰감을 느끼지 못한 사람의 호의적인 제안을 거절할 때 측면 안와전두피질의 활동이 증가했다. 편도체와 섬엽도 활성화됐다.

연구진은 앞선 2007년 피험자 14명에게 컴퓨터로 만든 얼굴 사진 두 장을 보여주고 선호하는 사진을 고르게 한 방법으로 좋아하는 얼굴을 고르는 건 측핵, 최종 의사결정을 내리는 건 중앙 안와전두피질이란 연구결과를 발표한 바 있다.

연구진은 **"거절 결정을 내리는 편도체와 섬엽은 선호 결정을 내리게 하는 측핵과 반대역할을 하는 것"**이라며 "같은 돈을 나눠줘도 주는 사람의 인상에 따라 그에 따른 만족도가 달라진다"고 했다.

8. 신뢰감을 얻는 법–첫인상 좋게 만들기

- 첫인상은 사람을 평가하는 데 큰 영향을 미친다.
- 드라마 '전원일기'에서 '응삼' 역을 연기한 탤런트 박윤배는 시골 청년 역의 이미지가 강하게 각인돼 다른 역할을 연기해도 시청자들이 잘 받아들이지 못했다고 했다.
- 사람의 인상은 이렇게 큰 영향을 미치지만 편도체는 1초도 안되는 짧은 순간에 상대방에 대한 호감과 신뢰 여부를 판단한다.

8. 신뢰감을 얻는 법-첫인상 좋게 만들기

노력에 따라 첫인상 바꿀 수 있다

- 캘리포니아대 앨버트 메라비언에 의하면 한 사람이 상대방으로부터 받는 이미지는 시각과 청각이 각각 55%와 38%, 말의 내용은 7%에 불과
- 상대방에 대한 인상이나 호감을 결정하는 데 있어서 목소리는 38%, 보디랭귀지는 55%의 영향을 미치는 반면, 말하는 내용은 겨우 7%만 작용
- 상대방에게 영향을 끼치는 데 외모적 요소가 큰 비중을 차지함
- 외모 외에 밝은 표정 또한 좋은 첫인상을 만드는 요소
- 웃는 얼굴은 상대방을 기분 좋게 하고, 첫인상 호감도도 증가시킴

8. 신뢰감을 얻는 법-첫인상 좋게 만들기

눈이 같이 웃어야 진짜 미소다

- 기분이 좋아지면 눈가에 주름살이 잡히고 눈둘레근이 수축됨
  → '뒤셴 미소(Duchenne smile)'

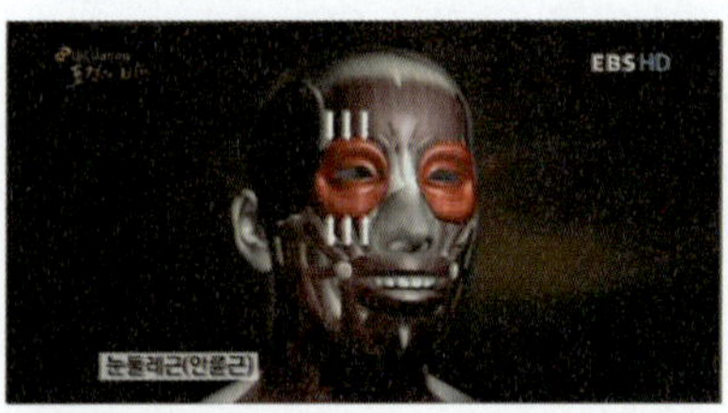

- 기분이 좋지 않을 때는 이 근육이 움직이지 않음
  (입만 웃는 '어색한 미소'가 나오는 것)
- 뒤셴 미소만이 참된 행복을 나타내는 진짜 미소
- 뒤셴은 눈가 근육의 수축을 '영혼의 달콤한 흥분'이라 부름
- 의지만으로는 이 근육을 움직이게 할 수 없음
- '정말 친근하게' 카메라를 응시해야 할 때 사람들이 비참하게 실패하는 것도 이처럼 다 이유가 있는 것
- 뒤셴 미소에 도달하는 방법 : 완벽한 위트나, 특별히 행복했던 상황을 떠올리는 것 등

8. 신뢰감을 얻는 법-첫인상 좋게 만들기

눈이 같이 웃어야 진짜 미소다

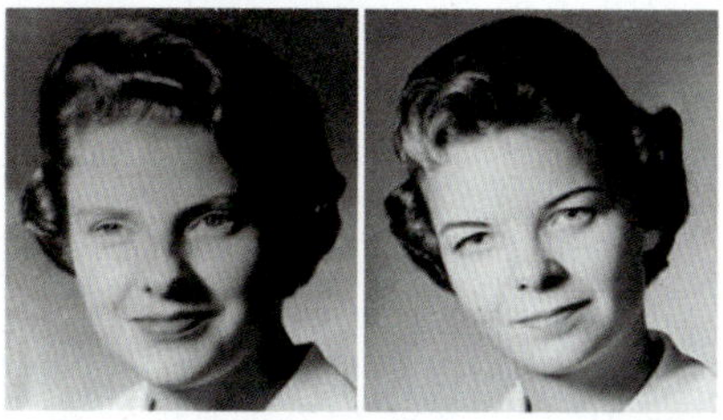

일러스트=옥당

- 인생을 가르는 '진짜 미소'와 '가짜 미소' 밀스대학의 졸업생 사진
- 왼쪽 졸업생은 눈둘레근이 움직여 주름이 잡히는 뒤셴 미소를 보여줬지만, 오른쪽 졸업생은 눈둘레근은 움직이지 않고 광대근만 움직이는 가짜 미소를 지었음

8. 신뢰감을 얻는 법-첫인상 좋게 만들기

진짜 미소는 좋은 인간관계와 건강을 가져다 준다

- 뒤셴 미소를 보고 이 사람이 앞으로 성공할지 실패할지 가늠할 수 있다는 연구결과
- UC버클리 대커 켈트너는 1960년 캘리포니아에 있는 밀스대학을 졸업한 여성 111명의 졸업 앨범 속 미소를 보고 뒤셴 미소인지 아닌지를 분석한 다음, 이것이 삶의 행복과 어떤 연관성을 가지는지 조사

20세 때 뒤셴 미소를 지은 여성은 그 뒤 30년에 걸친 일상생활에서 불안이나 두려움, 슬픔이나 고통, 절망 같은 스트레스를 덜 받고, 더 좋은 대인 관계와 결혼 생활을 누렸으며, 52세가 되어 자신의 삶을 돌아봤을 때 성취감이 더 큰 것으로 나타남

8. 신뢰감을 얻는 법-첫인상 좋게 만들기

눈은 영혼의 샘

A 얼굴의 미묘한 움직임 속에 그 사람의 '인(仁, 어짐·자애로움)의 비율'이 드러난다. 특히 눈은 '영혼의 샘'이라고 할 수 있다. 영혼의 표정은 눈표정에서부터 나온다.

Q 눈 근육은 속일 수 없기 때문인가?

A 그렇다. 눈가 주름 근육은 의지만으로 움직일 수 없다. 눈에서 따뜻한 미소가 나온다면, 그걸 본 사람은 '이 사람이 나와 협력하기를 바라고 있구나'라고 생각할 것이고, 좋은 인간관계를 누릴 수 있게 된다.

8. 신뢰감을 얻는 법-첫인상 좋게 만들기

눈은 영혼의 샘

Q 뒤센 미소인지를 확인하려면?

A 눈가에 주름이 생기고, 뺨이 위로 올라가며, 눈꺼풀이 내려가는 모양이 보여야 한다. 해부학적으로는 눈둘레근과 광대근이 함께 움직여야 한다. 켈트너는 졸업 앨범 속 여성 111명의 미소가 얼마나 뒤센 미소에 가까운지 판독해 0에서 10까지 점수를 매겼다. 그는 또 졸업생들이 27세, 42세, 52세가 되던 해에 실시한 우편 설문조사 자료도 확보해 두고 있었다. 이 자료엔 스트레스의 정도, 성격, 원만한 결혼생활 여부, 스스로 생각하는 삶의 행복도 등이 포함돼 있었다. 둘의 상관관계를 분석한 결과, 미소가 가져다주는 삶의 이점은 뚜렷했다.

Tip 마음에도 없이 웃게 되면 자칫 어색한 미소가 되지 않을까?

제임스-랑게 이론(James-Lange theory)에 의하면 신체 변화가 거꾸로 정서를 결정한다. 슬퍼서 울고, 기뻐서 우는 게 아니라 울어서 슬프고, 웃으니까 기쁘다는 것이다. 웃는 연습을 하다 보면 마음도 너그러워진다.

참고문헌 및 사이트

- 류영주, 성공두뇌 만들기, 대구가톨릭대학출판부
- 류영주, 성공적인 대학생활1권, 대구가톨릭대학출판부
- 이인식, 첫인상이 선거당락 좌우, 조선일보, 2007. 11. 16
- 최강, 더사이언스, 2014. 2. 14

차시예고

다음 시간에는
3차시 인성의 뇌과학적 기제(3)을
학습하도록 하겠습니다.

재미있는 뇌이야기

9주 3차시 인성의 뇌과학적 기제(3)

학습목표

1. 인성의 뇌과학적 기제를 설명할 수 있다.

학습내용

1. 사람이 사람을 믿는 까닭
2. 남의 아픔에 반응하는 고통의 뇌
3. 사촌이 땅을 사면 배가 아픈 이유
4. 친절한 사람이 생존한다
5. 열정 vs. 경쟁
6. 선한 행동하면 뇌가 즐겁다

1. 사람이 사람을 믿는 까닭

- 편도체 활성화에 이상이 있거나 편도체 기능을 약화시키는 물질을 투여하면 남을 쉽게 믿는 경향이 나타남
- 편도체 기능을 약화시키는 물질로, **옥시토신(oxytocin, '빠른 출산'을 뜻함) 호르몬**이 있음
- 1909년 발견된 옥시토신은 뇌의 시상하부에서 합성돼 뇌하수체(후엽)을 통해 혈류로 방출됨

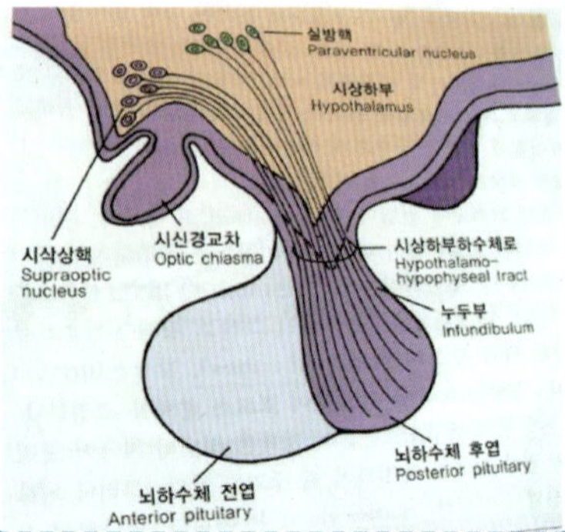

일러스트 =http://blog.daum.net/1004maum/2

1. 사람이 사람을 믿는 까닭

- 2005년 미국 신경경제학자 폴 자크는 이 **옥시토신이 신뢰감을 증대시키는 기능을 갖고 있다고 주장**
  - 신뢰게임 실험을 활용해 옥시토신이 협력 행동에 미치는 영향 분석
  - 신뢰게임을 실시한 뒤 참가자들의 혈액을 채취하여 옥시토신의 혈중농도를 조사한 결과 을이 갑의 신뢰를 많이 받을수록 뇌 안에서 옥시토신이 많이 분비됐으며, 갑에게 더 많은 금액을 되돌려준 것으로 나타남

"옥시토신은 신뢰(trust)와 신뢰할만함(trustworthiness)을 '일으키는' 물질이다. 신뢰받고 있다는 느낌만으로도 옥시토신 분비가 증가한다."

\- 폴 자크

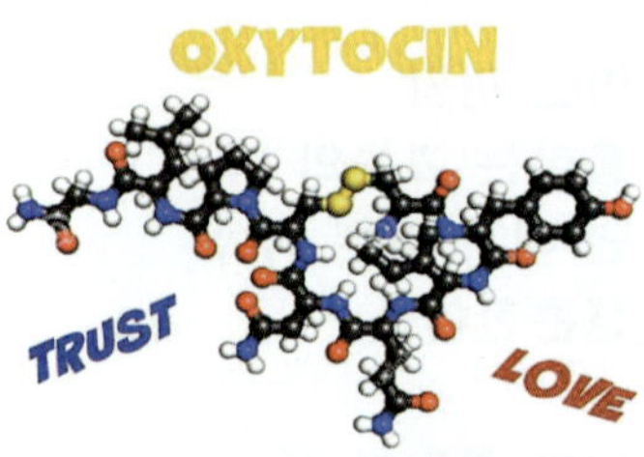

http://consciouscompanion2012.com/2015/04/18/how-much-does-your-dog-love-you/

1. 사람이 사람을 믿는 까닭

Q 게임 동안 다른 호르몬에서는 변화가 없었나?

A 그렇다. 신뢰게임을 하는 동안 옥시토신 말고는 다른 호르몬에서 의미 있는 변화를 찾아볼 수 없었다. 따라서 **옥시토신은 신뢰의 행동을 일으키는 유일한 화학물질**로 여겨진다.

옥시토신이 신뢰를 가져온다?

체내 옥시토신 비율이 높을수록 사람들은 더 신뢰하고 사랑하고 공감(empathy)하게 된다. 옥시토신이 공감 능력을 높이고 공감이 도덕적인 행동을 자극하고, 도덕적인 행동이 사회 신뢰를 높이고, 결국 한 사회가 경제적으로 번영하게 된다.

신뢰의 선순환

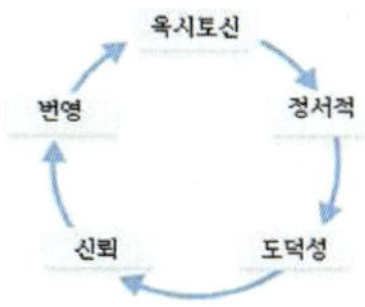

신뢰의 선순환은 사회 전체로도 확산될 수 있다. 자크는 "***신뢰가 많이 형성된 사회일수록 더 활발한 상거래가 일어나고 이는 번영으로 이어진다***"고 강조했다.

1. 사람이 사람을 믿는 까닭

생각해보기

- **옥시토신은 도덕물질인가?**

"옥시토신은 '도덕 분자(moral molecule)'다.
옥시토신이 많이 나와 세상을 행복하게 만들면 좋겠다."

\- 폴 자크

Q 과연 옥시토신은 도덕물질인가?

A 글쎄. 옥시토신을 단순히 도덕물질이라고 볼 수는 없다. 옥시토신에 의한 결속과 신뢰와 공감은 소속한 인종·민족·집단에서나 강하다. 진화론으로 봐도 낯선 타인에게 무한한 신뢰를 보내는 사람은 생존할 수 없었을 것이다. 폴 자크의 말을 다시 되새겨 보자. **"옥시토신이 신뢰를 가져온다. 그리고 신뢰는 도덕에서 중요하다. 옥시토신은 도덕물질이다. 이 물질이 많이 생기도록 하자."** 과연 그럴까? 신뢰 그 자체가 좋을까? 무엇 때문에 신뢰하는지가 중요하지 않을까? 결속하여 비도덕적인 일을 자행하고 그것이 주는 이익을 나눠 갖게 하는 신뢰와 그로 인해 더 공고해지는 결속은 불공정 게임을 가져와 도덕적으로 곤란하다.

1. 사람이 사람을 믿는 까닭

생각해보기

A 뇌 정서과정에 대한 전문가 브루노 에버벡의 말을 들어보자.

"뇌는 옥시토신이 촉발시킨 감정에 따라 자동적으로 움직이는 게 아니다. 결정 시점에 인지적 정보가 없는 상황이라면 옥시토신 시스템의 정서적 충고대로 가지만, 합리적 데이터가 주어지고 이것이 옥시토신의 정서적 영향을 능가하면 그에 따라 결정한다.

결국, 뇌는 상황에 따라 움직이는데, 상황을 바꾸어 뇌가 달리 움직이게 하는 것은 우리 의식이다. 의식적 노력의 중요성을 간과하고 물질적 뇌 결정론에만 빠져, 하나의 실험상황에서 일어난 물질적 상태를 가지고 행동의 '진짜 이유'라고(또는 그렇게 되어야 한다고) 단정해선 안 된다. 개인의 의식을 늘 고려해야 한다."

1. 사람이 사람을 믿는 까닭

생각해보기

A 동감이다. 뇌는 의식전체가 아니다. 의식이 뇌를 통해서 작용한다.

Q 그렇다면 의식이란 무엇인가?

A 우리가 마음, 정서, 태도, 인식, 무의식 등으로 부르는 모든 것을 포괄한다. 우리가 서로를 대할 때 보게 되는 모든 것들 위에는 무엇인가 훨씬 기본적이고 확산돼 있는 것이 존재하는데, 그것을 의식이라고 부른다. 의식은 인식, 무의식 등으로 부르는 모든 것을 포함한다. 의식이란 마음과 뇌를 아우르는 우산과 같은 것이다.

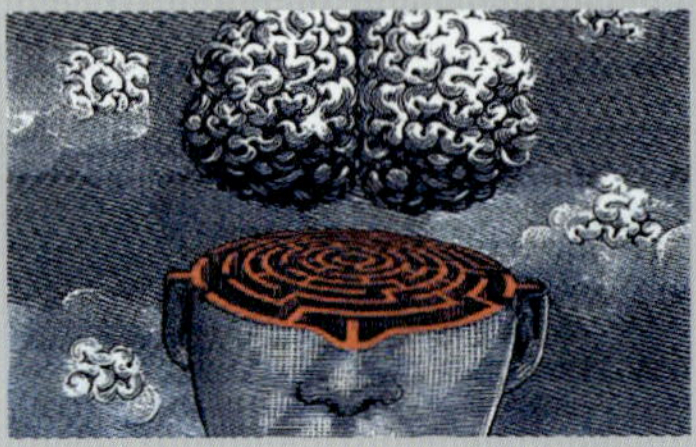

일러스트=교수신문

1. 사람이 사람을 믿는 까닭

생각해보기

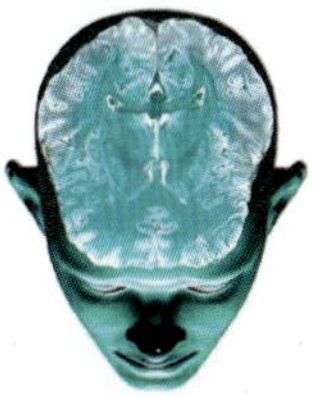

일러스트=http://1.bp.blogspot.com

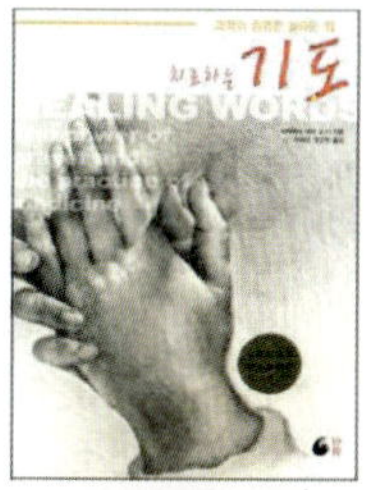

Q 뇌과학에서는 의식이란 단순히 뇌의 화학작용과 해부학적 기제 또는 생리학적 작용에 의한 것이라고 한다.

A 그러한 관점은 의식을 극도로 제한적으로 바라보는 것이다. 의식이란 명백하게 뇌가 할 수 없는 일들도 할 수 있기 때문이다. 의지, 기도 등을 통해 먼 거리를 두고도 작용한다. 원거리 치료에 대한 수백 건에 달하는 실험들이 말해 주듯이 말이다.

"'의식의 원거리 이동'으로 멀리 떨어져 있는 사람의 병을 치료할 수 있다."

- 래리 도시/『치료하는 기도』의 저자

2. 남의 아픔에 반응하는 고통의 뇌

"뇌는 타인의 고통을 자신의 아픔처럼 느낀다"

- 전두엽 속에 파묻혀 밖에서는 보이지 않는 '섬엽(insula)'이란 부위가 있음
- 일종의 '고통의 뇌'로 부당한 대우를 받았을 때 활성화되며 몸이 아플 때와 마음이 아플 때 활성화됨
- 고통의 뇌는 학습을 할 수 있어, 과거에 따돌림을 당했거나 동료에게 배신당한 경험이 있는 사람의 경우 비슷한 상황에서 경험이 없는 사람보다 트라우마가 크게 작용
- 고통의 뇌는 자신뿐 아니라 남이 부당한 대우를 받았을 때도 강하게 반응

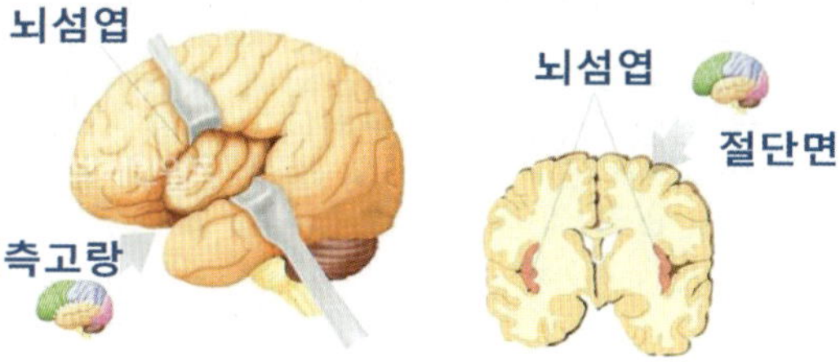

섬엽은 몸이 아플 때도 활성화되지만 마음이 아플 때도 활성화된다.

일러스트=브레인

2. 남의 아픔에 반응하는 고통의 뇌

Q 뇌의 반응을 보면 인간은 정의로운 존재인 것 같다.

A 그렇다. 인간은 본능적으로 남의 고통을 자신의 아픔처럼 느끼도록 설계된 정의롭고 관용적인 존재다.

"인성이 선한 것은 마치 물이 아래로 흐르는 것과 같으니 사람으로서 선하지 않은 사람이 없다."

\- 맹자

Q 맹자의 성선설(性善說)이 맞는 것인가?

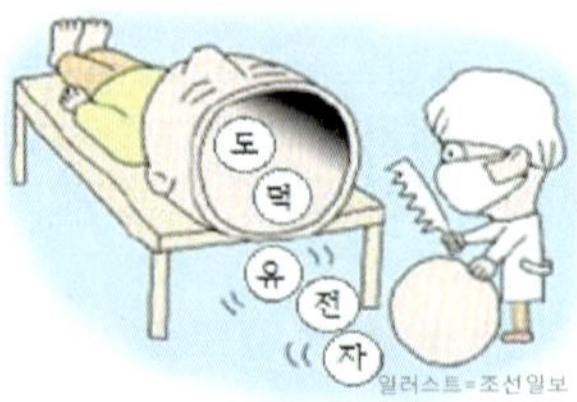

2. 남의 아픔에 반응하는 고통의 뇌

실험

피험자 17명(7~12세)에게 애니메이션을 보여주며 뇌를 스캔했다. 애니메이션의 내용은 두 가지다. 우연한 사고로 고통 받고 있는 사람의 모습과 일부러 상대의 발을 밟아 계획적으로 고통을 받게 하는 장면이다.

우연한 사고 애니메이션을 보았을 때 아이들의 뇌에서 통증 관련 부위가 활성화되었다. 동정심 즉 타인의 고통을 이해할 수 있는 능력이 존재한다고 추정할 수 있다.

Q 계획적으로 고통을 유발한 애니메이션에서는 어떤 반응이 나왔나?

A 사회적 상호작용과 도덕적 판단이 연관되어 있는 부위가 활성화되었다. 13명의 아이들은 상황이 공정하지 못하다고 답했으며, 저런 행동을 왜 하는지 질문을 했다. 이 연구는 부모의 보살핌이나 양육과는 무관하게, 동정심과 도덕심이 인간 뇌에 내장돼 있음을 보여준다.

2. 남의 아픔에 반응하는 고통의 뇌

하지만 피험자는 겨우 17명이다. 17명의 결과를 모든 인간에게 대입해 일반화하는 것은 무리가 아닐까? 기본적으로 인간은 악을 마음에 내재하고 태어난다(성악설, 性惡說)는 순자나 스미스, 홉스의 주장이 더 설득력 있다.

왼쪽부터 순자, 스미스, 홉스

"사람의 타고난 본성은 악이며, 사람의 선한 요소는 모두 후천적으로 노력하여 얻어진 것이다." - 순자

3. 사촌이 땅을 사면 배가 아픈 이유

- 남이 잘 되는 걸 보고 느끼는 '고통'은 진짜 몸에서 일어나는 현상
- 단지 비유적 표현이 아님
- 일본 타카하시 히데히코 연구진은 남의 성공을 질시할 때 활성화되는 뇌 회로가 진짜 신체적 통증을 느낄 때 활성화되는 회로와 동일하다고 발표

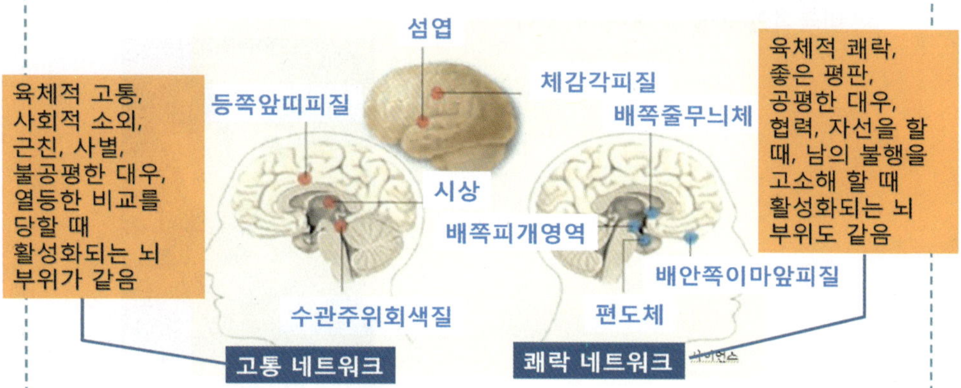

3. 사촌이 땅을 사면 배가 아픈 이유

Q 왜 뇌는 이처럼 서로 거리가 먼 사건을 같은 회로에서 처리할까?

A 신체적인 고통이나 쾌락 같은 구체적 경험을 해석하는 뇌 회로는 오래 전에 진화했다. 고통과 쾌락은 생존과 직결되는 감정이기 때문이다. 굶주리고 목마를 때 고통스러워야 우리는 이 상태를 벗어나기 위해 몸부림칠 것이다.

Q 그렇다면 남이 잘 되는 일에 대한 정보는 왜 통증 회로에서 처리될까?

A

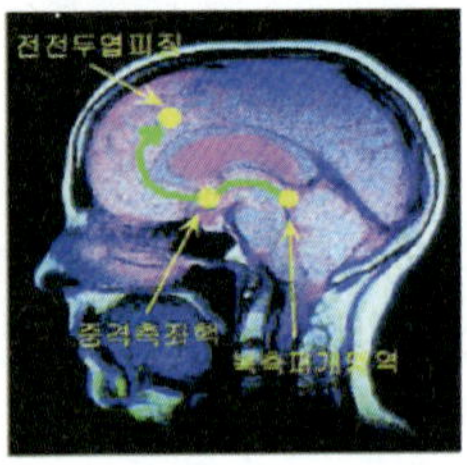

같은 종의 생물들은 제한된 먹이와 짝을 놓고 경쟁해야 한다. 그런데 성공한 타인은 자신보다 강력한 경쟁자인 셈이다. 따라서 주위 사람이 성공한다는 것은 상대적으로 자신의 실패확률이 높다는 뜻이고 결국 자신의 생존 또는 자기 유전자의 확산에 불리할 가능성이 크다. 같은 맥락에서 연구진은 남이 실패하는 걸 볼 때 느끼는 '고소함'은 맛있는 식사를 할 때 활성화되는 보상중추가 활성화되기 때문이라는 사실도 밝혀냈다.

"행복은 타인의 고통을 볼 때 피어난다."
- 앰브로즈 비어스/저널리스트

3. 사촌이 땅을 사면 배가 아픈 이유

Q 결국 우리는 남의 성공에 배 아파하고 남의 실패에 고소해하게끔 만들어진 것인가?

A 석가나 공자 같은 성인이 아닌 다음에야...... 이 연구결과는 이 세상 어디에나 진정한 이타심보다는 이기심이 성행할 수밖에 없다는 비극적인 면을 보여 주고 있다.

[세계 4대 성인] 소크라테스, 예수, 석가, 공자

3. 사촌이 땅을 사면 배가 아픈 이유

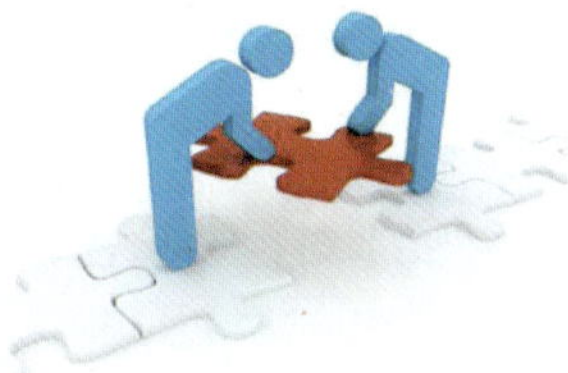

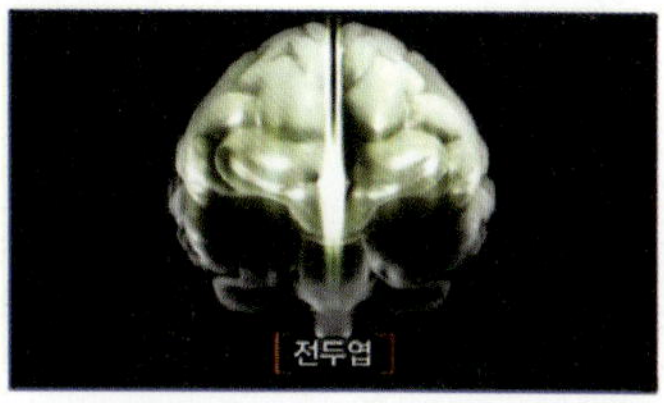

Q 그런 측면이 없는 것은 아니지만 인간은 남을 위해 자신의 이익을 희생하는 이타심을 갖고 있다. 우리는 남을 배려하고 이해하며 양보할 줄 아는 존재다. 심지어 자신의 손해를 감수하면서도 남을 도와주고 배려하기도 한다. 실제로 우리 뇌에는 그런 장치가 숨겨져 있다. 전전두엽은 인간을 가장 인간답게 만드는 고차원적 기능들을 갖추고 있다. 전전두엽의 기능 중 하나는 남의 마음을 헤아리고 자신의 감정을 다스리는 것이다. 자기 욕심을 차리기에 앞서 남을 헤아리는 '신뢰의 뇌'인 셈이다.

3. 사촌이 땅을 사면 배가 아픈 이유

생각해보기

착한 마음은 인류 전체에 유전되고 있다

- 착한 사람이 살아남는다

- 켈트너 교수(사진)는 성선설 지지
- 책 『선의 탄생』에서 다른 사람을 헤아리는 착한 마음이 단순히 어떤 한 사람의 성격적인 특징이 아니라, 인류 전체에 유전되고 있다고 주장

Q 그의 주장은 자연 세계의 냉혹감과는 거리가 있다. 적자생존과 양육강식으로 요약되는 자연 세계의 냉혹감 말이다.

A 사실 다윈의 진화론은 적자생존을 증명하는 연구내용이 많이 포함되어 있어, 승자의 승리를 정당화하는 정치적 목적으로 재해석되는 일이 많았다. 그러나 사실 다윈의 이론은 단순히 승자독식이 아니며 친절, 동정심 분야에서도 많은 연구를 했다. 다윈을 비롯한 진화학자들의 연구결과를 보면 동정심을 설명하는 과학적 사실이 두 가지 있다.

① 동정심이 인체 내의 어떤 부분을 통해 유전되고 있다.

② 친절한 사람이 생존한다.

3. 사촌이 땅을 사면 배가 아픈 이유

생각해보기

Q 동정심이 인체 내 어느 부분을 통해 유전된다는 것인가?

A 앞서 본 섬엽과 복내측 전전두피질 그리고 미주신경을 통해 유전된다. 미주신경은 척추 위쪽에서 시작하여 발성을 조절하는 얼굴근육으로부터 심장·폐·간· 소화기관에 넓게 분포한다.

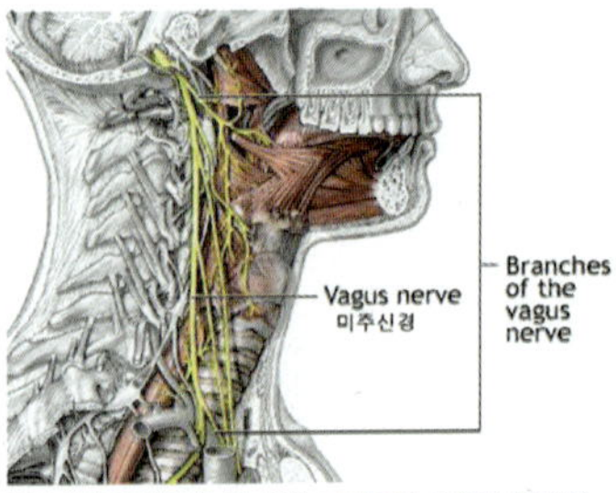

미주신경은 쌍으로 된 12개 뇌신경들 가운데 10번째

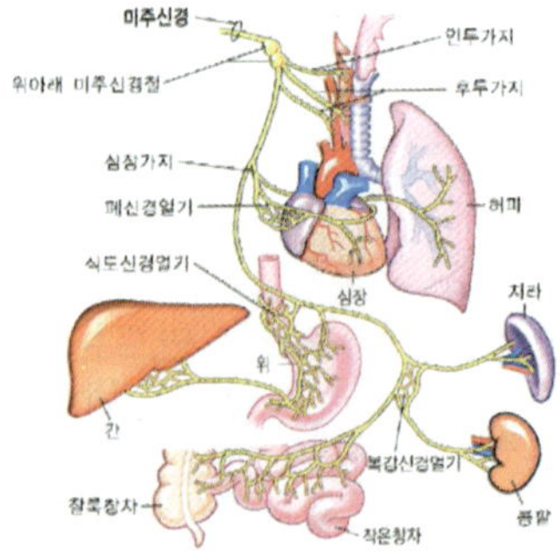

3. 사촌이 땅을 사면 배가 아픈 이유

생각해보기

A 미주신경은 옥시토신 수용체와 직접 연결돼 있다. 옥시토신은 사랑을 느끼거나 심장 박동을 안정시키는 호르몬이다. 염려와 안심을 나타내는 위안을 나타내는 물질로도 알려져 있다. 자긍심을 안겨주는 이미지와 피해 상황이 담긴(그래서 동정심을 자극하는) 이미지를 보여준 실험에서 미주신경이 활성화될수록 동정심을 느낀 피험자의 수가 늘어나고, 자긍심을 느낀 피험자의 수가 줄어들었다.

미주신경은 남을 보살피려는 마음이나 도덕 본능을 작동시킨다.

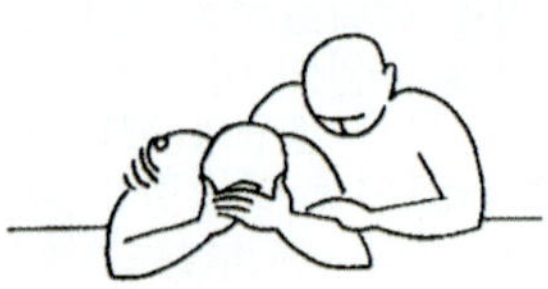

4. 친절한 사람이 생존한다

- 친절한 사람은 인간관계에 있어 매력적이고, 때문에 더 좋은 사람을 만나고 더 좋은 파트너를 구할 수 있음
- 친절한 사람은 낯선 사람으로부터 신뢰를 얻을 수 있으며, 그로 인해 더 쉽게 자원을 구하고, 권력을 가질 수 있음
- 2차 세계 대전 직후, 미군은 놀라운 사실 하나를 알게 됨
  - 한 육군 중령이 실제 전투에 참전한 소총수들을 인터뷰한 결과, 오직 15%만이 적을 향해 총을 발사
  - 사람을 향해서 총을 쏘는 행위는 비인간적이고 나쁜 행위이므로 자신의 목숨이 달려있는 상황에서도 이를 거부했다는 것
  - 미군은 병사의 살상 훈련 방법을 근본적으로 변경
  - 베트남전에서는 소총수 90%가 총 발사
- **인간은 초기 인류 때부터 다른 상대를 보살피는 종(種)이며, 이 마음이 유전자 속에 들어 있기 때문에 함부로 다른 사람을 해칠 수 없음**

4. 친절한 사람이 생존한다

착한 마음이 어디서 나왔는지 알고 싶었다 - 캘트너

- 켈트너(사진)는 어렸을 때 가난한 지역에서 자랐음. 그 곳은 위생 상태가 안 좋았고, 사회 서비스를 받기도 어려웠음. 대학 진학률도 낮고, 평균 수명도 짧았음. 그런데 오히려 가난한 사람들이 이웃 문제에 더 많은 관심을 보였고, 부족한 소득을 아껴서 종종 기부도 했음

4. 친절한 사람이 생존한다

착한 마음이 어디서 나왔는지 알고 싶었다

- 먹고살기도 힘든 가난한 사람들이 친절하고, 남을 존중하는 이유는?
- 그는 스탠퍼드대학에 가서 지금은 좋은 직장을 가지게 됐지만, 되돌아보면 삶의 중요한 순간순간에는 심지어 자신이 잘 알지도 못하는 이의 친절이 있었다고 함. 그는 그런 착한 마음이 어디서 나왔는지 알아보고 싶었음

5. 열정 vs. 경쟁

Q 현대는 무한경쟁시대라고 해도 과언이 아니다. 승리하고, 더 나아가고 싶어하는 경쟁심리와 도전정신. 이런 것들이 인류를 성장하게 하는 엔진이 아닐까?

A 경쟁의식이 사회를 발전시켰다는 측면은 동의한다. 그러나 그것은 적어도 다른 사람들을 해치지 않는 범위에서 이뤄져야 한다. 열정이 먼저고, 경쟁이 나중이 돼서, 열정이 경쟁을 인도할 수 있게 해야 한다.

경쟁이 열정을 잡아먹게 해선 안 된다.

- 베이비붐 세대에 나고 자란 아이들은 이런 말을 들어봤을 것
- '욕심은 성장의 엔진이다.'
- 그러나 욕심이 얼마나 많은 사회적 문제를 일으켰나.
- 그리고 인간은 욕심만 부리는 존재가 아니다.
- '최후통첩' 게임에서 드러난 바와 같이 인간은 언제나 자기 이익을 추구하는 방향으로 행동하는 것은 아니다.

5. 열정 vs. 경쟁

Q 요즘은 공존을 위한 '억지 친절'이라도 필요할 만큼 각박해지고 있다. 그래서일까. 당신의 주장에 자못 숙연해진다. 어떻게 하면 우리 사회를 착하게 만들 수 있을까?

A 신학자 카렌 암스트롱은 세계 종교의 윤리를 하나로 묶는 것은 '동정심'이라고 했으며, 히틀러가 나치 친위대원들을 훈련시킬 때 가장 먼저 없애려 했던 것이 동정심이었다. 우리 사회를 착하게 만들려면 동정심을 더 활성화해야 한다. 만약 의사가 환자를 아끼고 그들의 처지를 진정 가엾게 여긴다면, 그는 환자의 이름을 외울 것이고, 환자와 눈을 맞추고, 친절한 마음으로 대할 것이다. 환자는 그것만으로도 커다란 혜택을 볼 수 있다. 이것은 동정심 차원에서의 '사회적 대타협'이라고 볼 수 있다.

인류가 동정심과 친절을 지침으로 삼고,
그것을 현실에 적용한다면 우리가 사는 세상이 더 아름다워질 것이다.

6. 선한 행동하면 뇌가 즐겁다

'선한 마음' 관련 명언

선으로 악을 갚으라.
- 탈무드

총명하고 선량한 사람일수록 사람들 속에 있는 선을 알아본다.
- 파스칼

선한 사람은 악한 사람의 스승이다.
악인은 선인이 교육해야 할 학생에 지나지 않는다.
- 노자

선한 삶은 끊임없이 그것을 향해 노력하는 사람에게만 주어진다.
- 톨스토이

신은 선한 사상 속에 올바른 말 속에 그리고 성실한 행위 속에 모습을 드러낸다.
- 젠다베스타

부정한 대우를 받고 괴로울 때는 스스로를 위로하라. 참으로 불행한 사람은 부정을 당하는 사람이 아니라 부정을 저지르는 사람이다.
- 톨스토이

6. 선한 행동하면 뇌가 즐겁다

'선한 마음' 관련 명언

선량함을 띠지 않는 눈길에 무슨 가치가 있으랴? 선량한 것이야말로 진정한 부다. 평범한 재산은 선인이나 악인이나 다 가지고 있다. 참된 길에 서서 선한 마음을 갖도록 노력하라. 선량한 마음을 지니고 사는 사람은 결코 어두운 세계, 슬픈 세계에 들어서지 않는다. 어떠한 악도 선량한 사람과 수많은 사람들을 위해 봉사하는 사람은 해치지 못한다.

- 쿠랄

네가 괴로울 때, 사람들이 두렵고 자기 자신이 두려울 때, 어떻게 생각하고 행동해야 할지 갈피를 잡을 수 없을 때, 스스로에게 인생길에서 만나는 모든 사람을 사랑하자고 말하고, 실제로 그렇게 하도록 노력하라. 그러면 그대는 즉시 고통이 사라지고, 두려움도 해소되며, 방황도 사라지는 것을 알 수 있을 것이다.

- 톨스토이

네 영혼의 고상한 신적 본성은 네게, 너의 가장 큰 행복을 위해 지칠 줄 모르고 남에게 선을 베풀라 명령하고 있다.

- 마르쿠스 아우렐리우스

6. 선한 행동하면 뇌가 즐겁다

인간의 뇌는 어울리고 싶고, 협력하고 싶어한다. 실제로 뇌에는 그런 이타적인 요소가 내재돼 있다. 미국 에모리대 연구진은 피험자 26명(20~60세 여성)을 대상으로 '죄수의 딜레마(Prisoner's Dilemma)' 실험에 참가하게 한 후, 이들의 뇌 속을 MRI로 실시간 들여다보았다.

일러스트=조선일보

6. 선한 행동하면 뇌가 즐겁다

죄수의 딜레마 실험

각자 자신의 이익을 위해 최선의 방법을 선택하더라도, 서로 협력하지 않는 상황에서는 모두에게 이익은커녕 자신에게도 불리한 결과가 발생한다. 경찰에 잡혀온 두 명의 용의자가 등장하고 이들은 공범 관계다. 경찰은 이들이 유죄 판결을 받기에 충분한 증거를 가지고 있지만, 추가적인 범죄에 대해서는 심증만 가지고 있다. 경찰은 자백을 통해 이들의 범죄를 입증하고자 신문. 그런데 두 용의자를 함께 신문할 경우 눈빛을 교환하는 등의 방법을 통해 범행을 부인할 가능성이 크다고 판단해 서로 격리시킨 후 개별적으로 신문한다.

6. 선한 행동하면 뇌가 즐겁다

죄수의 딜레마 실험

취조실에서 경찰은 두 용의자에게 똑같이 제안한다. "당신이 아무리 묵비권을 행사하더라도 지금 가지고 있는 증거만으로도 충분히 1년 정도 감옥에 보낼 수 있어. 하지만 당신이 범행을 자백한다면 수사 협조에 대한 보상으로 당신은 석방해 주고, 대신 묵비권을 행사한 다른 방에 있는 용의자는 가중처벌로 10년형을 받게 하겠어. 만약 너희 둘 모두가 자백한다면 정상을 참작하여 각각 5년형을 받게 될 거야."

실제로 용의자들에게 가장 좋은 선택은 똑같이 묵비권을 행사하여 1년씩의 형량을 받는 것. 그러나 서로 격리되어 상대방이 어떤 선택을 하는지 알 수 없기 때문에 이들은 고민에 빠진다.

6. 선한 행동하면 뇌가 즐겁다

죄수의 딜레마 실험

두 용의자는 묵비권을 행사하여 1년씩의 형량을 받는 것이 모두를 위해 최선이라는 것을 알면서도 끝내 자백의 유혹을 뿌리치지 못한다. 왜냐하면 상대가 묵비권을 행사할 경우 자기가 자백을 하면 자신은 석방될 것이기 때문이다. 반대로 자신이 묵비권을 행사하더라도 다른 용의자가 자백을 하게 되면 자신은 가중처벌을 받게 되기 때문이다.

두 용의자는 모두 이런 생각을 하면서 '자신만을 위해 최선'인 자백을 선택하고 만다. 서로 협력해 모두 묵비권을 행사했다면 1년 형으로 끝났을 텐데, 서로를 믿지 못하고 자백함으로써 모두 5년 형씩 받게 되어 결국 둘 다 불행해지고 마는 것.

6. 선한 행동하면 뇌가 즐겁다

죄수의 딜레마 실험

A 실험결과, 협력적인 태도를 보일 때 보상중추가 최고조로 활성화되었다. 보상중추는 맛있는 디저트나 귀여운 얼굴, 돈을 보거나, 흥분제 따위를 복용했을 때 활성화된다. 연구진은 이같은 뇌신경의 활성화 체계가 이타주의를 강화하고 이기적인 행동을 억제하도록 한다고 주장했다.

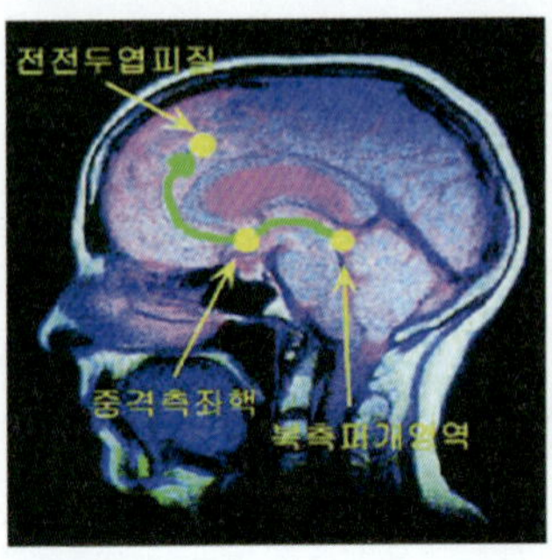

보상계는 전전두엽피질과 중격측좌핵, 복측피개영역이라 불리는 부분들이 연결되는 신경회로로 구성돼 있다. 그 중 특히 중격측좌핵에서 분비되는 '도파민'이 보상체계가 작동해 기쁨을 느끼게 하는 데 매우 중요한 역할을 한다.

6. 선한 행동하면 뇌가 즐겁다

죄수의 딜레마 실험

Q 이 결과에 의하면 사람들이 협력적인 행동을 보이는 것은 단지 두려움 때문만이 아닌 것 같다.

A 인류학자들은 인간이 협동심을 키워왔던 것이 생존상의 필요 때문이라고 설명해왔다. 사냥몰이를 할 때나 농작물을 경작할 때와 같은 생존상 필요 말이다. 사회학자들은 처벌의 위협이 규범, 약속에 대한 상호 준수를 유지해 준다고 믿어왔다.

반면 이 연구결과는 인간의 협력적인 태도가 단지 외부에서 주어지는 처벌 위협이나 보상 체계 때문만이 아니라 개인의 생리학적 체계에 남을 이롭게 하려는 요소가 내재돼 있음을 보여준다.

6. 선한 행동하면 뇌가 즐겁다

이타적 사랑하면 보상 바라는 마음이 없어진다!

서로 돕고 사랑하게 되면 이타적 사랑으로 나아가게 된다. 그리고 이타적 사랑을 하는 사람의 뇌는 보상중추가 활동을 멈춘다. 발렌타인데이, 생일 등 기념일에 선물을 받지 못해 서운해 본 적 있나? 보상에 대한 기대 없이 다른 사람의 행복을 진심으로 소망하는 이타적 사랑을 하는 사람의 뇌에서는 보상을 바라는 보상중추가 활동을 멈춘다.

실험

사랑하는 사람의 얼굴을 보여주니 보상중추가 강하게 활성화 되었다. 하지만 명상 등을 통해 차분한 마음을 갖게 되면 활동이 멈추는 것으로 나타났다. 명상가의 지도로 '모든 것이 다 행복해 질 거야'와 같은 말을 조용히 반복하자 명상에 참여한 사람 대부분은 보상중추가 활동을 멈췄다.

6. 선한 행동하면 뇌가 즐겁다

이타적 사랑하면 보상 바라는 마음이 없어진다!

A 열정적인 관계에 있는 상대에게 문자메시지가 오지 않아 조급해진 경험이 있나? 그것은 우리가 진실로 다른 사람의 행복에 대해 이타적인 바람을 갖는 것과는 다르다.

Q 남에 대한 이타적 사랑은 어떨까? 예를 들면 데레사 수녀와 달라이 라마 등으로 대표되는 타인에 대한 이타적 사랑 말이다.

A 그런 이타적 사랑은 사랑하는 연인과의 다툼으로 초래되는 불안과 반대된다. 그리고 중요한 것은, 이타적 사랑을 추구하는 노력 자체로 하나의 보상이 된다는 것이다.

6. 선한 행동하면 뇌가 즐겁다

이타적 사랑하면 보상 바라는 마음이 없어진다!

- 많은 동물 실험에서 남을 위해 행동하는 이타적 행위가 자주 발견됨
- **원숭이 뇌 실험**은 **이타심과 신경 작용과의 관계를 밝힌 중요한 연구**로 평가받음
- 미국 듀크대 스티브 창 연구진은 이타심에 반응하는 특정 신경계통을 살피기 위해 원숭이 뇌 3군데에 전극을 이식
  - 전대상구(anterior cingulate sulcus)
  - 전대상회(anterior cingulate gyrus)
  - 안와전두피질(orbito frontal cortex)
- 연구진은 원숭이에게 주스를 '이웃에게 주는 것' '자기에게 주는 것'의 상황을 가르쳤고, 그 결과 대부분 자기에게 주는 것을 택함
- 자신은 못 마시더라도 이웃은 마실 수 있는 상황과 모두 못 마시는 상황 둘 중에 하나를 고르게 하자 대부분 다른 원숭이가 마실 수 있는 상황을 택함

6. 선한 행동하면 뇌가 즐겁다

이타적 사랑하면 보상 바라는 마음이 없어진다!

- 뇌 3군데에 이식한 전극 중 하나에 특정한 부분에 반응하는 세포가 나타남 → **전대상회 영역**
- 다른 영역의 뉴런들은 자신에게 보상(주스)이 주어지거나 주어지지 않을 때 활성화된 반면, 전대상회 뉴런은 다른 원숭이들이 보상을 얻을 때 활성화됨
- 이 영역은 이타적인 행위를 하는 동시에 이러한 행동을 기록한 것으로 나타남

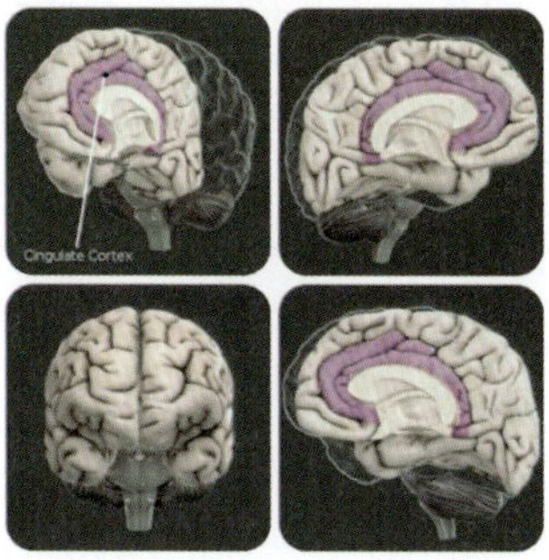

대상피질(Cingulate Cortex)
일러스트=Daum

6. 선한 행동하면 뇌가 즐겁다

이타적 사랑하면 보상 바라는 마음이 없어진다!

연구진은 **"원숭이 등 영장류들은 사회 진화 과정에서 타인의 보상에 대해 느끼고 판단하는 특정 영역을 발달시킴으로써 이타적 행위를 점차 발달시키게 됐다"**며 **"공감을 일으키고 이타적 감정을 자아내는 데 뇌의 특정 영역이 관여하고, 사람에게도 비슷한 작용을 해 다른 사람이 행복하거나 슬플 때 대리경험을 하는 것으로 보인다"**고 밝혔다. 또 **"이러한 다양한 경험과 보상이 사람들이 다른 사람을 위한 자선을 할 수 있게 만드는 동기유발 요인으로 보인다"**고 설명했다.

Q 원숭이에게서 이타적 행위에 감응하는 세포를 발견하다니 놀랍다. 이타심, 배려 등은 인간의 영역으로만 생각했는데... 이토록 어진 뇌가 있음에 감사하며 살아야겠다는 생각이 든다.

A 나의 행동이 남에게 어떤 결과를 줄지 생각해야 한다. 그것이 뇌를 잘 쓰는 것이다. 뇌가 원래 추구하는 삶의 방식은 차이를 인정하고 함께 살아가는 삶이다. 뇌는 어울리고 싶은 본능이 있다. 다른 사람을 멀리하거나 나만 좋으면 그만이라는 사고방식은 본질적으로 뇌의 성향에 어긋난다. 그러나 빈부격차가 심각해지고 있는 현재 사회를 보고 있노라면 이 세상은 뇌가 추구하지 않는 방향으로 나아가고 있는 듯하다.

퀴즈

다음 (　　) 안에 적당한 말을 넣으시오.

인성 관여 부위를 칼로 무 자르듯 딱 구분할 순 없지만, 굳이 꼽으라면 [전전두엽]이다. [전전두엽]은 인간을 다른 동물과 구분 짓는 부위며, 인간을 인간답게 만드는 보석 같은 기능을 맡고 있다.

학습정리

- 과학자들은 인성 관여 뇌 부위를 **전전두엽(일명 뇌의 경찰)**으로 생각하고 있음
- 인간과 동물의 가장 큰 차이는 윤리적·도덕적 갈등을 할 수 있느냐의 여부에 달려 있음
- 인간은 사람으로서 지켜야 할 도리와 가치 등을 생각하며 죄책감과 도덕적 갈등을 느끼는데, 이는 전전두엽에서 담당
- 전전두엽의 안쪽 복내측 전전두피질은 측은지심을 느끼는 기관으로 알려져 있음
- 복내측 전전두피질이 손상된 사람들은 도덕적 딜레마에 처했을 때 좀 더 실용적인 선택, 곧 소수보다 다수에게 이익이 되는 쪽을 선호
- 인성과 도덕성이라는 가치에 과학의 잣대를 섣불리 갖다 댈 필요가 있느냐는 의문도 있음
- 도덕성이 발휘되는 뇌 메커니즘을 객관적으로 이해하면 복잡한 사회문제에 대한 새로운 해결책이 나올 수 있음

학습정리

- 뇌과학적 방법론에는 아직 한계가 있으며, 향후 뇌 메커니즘(예: 신경세포의 구조, 해부학적 연결, 전기·화학적 작동원리 등)이 모두 해명되어도 인간의 모든 정신 활동을 물질적으로만 설명하려 들다가는 환원주의에 빠질 수도 있음
- 21세기 성장 동력으로 '융합'이 떠오르고 있음. 하나의 학문에 얽매이지 않는 융합적 사고는 시대적 화두가 된 것. 이러한 흐름은 기술이나 학문이 탐구의 중심이 아니라 그 가치가 중요하다는 생각에서 출발
- '우리가 어떻게 하면 인성적으로 올바를 수 있을까' '어떻게 우리 사회를 착하게 만들 수 있을까'에 대한 물음에 대한 답의 융합적 추구도 마찬가지
- 뇌과학은 여러 학문과의 창조적 융합을 통해 세상을 보다 살기 좋게 만드는 데 기여할 수 있음

참고문헌 및 사이트

- **강석기, 과학동아, 2009년 4월호**
- **강선보 외, 인성교육, 양서원**
- **류영주, 성공적인 대학생활1권, 대구가톨릭대학출판부**
- **류영주, 뇌와 마음, 대구가톨릭대학출판부**
- **류인균, 동아일보, 2014. 3. 25.**
- **박만상, 한국인의 두뇌개발3권, 전파과학사**
- **닉 아놀드, 두뇌가 뒤죽박죽, 이무열 역, 김영사**

차시예고

다음 시간에는
10주 1차시 즐겁게 공부할 수 있는
뇌과학적 방법을
학습하도록 하겠습니다.

재미있는 뇌이야기

10주 1차시 즐겁게 공부할 수 있는 뇌과학적 방법(1)

학습목표

1. 뇌과학에 기반한 효율적인 학습법을 파악할 수 있다.

학습내용

1. 뇌의 원리를 알면 공부가 즐겁다
2. 공부한다는 건 무엇일까?
3. 공부하는 뇌 속으로

1. 뇌의 원리를 알면 공부가 즐겁다

"대학 4년 똑똑하게 공부하자"

일러스트=최정미

필자는 20년 동안 학자의 외길 인생을 걸어왔다. 현재는 학문을 즐기는 단계가 되었지만, 여기까지 오는 데에는 숱한 좌절의 시간이 있었다.

'열심히 공부했는데 왜 실력이 늘지 않을까? 공부가 너무 힘들다.'

그 원인을 모색하던 필자는 '뇌과학(Brain Science)'이란 학문을 접하면서 자연스럽게 뇌에 대해 연구하게 되었고 공부가 힘들었던 이유도 속 시원히 알게 되었다. 뇌과학에 따르면 뇌는 자연스럽게 작동하는 방식이 있지만 많은 사람들이 그것을 모른채 공부한다.

뇌를 기계라고 생각해보자. 작동 원리를 이해하면 기계의 성능을 최대한 발휘하여 훨씬 효과적으로 일을 할 수 있지만 잘못알고 사용하면 고장 나기 쉽다. 공부에 대한 뇌 작동법을 알고 이에 순응하면 적은 노력으로도 많은 성과를 얻게 된다.

1. 뇌의 원리를 알면 공부가 즐겁다

그 후 뇌과학에 몰입해 '뇌구조에 순행하는 공부법'을 연구하여 '즐겁게 공부할 수 있는 뇌과학적 방법'을 계발했다. 이것은 공부에 흥미를 잃은 학생들, 특히 정규학교 교육에 적응하지 못한 대안학교 학생들에게 큰 반향을 불러일으켰다. '뇌과학이 밝혀낸 공부뇌 메커니즘'을 활용해 성적향상은 물론 공부 안에 숨어 있는 재미까지 느껴보자.

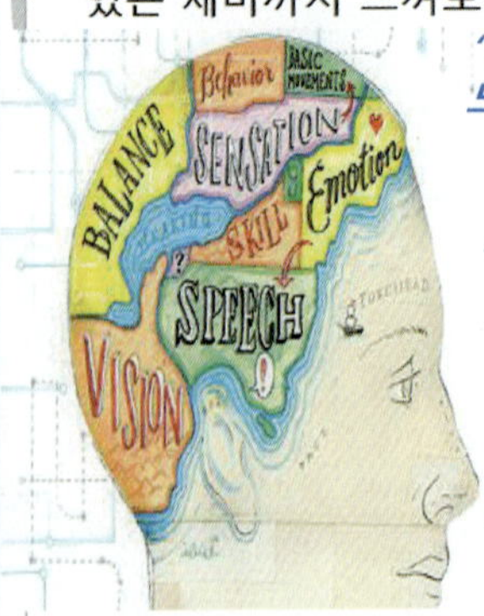

뇌 부위별 기능을 나타내는 도식.
일러스트=교수신문

"소년들을 엄격과 강압으로 공부시키지 말고 그들이 흥미를 느낄 수 있도록 이끌어준다면, 그들은 마음의 의욕을 발견할 것이다."

\- 플라톤

"어떻게 가르치느냐를 아는 것은 교육의 위대한 기술이다."

\- 아미엘/스위스 철학자

"생각하는 방법을 가르쳐야지, 생각한 것을 가르쳐서는 안된다."

\- 그루리트/독일 역사가

"교육은 학교에서 배운 것을 모두 잊은 뒤에 남는 것이다."

\- 아인슈타인

"인내심을 가져야 한다고 생각한다면 교육자로서는 낙제다. 애정과 즐거움을 가져야 한다."

\- 페스탈로치

1. 뇌의 원리를 알면 공부가 즐겁다

수학 생각만으로 뇌는 이미 '고통'

- 수학을 공부한다는 생각만 해도 뇌는 이미 고통을 느끼고 있다는 연구결과가 있음
- 시카코대 지안 베일록 연구진은 수학 문제를 풀기 전 예상만 한 것으로도 뇌 반응이 신체적 고통을 당할 때와 같다는 논문을 발표
- 연구진은 수학 불안도가 높은 일반 성인 14명을 대상으로 간단한 수학문제를 풀게 하고 이들의 뇌 속을 fMRI로 들여다보았음
- 관찰결과, 수학 문제를 풀기 전 예상만으로도 신체적 고통을 당할 때 활성화되는 섬엽(insula)의 뒷부분이 활성화됨
- 수학 불안도가 높은 사람은 수학 시험 시작 전부터 공포를 느낀다는 것

일러스트=과학동아

"수학 불안도가 높은 사람의 뇌는 수학 공부를 시작한다는 생각만으로도 화상에 의한 고통을 경험할 때와 같이 반응한다. 수학 불안을 다른 공포증과 동일하게 생각해야 한다."

- 지안 베일록

생각해보기

수학에 대한 부정적 감정이 뇌에 통증 유발?

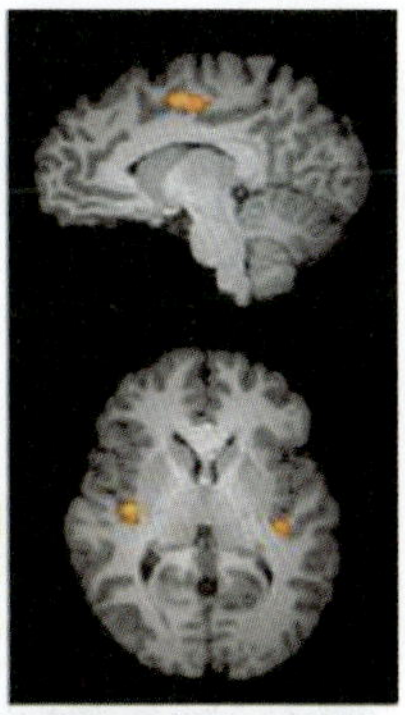

▲ 수학에 대한 부정적인 감정이 뇌에 통증을 유발하는 것으로 나타났다. 오른쪽은 통증을 담당하는 부위인 두섬엽이다.

베일록 연구진은 수학에 대한 두려움이 있는 사람과 그렇지 않은 사람을 비교하는 실험을 했다. 두 그룹의 참가자들에게 화면으로 수학 문제를 풀지 언어 문제를 풀지 알려 준 뒤, 문제를 푸는 동안 뇌 상태가 어떻게 변하는지 관찰했다.
수학 문제는 (12×4)-19=29와 같은 계산이 맞았는지 틀렸는지 검산하는 것이고, 언어 문제는 순서가 거꾸로 된 영어 단어를 보여 주고 올바른 철자를 알아맞히도록 하는 것이었다. 그 결과 수학에 대한 두려움이 있는 그룹은 문제를 풀기도 전에 섬엽이 활성화 되는 것으로 나타났다. 반면 수학에 대한 두려움이 없는 그룹은 별다른 차이가 나타나지 않았다.
놀라운 점은 두 그룹 모두 문제를 푸는 동안에는 섬엽에 특별한 변화가 나타나지 않았다는 점이다. 연구진은 이 결과에 대해 "수학을 푸는 것 자체가 아니라, 수학에 대한 부정적인 감정이 고통을 유발하는 것"이라며, 빠르면 초등학교 1학년 때부터 갖기 시작하는 수학에 대한 공포감을 줄여 주는 것이 중요하다고 설명했다. 일러스트=수학동아, 2015년 6월

1. 뇌의 원리를 알면 공부가 즐겁다

Q **수학 생각만으로 뇌는 이미 '고통'받고 있다니 놀랍다.** 이런 현상은 왜 나타나는 것인가?

A 학습 성취를 통해 기쁨을 느끼는 감정회로가 제대로 형성되지 않고 학습에 부정적인 감정을 갖고 있기 때문이다. 공부를 부정적으로 기억하면 뇌가 이를 인식해 학습효과가 현저히 떨어진다.

Q 그렇지만 공부는 '시험 공부'라는 말이 대표하듯, 고통을 수반하는 이미지가 있다.

책상 위에 책들이 수북이 쌓여간다. 공부를 하려고 사다놓은 책들이다. 그런데 어찌나 재미가 없는지 공부가 너무 지루하고 따분하다. 하지만 몸에 좋은 약이 입에 쓴 법. 그러니 싫어도 억지로 하는 수밖에. 고진감래!

A 하지만 공부는 즐거운 것, 기쁨을 맛보는 것이라고 말하고 싶다. '공부에 대한 뇌 작동법'을 이해한다면 말이다.

1. 뇌의 원리를 알면 공부가 즐겁다

수학 생각만으로 뇌는 이미 '고통'

Q 공부에 대한 뇌 작동법이라니?

A 뇌가 공부(학습)를 받아들이는 과정, 또는 뇌 구조에 순행하는 공부법을 말한다.

일러스트=최정미

Q 뇌의 원리를 알면 공부가 즐겁다는 말인가?

그렇다. 뇌를 카메라라고 생각해 보자. 작동 원리를 이해하면 카메라의 성능을 최대한 발휘해 원하는 사진을 찍을 수 있지만, 잘못 사용하면 고장 나기 쉽다. 그러므로 우리는 먼저 카메라의 매뉴얼을 꼼꼼히 읽어봐야 한다. 그리하여 정확하게 초점을 맞추고 광선에 알맞게 셔터의 시간 조정을 하고 카메라에 가장 잘 맞는 필름을 선택해야 한다. 마찬가지로 공부에 대한 뇌 작동법을 이해하고 이에 따르면 적은 노력으로도 많은 성과를 얻을 수 있다.

2. 공부한다는 건 뭘까?

선인들의 평생 공부법

주자, 일러스트=cfs8.tistory.com

공부는 닭이 알을 품는 것과 같다. 닭이 알을 품고 있지만 뭐 그리 따뜻하겠는가. 그러나 늘 품고 있기 때문에 알이 부화되는 것이다. 만일 끓는 물로 알을 뜨겁게 한다면 알은 죽고 말 것이며, 품는 것을 잠시라도 멈춘다면 알은 식고 말 것이다.

- 주자

배우고 때로 익히면 기쁘지 아니한가. 남이 나의 학문을 알아주지 않더라도 노여워하지 않는다면 또한 군자가 아니겠는가.

- 공자

남의 비난이나 칭찬, 일신의 영욕을 두려워한다면 학자로서 스스로 서지 못할 것이다. 학자는 모름지기 단단하고 굳세어야만 지켜야 할 것을 지킬 수 있다.

- 이황

마음을 비우고 순리대로 하라. 공부하는 자는 마땅히 이 말을 지켜야 한다.

- 주자

2. 공부한다는 건 뭘까?

선인들의 평생 공부법

토머스 아 켐피스.
일러스트=youngwbyun.blogspot.com

학문하는 요체는 착실하게 마음을 닦고 절실하게 몸으로 느껴 자신의 몸과 마음으로 깨닫는 데 있다.

- 주자

지능을 올바르게 사용하는 습관이 확립되지 않으면 바른 의지도 나오지 않는다. 왜냐하면 지능의 습관이 의지에 무엇보다 큰 영향을 주기 때문이다. 그러나 지능의 습관은 그것이 인생의 영원한 법칙 전체에 바탕을 둔 것일 때, 비로소 가장 좋은 것이 된다.

- 세네카

지극히 풍부한 학식을 갖고 자기만족에 빠져 있는 것보다, 건전한 상식을 조금 가지고 겸허한 마음으로 사는 것이 낫다. 어떤 지식이든 지식은 그 자체로서 좋은 것이지만, 순결한 양심과 선한 생활은 모든 지식보다 위에 놓이지 않으면 안 된다.

- 토머스 아 켐피스

좋은 행위를 하는 자가 바로 좋은 학자라고 할 수 있다.

- 인도의 기로파제예

2. 공부한다는 건 뭘까?

선인들의 평생 공부법

succeed1004.tistory.com

Q "좋은 행위를 하는 자가 바로 좋은 학자", "순결한 양심과 선한 생활이 모든 지식보다 우선이다"는 말이 인상적이다.

A 동감이다. 사람들은 흔히 학문과 구체적인 삶 사이에 대단한 거리가 있는 것처럼 생각한다. 하지만 선인들은 학문이란 삶이요, 삶은 바로 학문이라고 보았다. 학문과 진리는 생활 속에서 증명되지 않으면 안 된다. 진리를 진리로만 찾으려 한다면 그걸 구하려는 이는 생활에서 멀리 떨어져 버리고 말 거다. '나는 진리를 구한다'는 잘못된 생각을 낳게 되고, 진리를 구하지 않고 살아가는 사람을 비난하게 된다.

Q 학문의 위험이다.

A 그렇다. 어느 하나에 매달려 거기에만 진리가 있다고 생각하는 것은 옳지 않다. 학문만이 '전부'라고 생각하는 것은 더욱 위험하다. 아무리 학문을 익혀도 평범한 한 사람의 인간으로서 가져야 할 정신적 성장을 잊어버린다면, 결국 잘못을 저지른다. 학문 자체가 잘못된 것이 아니고 학문을 하는 자세가 잘못되었기 때문이다. 진리는 겸허한 사람에게만 찾아온다.

2. 공부한다는 건 뭘까?

선인들의 평생 공부법

모리악. 일러스트=blog.daum.net

학문은 박식한 게 중요하지 않고 올바른 게 중요하니, 올바르면 박식할 수 있다.

- 정자

대부분의 여자는 교양이 있다기보다는 교양에 의해서 오염되어 있는 경우가 더 많다.

- 모리악/프랑스 소설가

지극히 풍부한 학식을 갖고 자기만족에 빠져 있는 것보다, 건전한 상식을 조금 가지고 겸허한 마음으로 사는 것이 낫다. 어떤 지식이든 지식은 그 자체로서 좋은 것이지만, 순결한 양심과 선한 생활은 모든 지식보다 위에 놓이지 않으면 안 된다.

- 토머스 아 켐피스

좋은 행위를 하는 자가 바로 좋은 학자라고 할 수 있다.

- 인도의 기로파제예

2. 공부한다는 건 뭘까?

공부하는 즐거움-히로나카 헤이스케, 『학문의 즐거움』

히로나카 헤이스케(廣中平祐, Hironaka Heisuke)는 일본의 수학자. 그는 수학의 노벨상이라고 불리는 필즈상(Fields Medal)을 받은 바 있지만, 스스로는 "평범한 재능밖에 가지지 못했다"고 한다. 그는 1931년 15남매나 되는 대가족의 일곱 번째로 태어났다. 한 때는 부유했으나 성장 과정에서 가장 중요했던 중·고등학교 시절은 너무나 가난해서 노동일까지 해가며 집안살림을 도와야 했다. 뿐만 아니라 행상으로 가계를 유지한 아버지는 교육보다는 자식들이 일찍부터 자기를 도와 생계에 보탬이 될 것을 원했기 때문에 그는 대학 입시공부도 숨어서 해야 했다.

"자식들이 입시를 위해서 공부하는 것도 아버지에게는 쓸데없는 짓이었다. '대학은 공부를 하지 않더라도 합격할 수 있는 사람만 가는 곳이다.' 아버지는 이렇게 말씀하셨다. 방과 후에 집에 있는 나를 보기만 하면 아버지는 '같이 거름통을 들자' 하시며 밭으로 끌고 나가기 일쑤여서 나는 조그만 책상을 들고 아버지의 눈에 띄지 않는 장소, 예를 들면 이불장 같은 데 들어가서 손전등으로 불을 밝히고 책을 봐야만 했다." - 헤이스케

2. 공부한다는 건 뭘까?

공부하는 즐거움-히로나카 헤이스케, 『학문의 즐거움』

마침내 헤이스케는 1950년 교토대학 이학부에 입학했고 2년간의 교양 과정을 마치고 전공으로 수학을 택하게 된다.

'아저씨!' 한마디에 방황은 끝나고

헤이스케는 "배우는 단계에서 창조의 단계로 비약하기 위해서는 어떤 계기가 있어야 한다"고 했다. 그는 그 계기를 잡기까지 우울한 나날을 보내지 않으면 안 되었다. 시험에서 좋은 점수를 받는다든가 혹은 어려운 이론을 이해했다고 해서 스스로 만족하던 시절은 지나가고, 무엇인가 창조를 해야 하는 단계에 이른 것이다.

그러나 헤이스케는 이론을 배우기만 했던 그때까지의 자신에 불만을 느끼면서도 도무지 논문을 쓸 마음이 생기지 않았다. 그 이유 중 하나는 이미 산더미같이 발표된 우수한 논문에 압도당하고 있었기 때문이다.

"과거 세계의 대수학자라고 불리는 사람들이 발표한, 한 점의 티도 없는 완성작들이 이미 산더미처럼 쌓여 있다. 그것들을 읽어보면 '나 같은 사람이 지금 와서 논문을 써 봤자'라는 생각이 든다."

- 헤이스케

2. 공부한다는 건 뭘까?

공부하는 즐거움-히로나카 헤이스케, 『학문의 즐거움』

그러나 논문을 쓰면서 자신의 이론을 창조해 가지 않으면 수학자로의 길이 막힌다. 써야 하나, 쓰지 말아야 하나? 그는 계속 고민했다.

그러던 어느 날 헤이스케를 학문의 길로 이끈 작은 사건이 일어난다. 그가 교토대 교내를 걷고 있었는데 한 소녀의 목소리가 들려왔다. 그래서 그는 걸음을 멈추었다. 소녀는 그를 "아저씨"하고 부르면서 뛰어왔다. 소녀는 "이거 아저씨 것이죠?"하며 수첩을 내밀었다. 그가 수첩을 떨어뜨렸던 것이다. 소녀에게 고맙다는 인사를 했고 소녀는 자기의 길을 갔다. 헤이스케는 그때까지 자신을 학생이라고 생각하고 있었기에 아저씨란 호칭이 가슴에 크게 와 닿았다.

사건은 단지 이것뿐이었는데 그에게는 중대한 일이 일어났다. 그 날부터 그는 몇 번이나 "너는 아저씨라고 불릴 만한 사람인가?"라고 자신에게 물어 보았다. 답은 "아니다"였다.

"책을 읽고 고급 이론을 이해하거나 남의 논문을 명석하게 비평하는 것만으로는 '아저씨'가 될 자격이 없다. 자기의 이론을 창조하지 않으면 안 된다. 논문을 써야 한다. 아무리 형편없는 것일지라도......." - 헤이스케

그는 마음을 단단히 다져간다. 그리고는 논문 작업에 착수했다. 논문을 써서 기고하기 시작했다.

2. 공부한다는 건 뭘까?

공부하는 즐거움-히로나카 헤이스케, 『학문의 즐거움』

내 유일한 밑천은 '끈기'

헤이스케 스스로는 자신을 *"뛰어난 노력가일 뿐이다"*고 고백한다. 자신의 성공은 *"오직 중도에 포기하지 않고 끝까지 최선을 다하는 노력에 의한 것이다"*고 말한다.

ajatrend.tistory.com

"무슨 일을 하던지 꾸준히 노력하는 자세와 끈기가 급선무라고 생각한다. 나는 의식적으로 꾸준히 노력하는 자세와 끈기를 키워왔다. 그래서 지금은 끈기에 관해서만큼은 누구에게도 지지 않을 자신이 있다. 문제를 해결하기까지 남보다 시간이 더 걸리지만 끝까지 관철하는 끈기는 뒤지지 않는다고 생각한다. 다른 사람이 한 시간에 해결하는 것을 두 시간이 걸리든지, 또 다른 사람이 1년에 하는 일을 2년이 걸리더라도 결국 해내고야 만다. 시간이 얼마나 걸리는가 하는 것보다는 끝까지 해내는 것이 더 중요하다는 것이 나의 신조다. 나는 이러한 신조가 몸에 배어서인지 한 가지 문제를 택하면 처음부터 남보다 두세 배의 시간을 들일 각오로 시작한다."

마음을 소박하고 겸손하게

그는 *"학문의 연구는 항상 소심(素心)해야 한다"*고 했다. 즉, 마음을 소박하고 겸손하게 가지고 자기의 생각이 틀릴 수도 있다는 유연한 태도로 남의 말을 잘 귀담아 들어야 한다는 것이다. 자기가 처음 착상한 방법을 너무 고집하게 되면 벽에 부딪칠 수 있고 회복하기 어려운 상태가 될 수도 있기 때문이다.
그러면서도 *"착상한 이념은 심도 있게 파고 들어가야 한다"*고 충고한다.

2. 공부한다는 건 뭘까?

공부하는 즐거움-히로나카 헤이스케, 『학문의 즐거움』

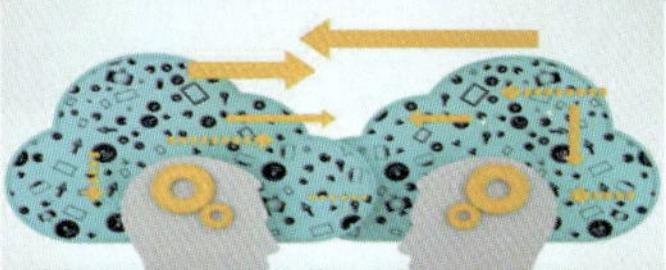

학문은 기쁨을 맛보는 것

창조란 무엇인가? 일러스트 =m.moneyweek.co.kr

헤이스케는 학문은 즐거운 것, 기쁨을 맛보는 것이라고 말한다. 학문에는 배우는 일, 생각하는 일, 창조하는 일의 즐거움과 기쁨이 있기 때문이다.

"배우는 일은 즐거운 것이다. '지혜'를 얻는다는 면에서도 그렇다. 그리고 생각하는 일은 더 즐겁다. 인생의 어려운 문제에 부딪혀 깊이 고민하는 것이 때로는 고통스럽지만 대체적으로는 즐거운 일이라고 말할 수 있다."

새로운 것을 창조하는 것 또한 즐겁다고 한다. 헤이스케는 늘 *"창조하는 인생이야말로 최고의 인생이다"*라고 말한다. *"창조하는 즐거움, 기쁨은 자기 속에 잠자는, 전혀 알지 못했던 재능이나 자질을 찾아내는 기쁨, 자기 자신을 보다 깊이 인식하고 이해하는 기쁨이다."*

그렇다면 '창조'란 무엇인가? 또 어떻게 하면 '창조의 기쁨'을 누릴 수 있는가? *"창조는 결코 학자나 예술가의 전매특허가 아니다. 누구나 일상 속에서 부단히 쌓아 올려야 하는 것이다. 그리고 창조하려면 먼저 배워야 한다."*

2. 공부한다는 건 뭘까?

공부하는 즐거움-히로나카 헤이스케, 『학문의 즐거움』

의지할 수 있는 건 자신의 사고력뿐

"'무엇을 생각하든지 생각하는 그 자체가 뜻있고 가치 있다.' 이것은 학자로서 뿐만 아니라 한 인간으로서 살아가는 데 무엇과도 바꿀 수 없는 귀중한 재산이다. 어디서부터 어떻게 손을 써야 좋을지 전혀 알 수 없을 때, 혹은 다시 일어설 수 있는 가능성이 전혀 없을 때, 의지할 수 있는 것은 자신의 깊은 사고력뿐이다. 우리가 공부하는 목적 중의 하나도 사실은 이런 사고력을 기르는 데 있는 것이다."

일러스트=m.blog.daum.net

2. 공부한다는 건 뭘까?

공부하는 즐거움-히로나카 헤이스케, 『학문의 즐거움』

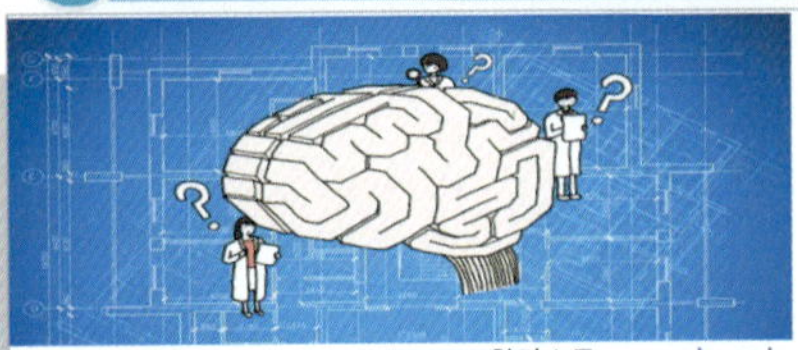

일러스트=www.ebs.co.kr

왜 배워야 하는가?

"공부하는 과정에서 눈에 보이지 않지만 살아가는 데 있어 중요한 '지혜'라는 것이 만들어 진다. 이 지혜가 만들어지는 한 공부한 것을 잊어버린다 해도 그 가치는 여전한 것이다. 결과적으로 배우는 것은 낭비가 아니다. 그러므로 많이 배우고 많이 잊어버리고, 다시 많이 배우라고 말하고 싶다."

"지혜는 뇌에서 만들어지는데 뇌 구조와 어떤 관계가 있는지 살펴보자. 인간의 뇌는 과거에 일어난 일이나 습득한 지식을 축적하고 있다. 컴퓨터는 기억한 것을 자유자재로 100% 끄집어낼 수 있는데 비하여 인간의 뇌는 기억한 것의 극히 일부분밖에 끄집어내지 못한다. 그러나 뇌에 수많은 정보를 축적하고 있는 것은 엄연한 사실이다. 따라서 '잊어버리는 것'이 아니라 '정보를 뇌에 축적한 후에 끄집어내지 못할 뿐'이라고 하는 것이 보다 정확한 표현일 것이다. 바로 '꺼내 쓸 수 있는' 정보는 얼마 되지 않지만 방대한 양의 정보가 '바로 꺼내 쓸 수 없는 형태'로 뇌에 축적되어 있는 것이다."

생각해 보기

우리는 수많은 정보를 뇌에 축적하고 있지만 그 정보를 모두 기억하지 못한다. 이를 바로 꺼내 쓸 수 있는 지식과 정보로 만들려면 어떤 방법이 있을까? 어떻게 해야 바로 쓸 수 있는 지식이 될까?

3. 공부하는 뇌 속으로

정보를 받아들이고 판단하는 신경세포

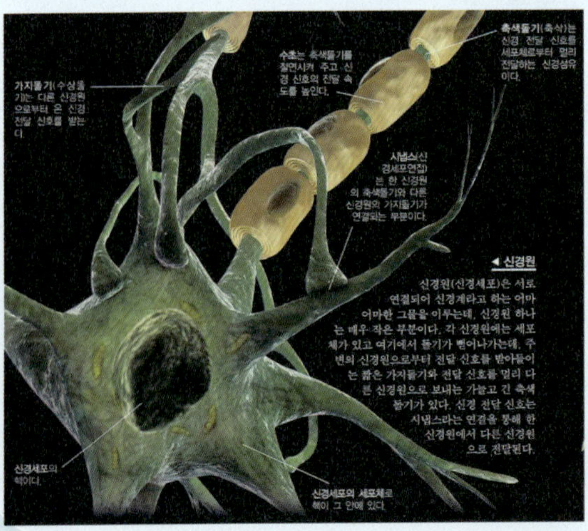

- 뇌의 실체는 신경세포(neuron)의 집합체
- 신경세포 하나를 1만 배 확대해 보면, 5000개 이상의 가지가 뻗어 있는 작은 나무처럼 보임
- 신경세포들이 눈, 손, 귀 등에서 오는 자극과 정보를 받아들임
- 감각기관은 단지 정보를 모으는 역할

3. 공부하는 뇌 속으로

정보를 받아들이고 판단하는 신경세포

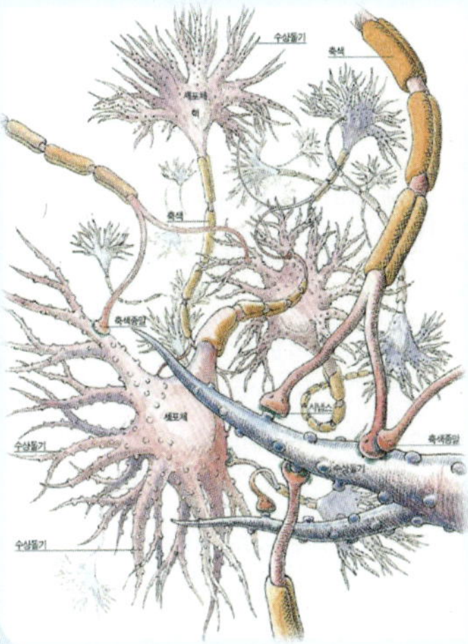

신경세포의 연결. 수상돌기는 신경세포가 입력 정보를 받아들이는 부분으로 신호를 세포체로 전달한다. 이곳에서 새롭게 신호가 발생해 축색돌기를 통해 축색의 말단(축색종말)으로 전송된다. 축색의 말단은 다시 다음 표적 신경세포의 수상돌기와 연결된다.
일러스트=수전 그린필드, <브레인 스토리>, p. 49

3. 공부하는 뇌 속으로

정보를 받아들이고 판단하는 신경세포

- 공부할 때 받는 자극과 정보들도 마찬가지로 모두 신경세포가 받는 것
- 신경세포가 뇌에 1,000억 개 있음
- 이들은 신경교세포(neuroglia cell, 신경세포의 활동을 도움)와 어우러져 질서정연하게 배열하고 있으며, 시냅스(synapse, 신경세포를 연결하는 구조물)에 의해 서로 연결돼 회로를 이룸
- 뇌에는 500조개 이상의 시냅스가 있음
- 한 가지의 생각은 시냅스 사이를 자유롭게 지나다닐 수 있음
- 따라서 생각이 지나다닐 수 있는 경로는 우주 전체의 원자수보다도 많을지 모름
→ 뇌의 사고 능력이 무한하다는 것을 의미

주사형 현미경으로 본 시냅스.
신경세포와 시냅스가 만나는 것을 볼 수 있다. 보라색 신경섬유가 비스듬히 뻗어 있다. 위쪽으로 노랗게 보이는 것이 표적 신경세포의 표면이다. 이 섬유들은 시냅스를 형성하기 전에 갈라져 부풀어 오른다. 이 끝의 융기부에서 신경전달물질이 방출된다.
일러스트=수전 그린필드, <브레인 스토리>, p. 51

3. 공부하는 뇌 속으로

정보를 받아들이고 판단하는 신경세포

생각 하나하나는 무수히 많은 신경세포로 이루어져 있는데, 이 신경세포들은 뇌 전체에서 서로 도와준다. 어쩌면 일종의 댄스 경연대회 같은 경쟁을 하는 것일지도 모른다! 이건 마치 신경세포들이 박자에 맞춰서 춤을 추는 것 같은데, 그 속도는 1초에 40여 개의 신호를 보낼 만큼 아주 빠른 편이다.
한 개의 생각에 연관된 신경세포의 개수가 많으면 많을수록, 이 생각의 힘은 더 세지고 크기도 더 커진다. 결국 이 생각은 아주 커지고 힘도 세져서 다른 생각이 의식되지 못하도록 밖으로 밀어버리고 결국 자기가 그 자리를 차지하는 것이다.
일러스트=요나탄 린드스트룀, <똑똑한 뇌의 기발한 비밀> p. 47

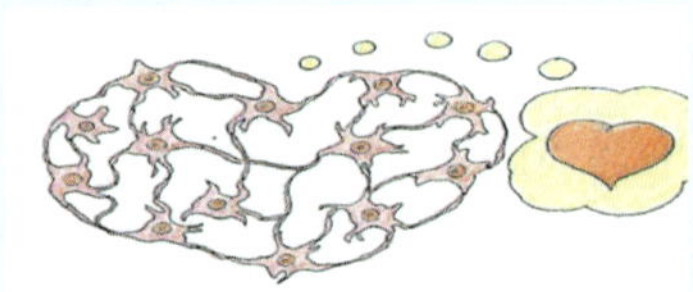

뇌는 신경섬유를 통해 다양한 신호를 보내는데 우리는 그것을 신호가 아니라 '내 생각'인 것처럼 느낀다.
일러스트=요나탄 린드스트룀, <똑똑한 뇌의 기발한 비밀>, p. 9

3. 공부하는 뇌 속으로

정보를 받아들이고 판단하는 신경세포

공부할수록 똑똑해지는 이유

뇌 속 초고속 반도체, 시냅스

시냅스에는 신경전달물질(neurotransmitter)이 나오는 전막과 신경전달물질로부터 신호를 받는 후막이 있다. 이들은 완전히 붙어있지 않고 20나노미터(nm·1nm=10억분의 1m) 정도의 간격을 두고 떨어져 있다. 전막에는 신경전달물질을 담고 있는 주머니(소낭)가 있으며, 이 신경전달물질은 확산에 의해 전막과 후막 사이를 이동하며 화학적 시냅스를 이룬다. 시냅스 후막 표면에 있는 수용체 단백질에 신경전달물질이 결합하면 그 정보가 신경에서 신경으로 전달된다.

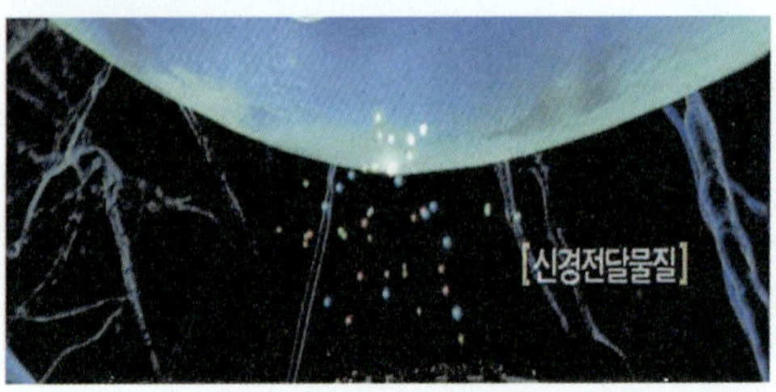

신경전달물질이 나오고 있는 신경세포의 축색. 일러스트=KBS <기억>, p. 42

3. 공부하는 뇌 속으로

정보를 받아들이고 판단하는 신경세포

공부할수록 똑똑해지는 이유

뇌 속 초고속 반도체, 시냅스

이렇듯 신경세포는 시냅스에 의해 서로 연결돼 일종의 네트워크를 이루고 있다. 이런 신경 네트워크는 공부에 의해 강화되며 상황에 따라 달라지는 유연성을 갖고 있다. 끊임없이 노력하고 깊은 생각을 하는 습관을 들이면 신경 네트워크는 더욱 다양하게 연결되고 활성화될 수 있는데 이것이 공부할수록 똑똑해지는 이유다. 총명한 사람의 뇌는 이런 신경 네트워크가 잘 발달돼 있다.

다양한 지식을 배워갈 때마다 뇌 구조도 변한다. 키가 자라고 몸무게가 늘어나는 것처럼 뇌도 부지런히 변신하고 있다. 지금 이 순간에도.

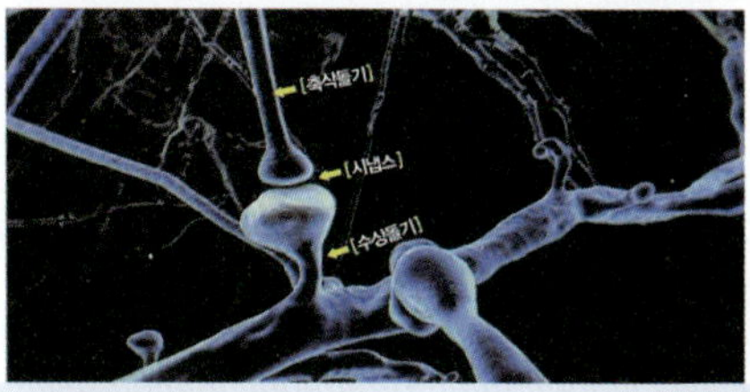

축색돌기 끝과 수상돌기를 연결하는 부위인 시냅스
일러스트=김윤환, KBS <기억>, p. 61

3. 공부하는 뇌 속으로

정보를 생각하고 추리하는 전두엽(frontal lobe)

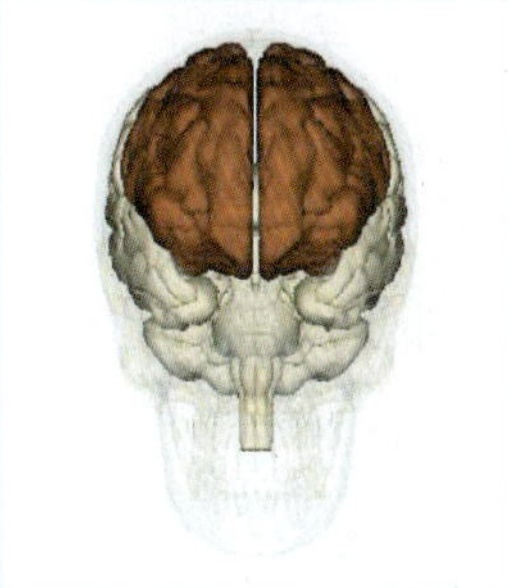

전두엽
https://commons.wikimedia.org/wiki/File:Frontal_lobe

- 복잡하게 연결된 신경세포가 받아들인 정보를 뇌 여러 곳으로 전달하는 첫 종착지는 전두엽. 전달된 정보를 받아들여 생각하거나 추리하는 일을 맡고 있음
- 윌리엄 제임스(William James)는 "취사선택하는 것이야말로 우리 마음이라는 구조물을 만들기 위한 얼개다"고 했는데, 이는 사실 전두엽의 기능을 말한 것
- 전두엽은 '문명의 뇌' '아이디어의 창고'
- 보통 머리 좋고 나쁘다는 말은 이 부위를 염두에 두고 하는 말
- 공부할 때 필요한 주의력과 집중력, 판단력 역시 전두엽이 담당
- 이곳은 뇌의 다른 부위와 가장 많이 연결돼 있는 곳이기도 함. 때문에 행동을 할 때 지식을 조직화하거나 정보를 종합해서 판단하고 문제를 해결하는 고도의 인지 기능을 가능하게 함

3. 공부하는 뇌 속으로

정보를 생각하고 추리하는 전두엽(frontal lobe)

전두엽 계발법

일러스트=최정미

- 평소 신문이나 책을 많이 읽고 생각을 글로 표현해보자.
- 글로 표현한 것을 발표해보자. 전두엽은 들을 때보다 말할 때 더 활성화된다. 발표하는 동안 전두엽에서 끊임없이 단어를 탐색한다. 언어중추에 저장된 단어 중 상황에 맞는 단어를 검색하고 끄집어낸다.
- 토론을 하면서 상호 협력을 통해 문제 해결법을 찾는다. 어떤 문제를 제기하고 스스로 자료를 수집하고 이에 대한 결론을 도출해 발표하고, 그 결과에 대해 다시 자유롭게 문제를 제기하고 토론해 보자.

3. 공부하는 뇌 속으로

글을 읽고 이해하려면 후두엽(occipital lobe)과 언어중추가 필수

우리는 눈을 통해 사물을 본다. 사물의 상이 망막에 맺히면, 시신경 안에 있는 100만여 개의 세포가 그 상을 신경 펄스(pulse) 형태로 받아들여 뇌로 전달한다. 아래 시를 예로 들어보자.

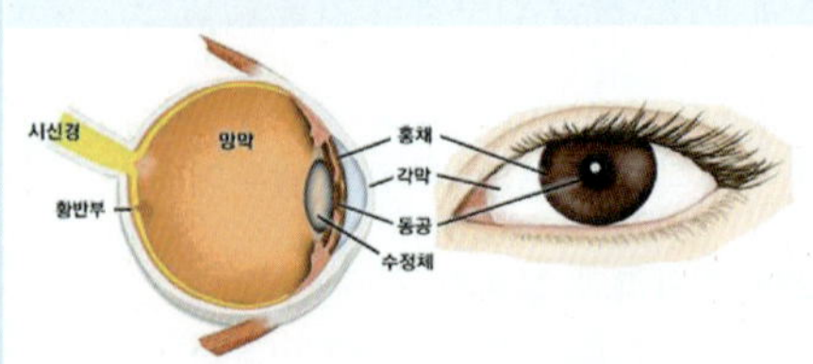

뇌는-하늘보다 넓다-
옆으로 펼치면-그 안에
하늘이 쉽게 들어오고
-그 옆에-당신까지 들어온다-

뇌는 바다보다 깊다-
깊이 담그면-아주 푸르게
그 속에 바다가 흡수된다-
물통 속-스펀지처럼-

뇌는 신의 무게와 똑같다-
둘의 무게를-나란히 달면
혹시 다르다 해도-
음절과 음성의 차이밖에 안 난다-

- 에밀리 디킨슨의 시 '뇌는 하늘보다 넓다'

3. 공부하는 뇌 속으로

글을 읽고 이해하려면 후두엽(occipital lobe)과 언어중추가 필수

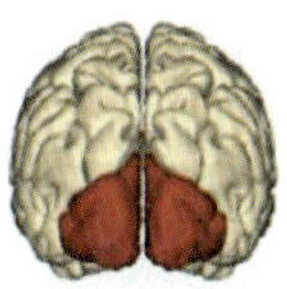

후두엽
commons.wikimedia.org/wiki/Category:Occipital_lobe

이 시를 읽고 이해하기까지의 과정을 보자. 먼저 책에 쓰여진 검은 글자들이 눈을 자극한다. 동공을 거쳐 망막을 향해 계속 들어와 망막세포를 지나고 시신경 회로를 거쳐 시각중추인 후두엽을 향해 달린다. 후두엽을 사용해 이 글자를 본다.

그러나 후두엽은 문맹이라서 글을 해독할 재주는 없어 시각정보를 좌뇌에 있는 언어중추로 보낸다(여기에는 어릴 적부터 배우고 사용해 온 우리말이 고스란히 담겨 있다). 언어중추에서 뇌, 하늘, 바다, 신의 이미지를 끄집어낸다. 또 다른 부위에서 하늘을 담고 바다를 흡수해 그 각각의 것을 뇌 자체와 동일한 크기로 시각화하는 일을 한다. 이런 과정으로 우리는 글을 이해하게 되는 것이다. 후두엽이 시각정보를 언어중추에 보냈고, 그 정보를 받은 언어중추는 재빨리 글을 해독한다.

3. 공부하는 뇌 속으로

글을 읽고 이해하려면 후두엽(occipital lobe)과 언어중추가 필수

Q 언어중추는 어디에 있나?

A 전두엽, 두정엽, 측두엽이 서로 마주치며 이루는 깊은 계곡 주변에 있다. 언어에는 말을 하는 기능(브로카 영역)과 말을 알아듣는 기능(베르니카 영역)이 있다. 전자는 앞쪽에, 후자는 뒤쪽에 있다. 입이 앞쪽에 있고 귀가 뒤쪽에 있는 것과 마찬가지다. 브로카에서는 말을 만들어내고, 베르니카에서는 말이나 문장 전체를 이해하고 처리하는 일을 한다.

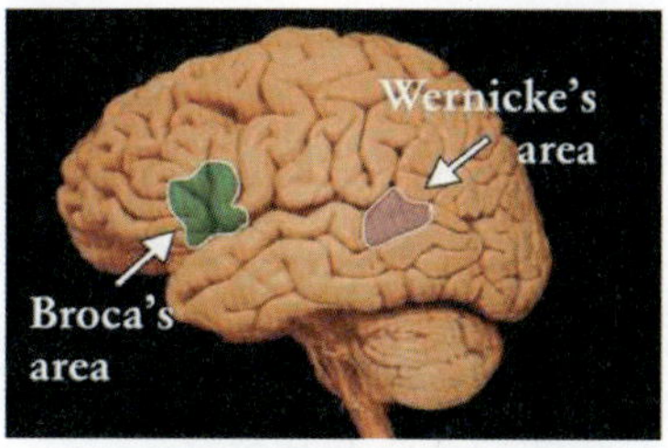

브로카와 베르니카 위치
일러스트=http://www.apologeticspress.org/apcontent.aspx?category=9&article=1351

3. 공부하는 뇌 속으로

글을 읽고 이해하려면 후두엽(occipital lobe)과 언어중추가 필수

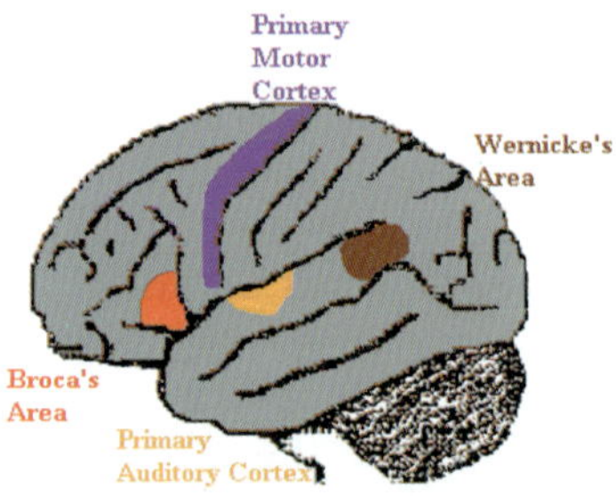

https://faculty.washington.edu/chudler/lang.html

소리를 듣고 말하는 과정

① 베르니카가 귀를 통해 들어온 말의 뜻을 이해한 후 브로카에게 연락한다.

② 브로카는 베르니카로부터 받은 정보를 처리해 적절한 말을 발음하기 위해 입·혀·구개·인두 등의 운동중추에 지시한다.

말을 하는 것은 그 언어가 기억된 뇌의 장소와 입·혀·구개·인두를 움직이는 운동중추 사이의 적절한 정보 교환을 필요로 한다. 운동중추와 언어중추 이외에 감정과 사고의 여러 회로가 밀접하게 연결되어야 언어구사가 가능하다.

3. 공부하는 뇌 속으로

계산을 하고 도형을 이해하는 (두정엽)

https://quietdementia.files.wordpress.com/2015/02/parietal-lobe.jpg

두정엽은 계산을 하고 공간을 이해하는 일을 한다(계산은 왼쪽 두정엽, 공간 인식은 오른쪽 두정엽에서 관장한다). 수학책에 나오는 직각삼각형, 원기둥, 직육면체 등을 이해하는 데 쓰이는 부분이다. 길을 찾아가거나 그림을 그리고 퍼즐을 맞출 때도 이 부분이 많이 사용된다.

두정엽은 머리 꼭대기에 해당된다. 두정엽 앞에는 전두엽, 뒤에는 후두엽 그리고 아래쪽에는 측두엽이 붙어 있다. 두정엽의 가장 앞쪽에는 감각중추가 있어 외부에서 전해지는 감각을 받아들인다. 두정엽은 이런 지리적 이점을 이용해서 여러 부위의 대뇌피질에서 전해지는 정보를 '연합(association)'하는 일도 한다.

Q '연합한다'는 것이 어떤 의미인가?

A '이미 있는 것에 새로운 것을 덧붙인다'는 뜻이다. 연합 영역은 고도의 정신적 활동을 하는 부분으로 기억, 사고, 상상 같은 활동에도 관여한다. 특히 39번 영역이라 불리는 하두정령은 아인슈타인의 뇌에서 커진 부위이기도 하다. 이곳은 진화적으로는 가장 늦게 발달한 부분으로 원숭이에게는 거의 없다. 침팬지 같은 고등영장류에게도 거의 없으며, 인간 단계에서야 비로소 발달한 영역이다. 즉 진화적으로 가장 새로운 부분이다.

3. 공부하는 뇌 속으로

계산을 하고 도형을 이해하는 두정엽(parietal lobe)

39번 영역은 '각회(angular gyrus)'라 부르는 곳으로 '연합령의 연합령'이라 한다. 감각기관의 직접적인 입력 없이 오로지 여러 연합령에서 오는 입력들이 모여 통합되기 때문이다. 즉 이곳은 서로 다른 종류의 뇌기능이 통합되는 곳이기도 하다.

Q 예를 들면?

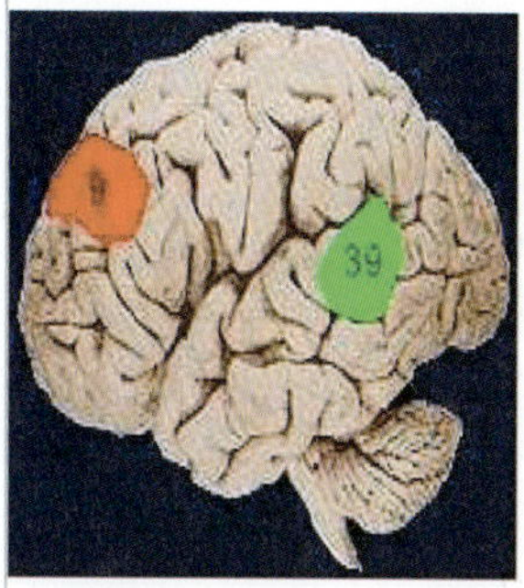

A 시각령이 먼저 직접 감각입력정보(1차 정보)를 소재로 하여 보다 고차원의 정보(2차 정보)를 만든다. 연합령은 그 상부구조로서 더욱 고차원의 정보(3차 정보)를 만든다. 연합령의 연합령(39번 영역)은 또 그 위에 있는 상부구조이므로 3차 정보를 소재로 4차 정보를 만들어낸다.

예) 1차 정보-단순한 알파벳, 2차 정보-단어,
3차 정보- 구문, 4차 정보-복수의 구문을 복잡하게 이용한 논리 전개

39번 영역은 미묘한 3차원 구조를 이루고 있다. 여기는 늦게 발달한 부분이지만 다른 피질부분과 균형을 잡기 힘들 정도로 커져버려서 그 전에 먼저 만들어져 있던 뇌의 다른 부분과 잘 접합할 수 없게 되었고, 주변의 다른 구조를 앞뒤로 밀어내면서 뇌 구조가 완성됐기 때문이다.

3. 공부하는 뇌 속으로

총요약

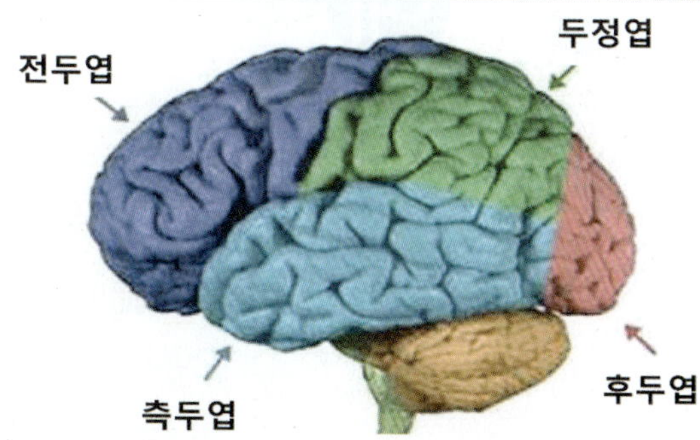

일러스트-조선일보

신경세포가 받아들인 정보는 먼저 전두엽으로 전달되는데 이 부위는 전달받은 정보를 생각하거나 추리하는 일을 한다. 후두엽과 언어중추는 글을 읽고 이해하는 일을 한다. 두정엽은 계산을 하고 도형을 이해하는 일을 한다. 두정엽 앞에는 전두엽, 뒤에는 후두엽 그리고 아래쪽에는 측두엽이 있다. 두정엽의 가장 앞에는 감각중추가 있어 외부에서 전해지는 감각을 받아들인다. 두정엽은 이런 지리적 이점을 이용해 여러 부위의 대뇌피질에서 전해지는 정보를 연합하는 일도 한다.

참고문헌 및 사이트

- 류영주, 성공적인 대학생활 1권, 대구가톨릭대학출판부

차시예고

다음 시간에는
2차시 즐겁게 공부할 수 있는
뇌과학적 방법(2)를
학습하도록 하겠습니다.

재미있는 뇌이야기

10주 2차시 즐겁게 공부할 수 있는 뇌과학적 방법(2)

학습목표

1. 뇌과학에 기반한 효율적인 학습법을 파악할 수 있다.

학습내용

1. 즐겁게 공부할 수 있는 뇌과학적 방법
2. 고졸 행시 합격자 김종영이 건네는 공부Tip

1. 즐겁게 공부할 수 있는 뇌과학적 방법

Q IQ가 높으면 당연히 공부를 잘하지 않을까?

A 그렇지 않다. 공부는 IQ가 아닌 공부습관이나 학습 동기로 달라지기 때문에 노력하는 학생이 공부를 더 잘할 수 있다. 지능이 높다는 것은 신경회로가 얼마나 빠르고 효율적으로 작동하는지에 따라 결정되는 것일 뿐, 공부를 잘하기 위해 필요한 집중력과 끈기 등은 지능과 무관하다. 학업 성적은 지능보다 공부습관과 관련이 있다.

Q '마음이 강한 사람이 공부에 성공한다'는 말도 있던데.

A 그렇다. 공부는 '머리'가 아닌 '마음'으로 할 때 진정한 성과를 낼 수 있다. 각종 지식과 정보를 뇌에 입력하고, 그것을 정리하는 과정이 공부인 것은 맞다. 하지만 공부를 하는 데 중요한 것은 머리보다 '마음'이라고 생각한다. 공부에 성공하는 사람은 지식이 많은 사람이 아니라 마음이 강한 사람이다. 아무리 굳은 의지를 품고 공부를 시작해도 어렵고 힘든 문제와 씨름하다 보면 애초 작정한 마음이 쉽게 꺾이게 마련이다. 그런 순간에 필요한 것은 똑똑한 머리나 더 많은 지식이 아니라 하고자 하는 마음, 다시금 해보려고 하는 의지가 아닐까.

'고졸 행시 합격자'
김종영의 숙명적인
운명 극복이야기

끊임없이 마음에 불을 지필 줄 아는 사람이 더 오래, 더 잘 공부할 수 있다.

"자신의 IQ를 지나치게 믿고 노력을 게을리 하면 실패할 확률이 높다. 쓸데없는 열등의식에 휩싸여 자신감을 상실한 채 소극적으로 공부하는 것도 문제다.
시험은 인간이 출제하고 인간이 치르는 것. 거기엔 불가항력, 불가능은 없다. 노력을 전제한 보통의 지능만 갖고 있다면 반드시 해낼 수 있다." - 김종영/고졸 행시 합격자

Q. '공부가 가장 쉬웠다'라는 제목의 어느 합격기가 있다. 과연 공부는 쉬운 것인가?
A. 세상 모든 일이 만만치 않듯 공부도 그렇게 호락호락한 건 아니다. 공부는 결코 쉽지 않다. 물론 그 수기를 쓴 이도 단순히 공부가 쉽다고 한 건 아닐 것이다. 그렇게 말한 데는 그 나름의 이유가 있겠지만, 공부가 어렵다는 것은 단지 공부 내용이 어렵다는 것뿐만 아니다.

일러스트
=backin79.tistory.com

Q. 그러면?
A. 공부 내용은 오히려 쉽다고 할 수 있다. 진정 어려운 것은 끊임없는 유혹을 이기고, 오랜 시간 인내하며 공부한다는 것이다. 인간이기에 때론 술도 마시고 싶고, 데이트도 즐기고 싶고, 영화도 보고 싶고, 당구도 치고 싶고, 겨울이면 스키장에도 가고 싶다. 바로 이런 ***유혹으로부터 자신을 컨트롤하고 우직하게 책상에 앉아 공부하는 것이 어려운 것이다.***

자신과의 싸움
우리는 흔히 무슨 시험이든 경쟁률부터 생각한다. 시험뿐만 아니라 세상사 모든 일을 남과의 경쟁이라고 생각한다. 그러나 세상사는 반드시 그런 속성만 가진 것은 아니다. 다시 말해 상호 협조로 둘 다 잘 될 수 있는 길도 있고, 협조해도 둘 다 망할 수 있는 경우도 있다. 윈윈(WIN-WIN)게임이 적용된다는 말이다.
삶에 있어 무엇이 되고 안되고, 합격/불합격은 남과의 경쟁이기 전에 자신과의 싸움이라 할 수 있다. 자신과의 싸움에서 이기지 못한다면 그 사람은 경쟁의 장에 나갈 필요도 없이 이미 탈락한 것이나 마찬가지다.

일러스트=www.cinecine.co.kr

Q. 하지만 자신과의 싸움에서 승리한다는 것은 쉽지 않다. 특히 감정 조절이 그러하다. 많은 이들이 감정 컨트롤이 힘들어 술에 의지해 괴로움을 달래려 하고 공부가 따분하고 지루하게 느껴져 당구장, 비디오 방, 오락실을 전전하며 시간을 보낸다.
A. 무엇이 되고자 하거든 자신의 감정을 억제하고 사소한 것에 대한 미련을 버리고, 끊임없이 다가오는 유혹의 손길을 뿌리칠 줄 아는 용기와 지혜가 필요하다. 대가없이 이루어지는 것은 없다. 무언가를 성취한 사람들은 뛰어난 자질이나 선천적 여건 때문에 성공한 것처럼 보인다. 하지만 그 뒷면을 보면, 그들이 자기와의 투쟁에서 이겼다는 것, 즉 극기가 있었다는 중요한 사실은 간과하기 쉽다.

'고졸 행시 합격자'
김종영의 숙명적인
운명 극복이야기

"돈도 없었다, 여자도 떠났다, 기초도 없었다, 고교내신 7등급, 초등학교 IQ 93, 그래도 꿈을 포기할 수 없었다."
김종영은 공고 졸업 후 부산에서 7년 동안 직장생활을 하다가 어느날 문득 거울 앞에 비추어진 자신의 초라한 모습이 싫어서 직장생활을 접어두고, 어릴 적 외교관의 꿈을 찾고자 공부를 시작하여 결국 35세의 나이에 꿈을 실현했다.

뜻이 있는 곳에 길이 있었다
막노동해서 번 돈이라야 몇 달 생활하면 바닥 날텐데... 무슨 수가 없을까? 아는 분이 공사현장 야간경비를 권했다. 봉급은 얼마 안되지만 공부하긴 괜찮다는 것. 귀가 솔깃해져 지원했다. 홍대입구 지하철 근처 대아건설 현장이었다. 그러면서 시작된 나의 고시생활 2기. 저녁 6시에 출근해 새벽 6시에 퇴근했다. 저녁 6시 출근하면 8시까지는 퇴근하는 사람들 체크하느라 책을 볼 수 없었다.

일러스트=skhynix.tistory.com

라디오를 들으며 휴식을 취하는 기분으로 있다가 직원들이 퇴근하고 나면 밤의 고요와 함께 책을 펼쳤다.
밤중 세 번 순찰 도는 것을 제외하고는 계속 공부를 했다. 순찰은 공부에 집중한 머리를 쉬게 하는 기분전환이라 여겼다. 그렇게 새벽 5시까지 공부를 하고 5시부터는 청소를 하고 퇴근준비를 했다. 6시에 퇴근해 집에 와 아침식사를 하고 8시부터 오후 4시까지 잠을 잤다. 다시 일어나 식사를 하고 출근을 했다. "나는 왜 이렇게 살아가야만 하는가?" 신세한탄도 했었다.

switch6551.tistory.com

"목표를 토익 850점에 두었다. 그러나 어느 정도 영어에 자신이 붙고 학습능률도 오를 쯤 학원을 그만둬야 했다. 과도하게 늘어난 회사업무로 도저히 시간을 낼 수 없었다. 일하는 중간중간 짬을 내서 영어책을 펴기라도 하면 직장상사들은 곱지 않은 눈초리로 보았고, 동료들도 기름밥 먹는 주제에 무슨 공부냐는 시선으로 쳐다보았다.

하지만 나는 포기하지 않았다. 포기하지 않은 게 아니라 오히려 미쳤다는 표현이 맞겠다. 식사할 때, 버스에서, 심지어 화장실 가면서도 귀엔 이어폰을 끼고 갔다. 영어회화 테잎을 질리도록 들었다. 귀가 몹시 아프기도 했지만 재미가 붙기 시작한 공부를 그만두고 싶지 않았다. 덕분에 실력이 늘어갔지만 귀에 이상한 느낌이 들기 시작했다. 가는귀가 먹은 것이다. 그럼에도 나는 포기하지 않았고 하루하루를 스스로에게 채찍질을 하듯 공부에 매진했다. 그 과정에서 무한한 행복감을 맛보기도 했다.

그동안 모은 5백 만원을 들고 서울로 향했다. 1988년 서울 올림픽의 들뜬 분위기 속이었지만 나는 이방인이었다. 하지만 이방인이라고 낯선 환경에 그저 머무를 수만은 없었다. 영어학원에 등록해 공부에 매달렸다. 각종 서비스 강좌를 모조리 듣고, 외국인 친구를 사귀어 고궁으로 남산으로 이태원으로 쏘다니며 회화를 익혔다. 이듬해 치른 토익에서 890점을 받았다."

http://thankyouacademy.com/wp-content/uploads/2015/05/lo.jpg

인생의 무게가 느껴질 때

청년 시절에 아무런 희망 없이 방황할 때가 있었다. 뼈에 사무치는 외로움이 나를 짓누르는 것 같았다. 그때 나는 푸쉬킨의 '삶'을 읊으며 외로움을 달랬다.

"생활이 그대를 속일지라도 슬퍼하거나 노여워하지 마라.
설움의 날 참고 견디면 머지않아 기쁨이 오리니.
현재는 언제나 슬픈 것, 마음은 미래에 살고
모든 것은 덧없이 지나가고 지나고 나면 그리워지나니."

그밖에 롱 펠루우의 '인생예찬', 베르디의 오페라 '아이다'에 나오는 개선행진곡, 쥬페의 서곡 '경기병'을 들으며 마음을 달랬다.

가난보다 무서운 것

"어느 대학 나왔어요?"

"가정형편상 대학 진학이 어려웠어요. 우리집은 가난했습니다."

나는 늘 이렇게 말했다. 그러나 이것은 변명이라는 것을 안다. 철들고 과거를 후회하며 생각해보니 그것은 가난이 아니라, 잘 살아보겠다는 의지와 변화를 갈망하는 도전정신이 없었기 때문이었다.

가난보다 무서운 것은 패배주의와 도전정신의 부재, 그리고 의지박약이다. 어떤 일을 함에 있어 빈부는 둘째 문제다. 반드시 그것을 하고자 하는 의지, 즉 정신자세가 중요한 요소라는 것이다.

진정한 용기란

"또 떨어지면 어떻게 하겠어요?"

"실패에 대한 두려움은 없었나요?"

솔직히 낙방하여 인생이 비참해질 위험이 있다는 것을 알고 있었다. 그것이 두렵기도 했다. 그러나 두려움 때문에 현실에 안주했다면 오늘의 나는 없었을 것이다.

두렵지만 과감히 도전하여 혼신의 힘을 다해보는 것이 진정한 용기가 아닐까. "그래, 나도 한 번 해보는 거야."

http://www.daca.uk.com/Websites/darwenacademy/images/Students/TheChallenge/ChallengeLogo-angled-full-JPEG.jpg

1. 즐겁게 공부할 수 있는 뇌과학적 방법

공부를 잘하느냐 못하느냐의 결정적 차이는 뇌가 어떤 상태에 있느냐가 가장 큰 관건이다.

단순히 타고난 영재성이나 환경에 의한 것이 아닌 것이다. 공부를 잘하고 못하느냐는 뇌를 얼마나 잘 활용하고 있는지에 따라 결정된다.

1. 즐겁게 공부할 수 있는 뇌과학적 방법

무조건 열심히는 NO!

클린트 이스트우드 감독의 영화 '밀리언 달러 베이비(Million Dollar Baby)'에는 아마추어 복서(매기)가 트레이너(프랭키)로부터 본격적인 트레이닝을 받는 장면이 나온다.

쭉 지켜봐 왔는데, 넌 발을 안 움직여. 그냥 서 있어. 체중을 싣고 움직이는 것부터 배워. 여기, 보라구. 무릎 굽혀봐. 조금만. 상대를 치려면 자세는 잡아야지. 펀치는 힘이 아니라 정확도가 우선이야. 날 봐. 카운트를 하면서 이걸 정확히 치는 거야. 그리곤 오른발을 움직여. 거긴 체중을 싣고, 다음엔 손등으로 송곳 찌르듯. 그리곤 다시 체중 이동, 오른손으로 또 송곳 찌르듯. 다음엔 오른손으로. 내 발만 보라구. 이렇게 해야지, 해 봐.

- 영화 속 트레이너 프랭키의 대사

매기(오른쪽)를 조련하는 노련한 트레이너 프랭키(왼쪽)

과학적인 트레이닝과 매기의 열정으로 매기는 시합마다 KO승의 행진을 이어간다. '펀치는 힘이 아니라 정확도가 우선이다.' 공부도 마찬가지다. 정확한 공부법이 중요하다. 정확한 학습법과 효과적인 학습훈련 과정이 필요하다는 것이다.

1. 즐겁게 공부할 수 있는 뇌과학적 방법

숲(전체 그림)을 먼저 보고 나무(세부 사항)를 이해하자

A 공부의 기본기는 '생각', 더 정확히 말하면 사고력이다.

Q 사고력을 배울 수 있나?

A 물론이다. 지능을 바꾸기는 어렵지만, 사고력은 훈련을 통해 충분히 높일 수 있다. 공부를 잘하는 사람들의 생각 기술을 배우면 된다.

일러스트
=http://thebrainbucheon.tistory.com/78

"마차를 더 잘 만들려는 것보다 마차 안에서 자동차를 구상하는 것이 더 중요하다. 생각이 열심을 따돌린다. 무지개를 깊이 알려면 눈을 감고 생각해야 한다. 새로운 가치 창조는 활동에 있지 않고 생각에 있다. 생각이 길을 낸다."

– 소셜 CEO 처치 중

1. 즐겁게 공부할 수 있는 뇌과학적 방법

숲(전체 그림)을 먼저 보고 나무(세부 사항)를 이해하자

Q 한시가 급하니 빨리 가르쳐 달라.

A 잠깐! 그 전에 해야 할 것이 있다. 공부 잘하는 사람들의 눈 움직임을 분석해 보는 것이다.

Q 생뚱맞게 '눈 움직임'이라니?

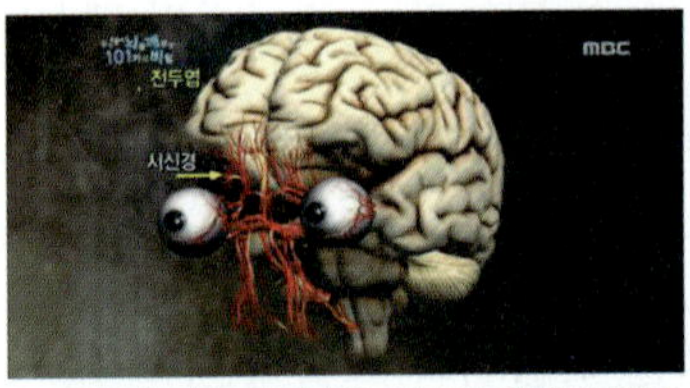

눈 안쪽에 있는 시신경은 대뇌와 연결돼 있다.
일러스트=m.imbc.com

A
눈을 관찰하면 뇌 속에서 일어나고 있는 현상에 대해 알 수 있다. 눈은 뇌의 일부분으로서 전체 뇌 중에서 외계에 노출돼 있는 유일한 부분이기 때문이다. 우리가 타인과 이야기할 때 그 사람의 눈을 바라보면서 말을 하며 때로는 그의 눈동자를 보고 그 사람의 마음이 돌아가는 것을 눈치 챌 수도 있다. 그 사람의 눈이 그 사람의 생각을 어렴풋이 전해 주기 때문이다.

1. 즐겁게 공부할 수 있는 뇌과학적 방법

숲(전체 그림)을 먼저 보고 나무(세부 사항)를 이해하자

눈 움직임(시선)은 뇌 작용

공부(일) 잘하는 사람과 보통인 사람의 시선 움직임에는 차이가 있다. 다음 실험을 보자. 일 잘하는 사람들을 A그룹, 보통인 사람들을 B그룹으로 나눠 시선 움직임을 관찰했다(브레인앤리서치팀 실험).

그 결과, A그룹은 글 전체 구조를 파악한 뒤 세부사항을 살펴봤다. A그룹은 글의 제목과 요약 부분을 우선 파악한 뒤 본문을 읽었다. 반면 B그룹은 제목이나 요약을 건너뛰고 바로 내용으로 들어갔다.

1. 즐겁게 공부할 수 있는 뇌과학적 방법

숲(전체 그림)을 먼저 보고 나무(세부 사항)를 이해하자

시선의 순서와 비중

A그룹은 중요한 정보와 표, 그래프 등을 먼저 살펴봤다. 표나 그래프를 읽는 데 할애하는 시간도 많았다. B그룹은 단순히 처음부터 끝까지 읽어봤다. 그들의 시선은 어려운 단어나 문장에 머무르는 경우가 많았고, 글을 읽다 다시 처음으로 돌아가는 빈도도 높았다.

이런 결과는 학생을 대상으로 한 실험에서도 그대로 나타났다. 공부 잘하는 학생들은 먼저 영어 시험의 지문을 전체적으로 읽고, 그 과정에서 숫자나 지명 같은 구체적 정보의 위치는 대략적으로만 파악했다. 그러고는 문제에서 요구하는 정보를 찾았다.

하지만 공부를 잘 못하는 학생들은 지문 중에서 '국소적인 단어'나 자기가 아는 단어에만 집중을 했다. 세부적인 것에 빠져 전체 스토리와 핵심을 잘 잡아내지 못하는 것이다.

1. 즐겁게 공부할 수 있는 뇌과학적 방법

숲(전체 그림)을 먼저 보고 나무(세부 사항)를 이해하자

시선의 순서와 비중

Q 이 실험은 생각의 기술 중 하나를 알려 준다.

A 그렇다. 이 실험은 효과적인 생각의 기술 중 중요한 부분을 알려 준다. 바로 뇌가 숲(전체 그림)을 먼저 보고 나무(세부 사항)를 이해하는 방식으로 작동한다는 것이다. 그러니 숲을 보는 시선을 통해 정보를 선별, 정리하고 효율적으로 해석하자.

이런 능력을 지니기 위해서는 전체를 먼저 파악하고, 사고를 구조화하려는 지속적인 노력이 필요하다.

1. 즐겁게 공부할 수 있는 뇌과학적 방법

사색과 토론을 통한 문제 해결 방식

많이 읽기를 탐하고 빨리 읽고자 해서는 안되며, 푹 익기를 기다려야 한다. 공부는 푹 익는 데서 나오는 것이다.

- 주자

학문하는 사람은 도리를 깨달아야 하나니, 침잠하여 깊이 사색해야 한다.

- 주자

인간은 반추동물이다. 그러므로 우리는 그저 많은 책을 머리에 채워 넣는 것만으로는 충분하지 않다. 우리가 삼킨 것을 잘 새김질하여 소화시키지 않는다면 책은 우리에게 아무런 힘과 자양도 주지 않을 것이다.

- 톨스토이

1. 즐겁게 공부할 수 있는 뇌과학적 방법

사색과 토론을 통한 문제 해결 방식

A 그저 많은 책을 머리에 채워 넣는 것만으로는 충분치 않다. 읽은 것을 정밀하게 오랫동안 생각하다 보면 스스로 보이는 것이 있을 것이다.

Q 사색과 토론을 통해 문제를 해결하는 방식의 교육은 뇌 계발에도 도움이 된다.

A 그렇다. 사색과 토론, 판단, 상호 협력을 통한 문제 해결 방식은 전두엽을 발달시키는 좋은 방법이다. 실제로 선진국일수록 학생들에게 전두엽을 훈련시키는 교육을 한다. 어떤 문제를 제기하고 스스로 자료를 수집하고 이에 대한 결론을 도출해서 발표하고, 그 결과에 대해 다시 자유롭게 문제 제기하고 토론한다. 우리나라의 암기식 교육이나 수능 시험 공부는 전두엽 훈련과는 거리가 멀다.

1. 즐겁게 공부할 수 있는 뇌과학적 방법

사색과 토론을 통한 문제 해결 방식

기억하는 것은 측두엽 안쪽을 중심으로 기억에 관여하는 회로의 복잡한 작용에 의해서다. 학생들이 여러 과목을 열심히 암기한다는 것은 뇌의 이 부분을 훈련하는 것이다. 물론 외우는 훈련도 중요하다. 그렇지만 외우는 훈련 때문에 전두엽의 훈련을 제대로 못하는 것이 문제다.

그 결과 아이들은 교과서처럼 재미없는 사람이 되어 줄지어 교문을 나선다. 이처럼 우리나라 사람들은 하등 뇌 기능만을 교육받고 있으니 고등 대뇌 기능을 발달시키는 선진국 사람들에게 계속 끌려 다닐 수밖에 없는 것이다. 의사로서 부끄러운 얘기지만 지금 우리나라 병원에서 사용하고 있는 약의 99%는 국산이 아니다. 바로 이것이 창조하지 못한 자의 슬픔이다. 지금 세계는 미국, 유럽 등 전두엽 역할을 하는 몇몇 나라에 수많은 하등 뇌의 구실을 하는 나라들이 끌려가는 형국이다.

- 김종성/신경과의사

어떤 문제를 제기한 후 이를 스스로, 적극적으로 그리고 창의적으로 판단하여 해결하도록 하는 훈련을 쌓자.

1. 즐겁게 공부할 수 있는 뇌과학적 방법

생각해보기

1. 자기성찰 능력(메타인지)과 공부의 관계
2. 메타인지와 전전두엽의 관계
   (메타인지 능력이 높은 사람이 전전두엽 회백질이 더 많았음)
3. 메타인지가 IQ보다 성적을 더 잘 예측하는 변수일까?

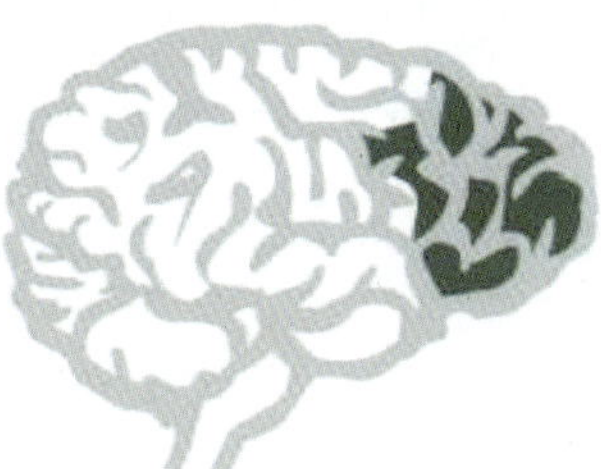

전전두엽 회백질이 많을수록 메타인지 기능이 높다는 사실이 미국 뉴욕대 신경과학과 플레밍 교수의 연구에 의해 밝혀졌다. 일러스트 =http://murooju.tistory.com/49

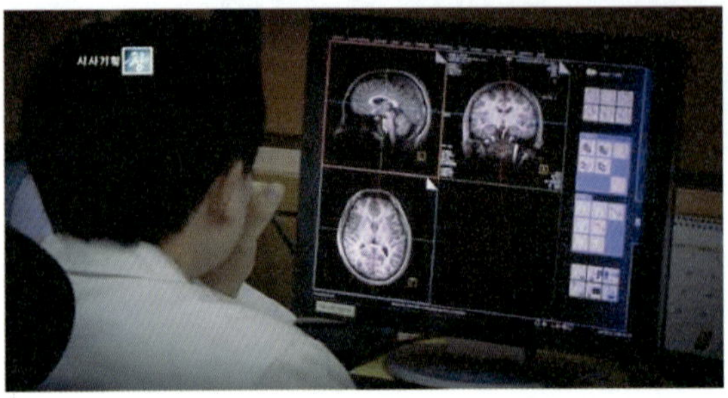

네덜란드 라이덴대 마르셀 베엔만 교수는 IQ가 성적을 25% 정도 결정하는 반면, 메타 인지가 40% 정도 결정한다고 분석했다.

메타인지 전공자인 컬럼비아대 심리학과 리사 손 교수와 아주대 심리학과팀과 함께 인천 하늘고 1학년 학생들을 대상으로 공부법을 비교실험했다. 학생들에게 단어쌍을 읽고 외우게 한 뒤 한 번은 다시 읽기(재학습)를 하고, 다른 한 번은 퀴즈를 풀 듯 셀프 테스트(자가 시험)를 보게 했다. 이와 함께 자신의 예상점수를 적어내게 했다. 실험 결과 학생들의 예상점수는 재학습의 경우가 높았지만, 실제 점수는 셀프 테스트가 10점이나 높았다. 셀프 테스트는 자신이 아는지 모르는지를 확인하는 메타 인지 과정을 거치기 때문에 이것만으로 성적 상승효과가 있었던 것이다.
메타 인지는 자기 공부를 바라보는 자기평가와 스스로 학습전략을 만들어내고 실행에 옮기는 자기조절로 나뉜다. 취재진이 하늘고 전교 1등 강수완군의 학습과정을 촬영한 결과 메타 인지의 요소들을 발견할 수 있었다. 김경일 아주대 교수는 "자기주도 학습의 상당 부분을 메타 인지가 결정한다"고 강조했다. 자기 공부를 자기가 바라보고 거기서 문제점을 찾아내고, 그 문제점을 보완할 전략을 스스로 찾아내는 메타 인지가 자기주도 학습의 핵심이라는 것이다.

1. 즐겁게 공부할 수 있는 뇌과학적 방법

드라마 보듯 이해하며 공부하자!

A 물론 뛰어난 기억력은 공부를 잘하고 싶은 우리에게 꼭 필요한 기술이다. 기억력이 좋으면 공부는 더 쉽고 편해지니까. 창의력과 상상력이 우대받는 요즘에도 여전히 기억력이 가지는 가치는 외면할 수 없다.

Q 그런데 기억하려고만 하면 너무 힘들다. 공부한 내용이 시험 볼 때까지 지속된다면 얼마나 좋을까?

A 무조건 외우려고만 하지 말고 차근차근 이해하면서 공부해보라. 오래 전 큰 인기를 끌었던 드라마 '대장금'을 떠올려보자. 드라마를 빠트리지 않고 시청했다면 어렵지 않게 드라마 내용 대부분을 기억해낼 수 있을 것이다.

Q 나는 드라마에서 장금이 했던 대사까지 정확히 기억하고 있다.

A 이렇듯 한 번 본 드라마의 내용은 선명하게 떠오른다. 하지만 시간을 들여 공부한 내용은 기억하지 못한다. 왜냐하면 내용을 이해하지 않고 무조건 외우려고만 했기 때문이다. 너는 '대장금'을 대사까지 모두 외우겠다는 생각으로 봤나?

1. 즐겁게 공부할 수 있는 뇌과학적 방법

드라마 보듯 이해하며 공부하자!

Q 물론 아니다. 사건의 전개를 차례대로 파악하며 봤다. 폐비 윤씨의 폐위 사건 당시 주인공 장금이 궁중 암투에 휘말려 부모를 잃고 수라간 궁녀로서 궁궐에 들어가 중종의 주치의인 최초 어의녀(御醫女)가 되기까지의 과정을 지켜봤다. 그 과정에서 장금의 성공과 사랑을 볼 수 있었다. 장금 외에도 주요 등장인물(최금영, 민정호, 한상궁, 최상궁) 역에 감정을 이입하면서 드라마 속에 빠져들어 봤다.

일러스트=www.instiz.net500

A 그랬기 때문에 드라마에 등장하는 수많은 배우들의 이름과 줄거리를 모두 기억할 수 있다. 핵심 내용(인물·사건·배경)을 기억하니 조금만 신경 쓰면 세부 사항이나 대사까지도 어렵지 않게 떠오른다. 공부도 그렇다. 드라마를 보듯 인물·사건·배경을 이해하면서 해보라.

1. 즐겁게 공부할 수 있는 뇌과학적 방법

드라마 보듯 이해하며 공부하자!

무턱대고 외우는 공부는 오래 가지 못한다. 차근차근 이해하면서 공부하라. 이해하는 데에는 단순히 외울 때보다 더 많은 뇌 신경회로가 함께 일한다. 이 과정에서 신경회로는 더욱 두꺼워지고 그 연결망은 복잡해진다. 그래서 이해를 해서 공부한 내용은 장기기억으로 남게 된다.

A 배운 내용을 요약하는 것도 좋다. 요약하는 것은 전체 지식을 깊이 이해하는 데 도움을 준다. 지식을 요약하기 위해서는 많은 지식이 저장된 신경세포가 서로 교신을 통해 비교하게 된다. 이 비교를 통해 더 중요한 지식이 선택되고, 뇌 신경세포는 더욱더 활성화되고 발전한다. 이밖에 아는 것이 많으면 기억도 잘 된다. 뇌는 새로운 정보가 들어오면 이미 뇌 속에 들어 있는 기억과 연결해 저장하기 때문이다.

Q 그래서 책을 많이 읽는 사람들이 기억도 잘 하나보다.

1. 즐겁게 공부할 수 있는 뇌과학적 방법

책읽기는 뇌가 먹는 비타민

- 독서 통해 뇌세포 회로 새로 만들고 강화
- "지금의 나를 만든 것은 하버드대 졸업장도 아니고 미국이라는 나라도 아니고 내 어머니도 아니다. 내가 살던 마을의 작은 도서관이었다." - 빌 게이츠
- 세상에는 두 부류의 사람들이 있다. 책 읽는 사람들과 책 읽은 사람들이 하는 이야기를 듣는 사람들.

시인 보르헤스

천국은 마치 도서관 처럼 생겼을 것이다.

1. 즐겁게 공부할 수 있는 뇌과학적 방법

소설 한 권이 인생을 바꾼다

과학자들은 소설 한 권이 실제로 인생을 바꿀 수 있음을 입증한 논문을 잇따라 발표했다. 소설에 나오는 주인공을 자신과 동일시하면 뇌 신경회로가 바뀐다는 것이다.
미국 번스 박사는 학술지 '뇌 연결성(Brain Connectivity)'에 "소설을 읽으면 뇌의 특정 부위에 변화가 나타나며, 이러한 변화는 소설을 읽고 난 후에도 최소한 며칠간 계속된다"는 연구결과를 발표했다.
대학생 12명을 대상으로 19일에 걸쳐 진행한 실험이다. 첫 5일 동안은 매일 아침 머리가 쉬는 상태에서 fMRI로 이들의 뇌를 촬영했다(뇌 어떤 곳이 작동하기 시작하면 그쪽으로 피가 몰린다. fMRI는 그 부위를 마치 불이 켜지듯 영상에서 환하게 나타낸다).

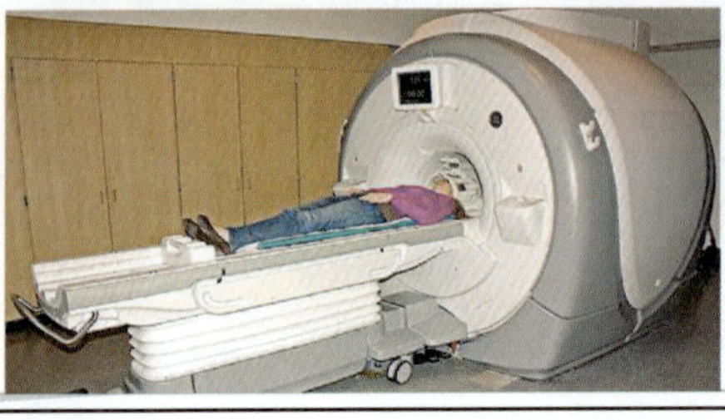

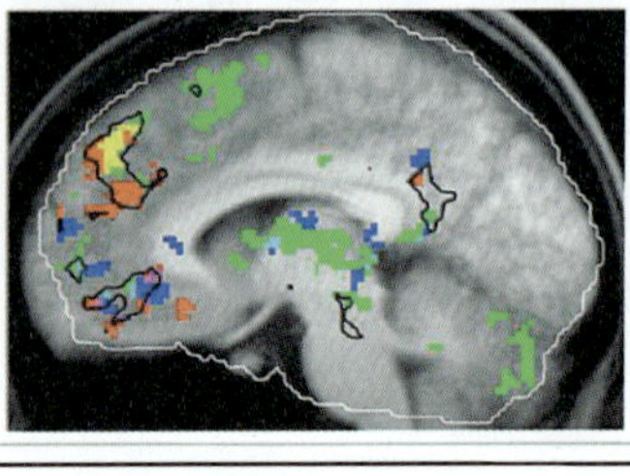

1. 즐겁게 공부할 수 있는 뇌과학적 방법

방식

다음 9일 동안은 고대 이탈리아의 베수비우스 화산 폭발 이야기를 그린 로버트 해리스의 스릴러 소설 <폼페이>를 매일 저녁 30페이지씩 읽게 하고 그다음날 아침 역시 뇌 fMRI를 시행했다.

소설 읽기가 끝난 뒤에도 5일 동안 매일 아침 fMRI로 뇌를 살펴봤다.
그 결과 소설을 읽은 다음날 아침엔 언어의 감수성을 관장하는 뇌부위인 좌측두엽(left temporal cortex)의 신경회로가 활성화되었다.

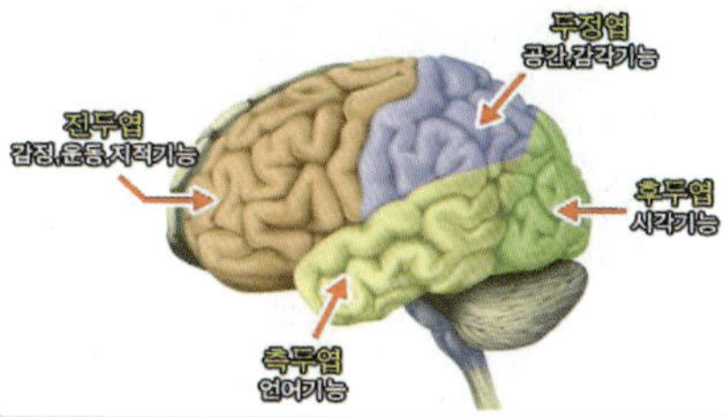

1. 즐겁게 공부할 수 있는 뇌과학적 방법

번스 박사는 실제로 소설을 읽고있지 않는데도 소설을 읽고 있을 때처럼 이 부위가 활성화되는 것은 근육기억과 비슷한 '그림자 활동'(shadow activity)이라고 설명했다. 마치 자전거를 한번 배우면 한참 지나도 근육이 자전거를 타는 동작을 기억하는 것과 같은 효과.

이와 함께 뇌의 1차 감각운동 영역인 중심구(central sulcus) 역시 활성화됐다. 이 부위의 신경세포는 신체감각을 일으킨다. 이를테면 달리는 동작을 생각만 하고 있어도 달리는 신체동작과 관련된 신경세포들이 활성화된다

일러스트
=http://www.kimeye.com

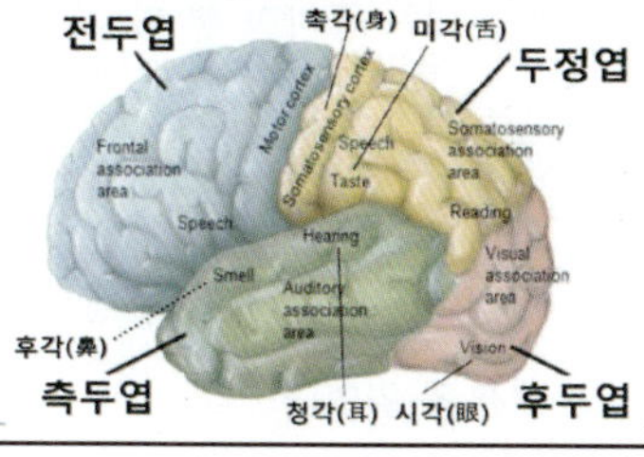

1. 즐겁게 공부할 수 있는 뇌과학적 방법

소설을 읽을 때 이 뇌부위가 활성화된다는 것은 읽는 사람이 마치 소설의 주인공이 된 것처럼 느낀다는 것을 의미한다고 번스 박사는 설명했다. 대학생들이 읽은 소설은 실제 폼페이의 화산 폭발 사건을 모티브로 한 것. 결국 소설을 읽는 동안 학생들의 뇌는 주인공과 같이 쏟아지는 화산재를 뚫고 연인을 찾아 헤맸던 셈.

소설을 읽는 동안 학생들의 뇌는 주인공과 같이 쏟아지는 화산재를 뚫고 연인을 찾아 헤맸던 셈이다.
일러스트=이철원

주인공의 성장 과정을 그린 소설을 읽으면 자신도 부쩍 자란 듯한 느낌이 드는 것도 다 이유가 있었다(실제 생물학적으로 일어난 현상인 것).

1. 즐겁게 공부할 수 있는 뇌과학적 방법

- 조지대학교 와타나베 쇼이치, <지적생활법>

"도서관의 숙직원에 지원했다. 도서관 건물 안에 있는 숙직 담당 경비원의 작은 방에서 먹고 자며 경비를 하는 일이었다. 도서관이 아직 문을 열지 않은 새벽에도 나는 서가를 왔다갔다하며 책을 자유롭게 꺼내 읽었다. 도서관은 평일에 저녁 7시면 문을 닫는다. 3층 건물의 창문이 모두 닫혀 있는지 순찰한 후 정문의 열쇠를 걸어잠그면, 도서관이 통째로 나만의 성이 되었다.
정확하게 말하면, 그 건물에는 또 하나의 숙직실에 젊은 철학도가 살고 있었으므로 사실은 우리 두 사람의 성이 된 것이라고 말해야 옳을 것이다. 그도 역시 독서가로 논의를 좋아할 뿐 아니라 특히 음악에 취미가 깊었다. 우리들은 값싼 스테레오를 복도에 내놓고 베토벤을 틀기도 했다. 1층에서 3층까지 트인 도서관 내부는 그대로 콘서트 홀이 되어 장대한 음악이 울려퍼졌다.
뭔가 골똘히 생각할 때는 한밤중에 도서관 안을 뚜벅뚜벅 혼자 걷기도 했다. 얼마나 좋았겠는가. 이렇게 해서 나는 플라톤 전집을 다 읽고, 아리스토텔레스의 상당 부분을 읽었다."

1. 즐겁게 공부할 수 있는 뇌과학적 방법

Tip 책 읽으면 뇌세포 증식

살 그렌스카 대학병원의 피터 에릭슨의 연구에 의하면 책을 읽으면 해마 세포가 증식된다. 72세 환자에게서도 뇌세포가 증식됐다. 독서는 뇌세포의 회로를 새로 만들고 강화하는 데도 도움을 준다. 즉 독서를 하면 머리가 좋아지는 것이다.

"독서는 고독 속의 대화가 만들어내는 유일한 기적이다."
- 마르셀 프루스트/소설가

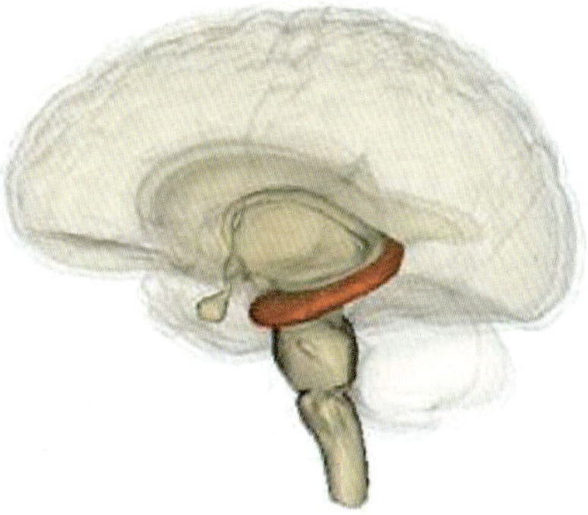

해마

1. 즐겁게 공부할 수 있는 뇌과학적 방법

독서는 경험과 기억, 지혜로 가득찬 뇌를 만들어낸다. 독서를 하는 동안 신경세포는 끊임없이 시냅스를 강화하고 서로 연결하고 끊으면서 지혜의 신경망을 만들어낸다.

Q. 그래서 독서를 '뇌가 먹는 비타민' '뇌에 줄 수 있는 최고 음식'이라고 하는가 보다.
A. 독서는 뇌에 풍성한 자극을 준다. 글자를 이해하고 상징을 해석하는 측두엽, 상황을 파악하고 활자를 시각으로 상상하는 전두엽, 감정을 느끼고 표상하는 변연계 등 독서의 흔적이 남지 않는 뇌 영역은 거의 없을 정도다.

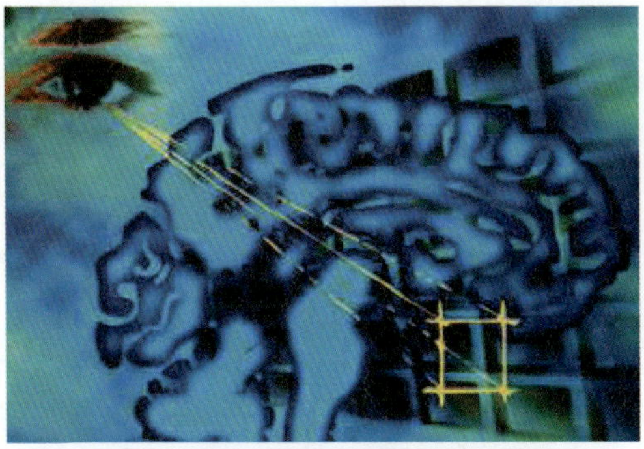

독서는 두정엽을 발달시켜 입체·공간 분석으로 다양한 문자, 도형을 조합하고 의미나 생각을 입체적으로 할 수 있게 도와준다. 일러스트=주간동아

1. 즐겁게 공부할 수 있는 뇌과학적 방법

신문 사설 옮겨 쓰면 전두엽 자극

신문 사설은 지식과 논리·분석력이 집약된 글이기 때문에 읽고, 쓰는 것을 반복하다 보면 사물에 대한 비평적 시각과 글을 전개하는 능력이 높아진다.

- 아침에 일어나 한 가지 사설을 정해 읽는다.
- 저녁에 자신이 읽었던 사설을 기억을 더듬어 써본다.

문장을 똑같이 외워 쓰라는 것이 아니다. 의미와 전개 방식만 같으면 된다. 이때 글은 컴퓨터가 아닌 펜과 종이를 이용한다. 손으로 직접 종이에 옮겨 담는 과정이 중요하다. 문장 하나하나 머릿속에서 정리하는 과정에서 뇌가 자극을 받는다.

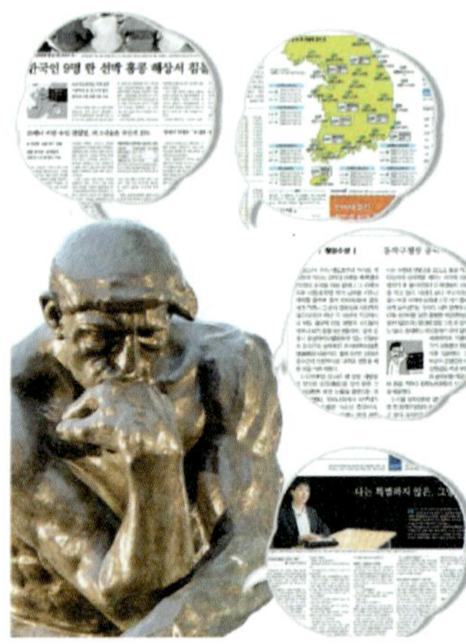

일러스트=동아일보

1. 즐겁게 공부할 수 있는 뇌과학적 방법

큰소리의 효과

명확히 발음해 읽고 귀로 소리를 들으면 뇌의 여러 기능을 한꺼번에 사용하게 된다. 큰소리는 특히 언어학습에 도움이 된다. 언어학습에 있어 가장 중요한 4가지 듣고, 읽고, 말하고, 생각할 때 우리 뇌는 각기 다른 부분이 활성화된다. 말하기는 언어의 첫 걸음이자 완성이다. 그런데 말하기는 우리 뇌의 특성 때문에 입 밖으로 소리를 낼 때만 발달될 수 있다. 지속적으로 소리를 내는 것이 언어학습에 있어 필수적이라는 것이다.

참고로, 영어를 잘하기 위해선 반드시 큰소리로 소리내 연습하는 게 좋다. 우리는 의도적(무의식적)으로 모국어를 잘 받아들이기 위해서 외국어와 같은 소리를 차단하려고 한다.

그래서 가장 중요한 것은 정확한 소리를 들어서 음소(기본단위)를 우리 뇌가 잘 인식할 수 있도록 해야 한다.

일러스트=KBS스페셜

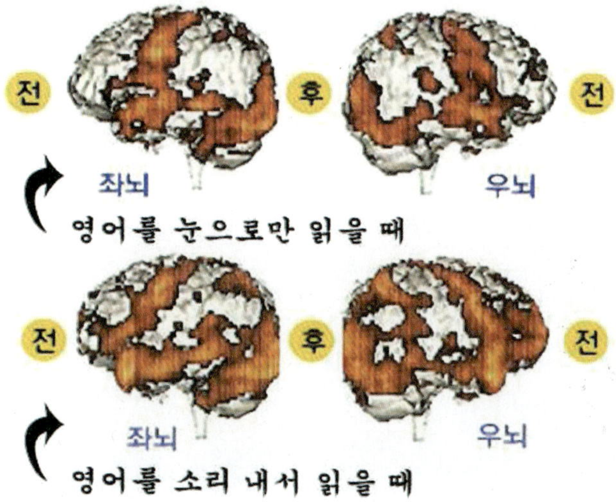

위 사진은 영어를 눈으로만 읽을 때의 뇌 사진이고, 아래 사진은 영어를 소리 내서 읽을 때의 뇌 사진. 눈으로만 읽을 때보다 소리 내서 읽을 때 뇌세포가 더 광범위하게 활성화되어 있는 것을 알 수 있다. 소리 내서 읽는 속도가 빠르면 빠를수록 뇌세포는 더욱 광범위하게 활성화된다. 일러스트=다음 블로그

1. 즐겁게 공부할 수 있는 뇌과학적 방법

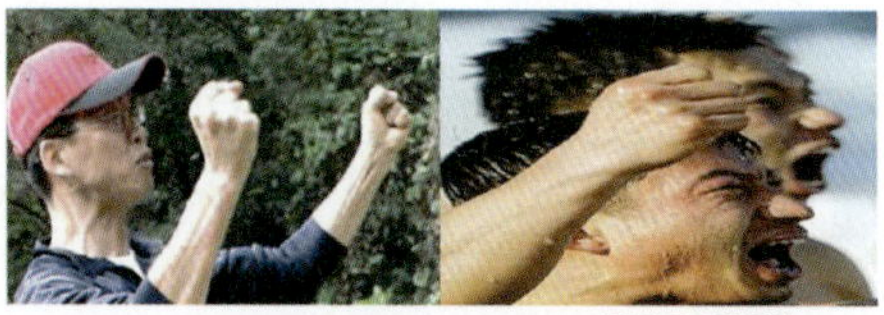

일러스트=과학카페

이외에도 큰소리의 효과는 많이 알려져 있다. 큰소리는 자신감을 향상시키고 우리 몸의 힘을 증가시킨다. 큰소리를 내면 몸은 흥분상태가 된다. 그러면 운동뉴런 역시 흥분하게 되고 신경신호가 더 빨리 더 많이 각 근육으로 전달되고 근력이 증가하게 된다. 큰소리를 내면 자신감이 향상한다는 사람들의 주장은 큰소리를 낼 때 힘이 증가하기 때문이다.

뉴런의 종류에는 감각뉴런, 운동뉴런, 연합뉴런이 있다. 운동뉴런은 운동 신경을 이루는 뉴런으로서 중추부의 명령을 근육이나 여러 분비샘에 전달한다.
큰소리를 내면 운동뉴런이 흥분하고 신경신호가 더 빨리 더 많이 근육으로 전달된다.

1. 즐겁게 공부할 수 있는 뇌과학적 방법

중국인 영어 강사 리앙
그는 세계 각국에서 약 1억3천만 명을 대상으로 강연을 한 인기 영어강사. 리앙이 주장하는 영어 학습법은 매우 간단하다. 많은 사람들 앞에서 영어로 크게 말하는 것.

1. 즐겁게 공부할 수 있는 뇌과학적 방법

생각해보기

① 큰소리를 내면 자신감이 향상한다?
이는 큰소리를 낼 때 힘이 증가하기 때문에 나온 주장이다. 하지만 힘의 상승이 곧 자신감의 상승을 의미한다고 볼 수 있을까? 더구나 자신감은 수치화하는 것이 불가능한 심리적인 영역이 아닐까?

② 큰소리가 독서에 방해된다?
큰소리가 오히려 학습효과를 떨어뜨린다는 주장도 있다. 이를 검증하기 위한 실험을 해보았다. 피험자 4명에게 6개의 검은 바탕 지문은 소리 없이 눈으로만 읽고, 나머지 6개의 흰 바탕 지문은 소리를 내서 읽기로 했다. 실험결과, 첫 번째 사람의 경우 소리 없이 눈으로만 지문을 읽었을 때 전전두엽이 활성화되었다. 반면 소리를 내어 읽은 두 번째 사람의 경우는 전전두엽이 전혀 활성화되지 않았다. 나머지 세 사람의 실험결과도 개인차가 있을 뿐 동일했다. 소리를 내지 않고 눈으로만 책을 읽을 때 전전두엽이 활성화된 것이다. 반면 소리를 내서 책을 읽을 때 전전두엽은 전혀 활성화되지 않았다.

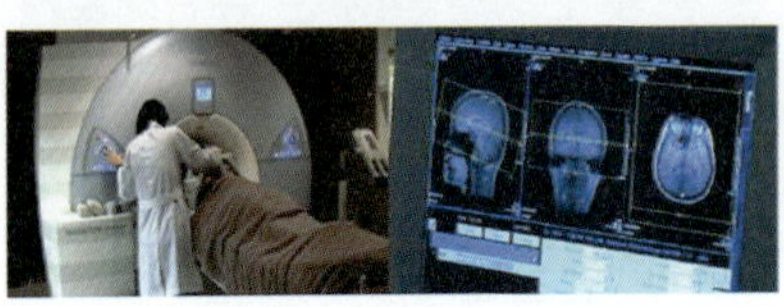

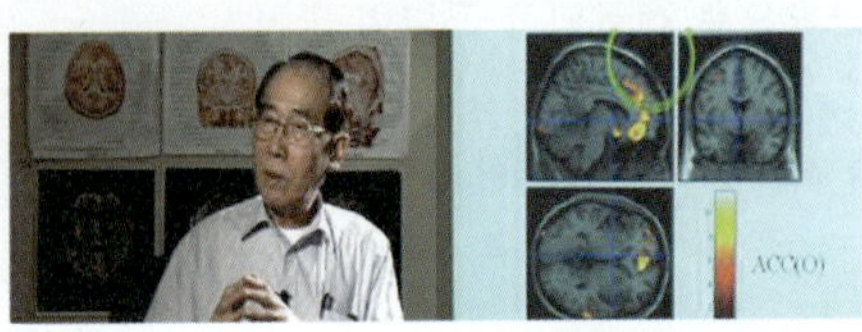

1. 즐겁게 공부할 수 있는 뇌과학적 방법

Q. 이 실험은 조용하게 눈으로만 책을 읽을 때가 소리를 내서 읽을 때보다 학습효과가 높다는 것을 말해준다. 그러면 소리를 내서 읽는 것이 독서에 방해가 되는 이유는 무언가?
A. 크게 소리를 내서 읽는 학습방법은 고도의 사고를 요하는 활동(예: 계산, 논리적으로 필요로 하는 것)을 할 때는 학습효과를 떨어뜨릴 수 있다.

말의 속도(언어의 의미를 이해할 때 움직이는 뇌 활동)보다는 생각의 속도(무언가를 생각할 때 움직이는 뇌 활동)가 3배 이상 빠르기 때문이다. 따라서 몰입하기 위한 단계에서 소리를 내게 되면, 다시 말해 크게 말을 하게 되면 생각의 속도와 충돌이 일어나게 된다.

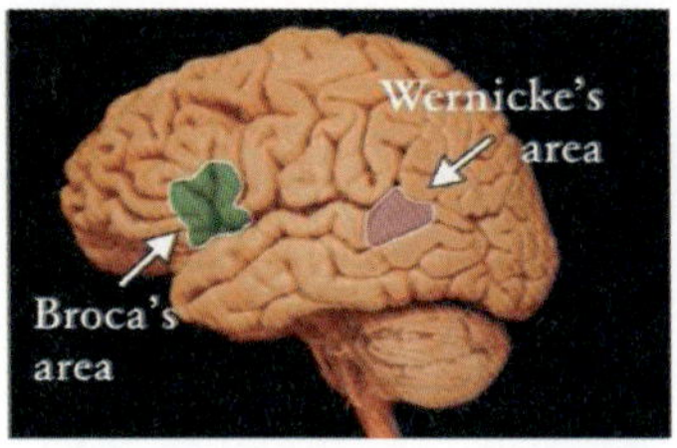

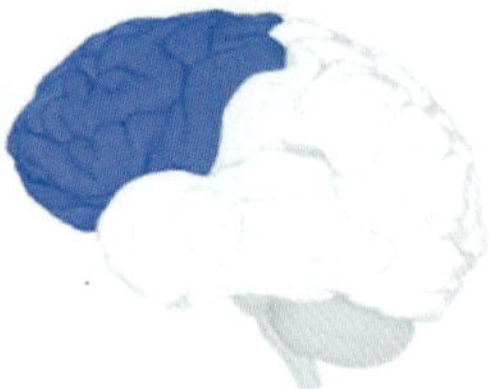

결국 깊은 생각을 요구하는 독서 등의 학습에 있어서 소리는 오히려 방해요소가 될 수 있다. 즉 집중력이 필요한 학습을 할 때는 소리를 내지 않는 것이 효과적.

1. 즐겁게 공부할 수 있는 뇌과학적 방법

생각해보기
독서의 효용이 엄청나다. 그런데 아이들 중엔 스스로 책 읽기를 힘들어 하는 경우가 꽤 있다. 글을 읽을 줄 모르는 경우도 있고. 천재의 대명사인 레오나르도 다빈치는 독서 능력이 부족해 옆에서 글 읽어줄 사람이 반드시 필요했다. 토머스 에디슨은 유년기에 글을 거의 못 읽었다. 아인슈타인은 단어와 텍스트를 기억하는 능력이 형편없었다. 아시아 영화계의 아이콘 성룡 역시 마찬가지. 그는 어린 시절 가난 때문에 글을 제대로 배우지 못했다.

나는 글을 읽을 줄 모른다
A. 성룡은 수년 전 자신이 문맹임을 고백했다.
Q. 그는 수많은 영화(100편이 넘는다)에 출연했다. 대본은 어떻게 읽었나?
A. 모두 외워서 촬영했다. 대사를 모두 옆에서 읽어주는 걸 듣고 외워서 말했던 것. 성룡, 레오나르도 다빈치, 아인슈타인은 난독증을 갖고 있었던 것.

난독증(dyslexia)
문자를 보고 해당하는 음성이나 의미를 잘 떠올리지 못하는 증상.

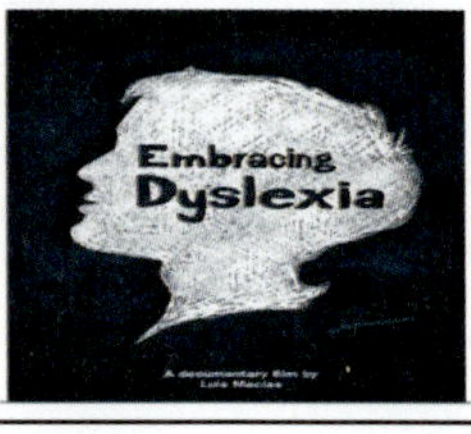

1. 즐겁게 공부할 수 있는 뇌과학적 방법

Q. 난독증은 정신지체와 관계있나?
A. 답은 No. 뇌의 다른 기능은 멀쩡한데 글을 제대로 못 읽을 뿐이다. 정신지체와는 관계 없다.
Q. 말을 잘 못하는 사람은 아주 드문 반면 난독증은 광범위한 장애다(전세계 5-17% 어린이). 왜 이런 차이가 나는가?
A. 진화의 관점에서 봤을 때 뇌는 독서를 하도록 프로그램돼 있지 않기 때문이다. 즉 말을 하는 능력은 오랜 세월을 거쳐 인간 뇌에 신경회로가 구축돼 있지만 불과 수천 년 전의 발명품인 글을 읽기 위해 준비된 신경회로는 없다는 뜻.

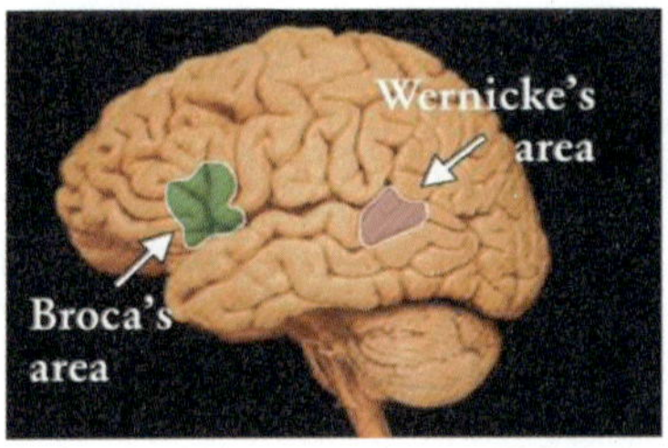

© Can Stock Photo - csp21942918

1. 즐겁게 공부할 수 있는 뇌과학적 방법

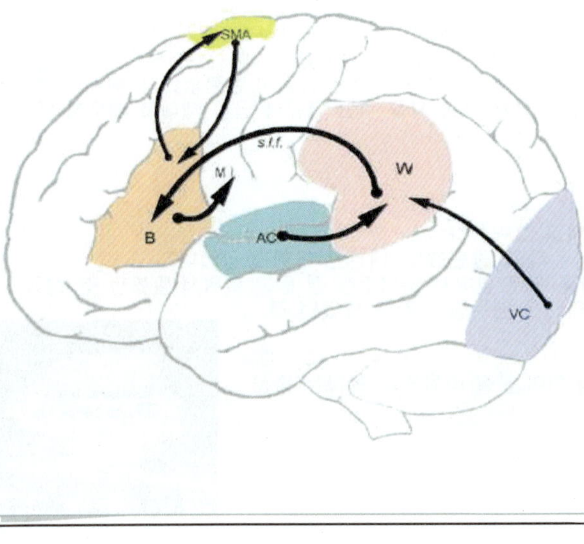

대뇌피질의 언어영역과 연결

청각영역(auditory cortex, AC)에서 분석된 소리는 베르니카감각언어영역(Wernicke's sensory language area, W)에서 언어로 이해되며, 시각영역(visual cortex, VC)에서 분석된 영상 즉, 글자 역시 감각언어영역에서 언어로 이해되게 된다. 감각언어영역과 운동언어영역(motor speech area of Broca, 브로카영역, B)은 상세로다발(superior longitudinal fasciculus, s.l.f)로 연결되어 있다. 운동언어영역은 보완운동영역(SMA)의 도움을 받아 최종 언어 표현 프로그램을 일차운동영역(M I)으로 보내며, 일차운동영역에서는 후두(larynx)와 인두(pharynx), 구강(oral cavity)의 근육을 움직여 말을 하게 된다.

1. 즐겁게 공부할 수 있는 뇌과학적 방법

인간은 수백 만 년에 걸쳐 뇌 속에 말하기 회로를 탄탄히 구축했지만, 불과 수천 년 전의 발명품인 글을 읽기 위한 회로는 미처 준비하지 못했다.
결국 우리는 시각정보를 처리하는 회로와 언어처리회로를 활용해 글 '읽는' 요령을 터득해야 한다. 개인마다 얼굴 생김새가 다르듯 뇌 속 신경회로의 배치가 조금씩 달라 누구는 공간 지각력이 뛰어나고 누구는 말솜씨가 뛰어나다.

Tip 글을 읽기 위해
후두엽이 글자를 본다. 하지만 후두엽은 문맹이라 글을 해독할 재간이 없다. 우리가 글을 읽을 수 있는 이유는 후두엽이 시각정보를 언어중추로 보내 이것을 해독하기 때문. 우리가 어릴 적부터 배우고 사용해 온 우리말은 왼쪽뇌 언어중추에 담겨 있다. 글을 읽기 위해선 후두엽이 시각정보를 언어중추로 보내 해독하게 하는 과정이 필요.

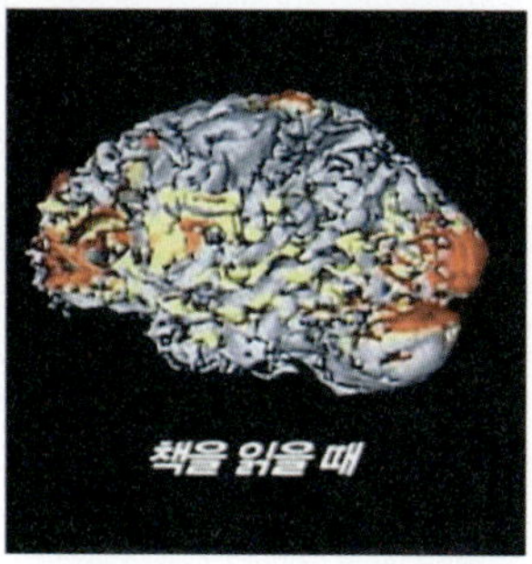

참고문헌 및 사이트

- 김종영, 공부 혼자서도 할 수 있었다, 등불
- 류영주, 성공적인 대학생활 1권, 대구가톨릭대학출판부

차시예고

다음 시간에는
3차시 즐겁게 공부할 수 있는
뇌과학적 방법(3)를
학습하도록 하겠습니다.

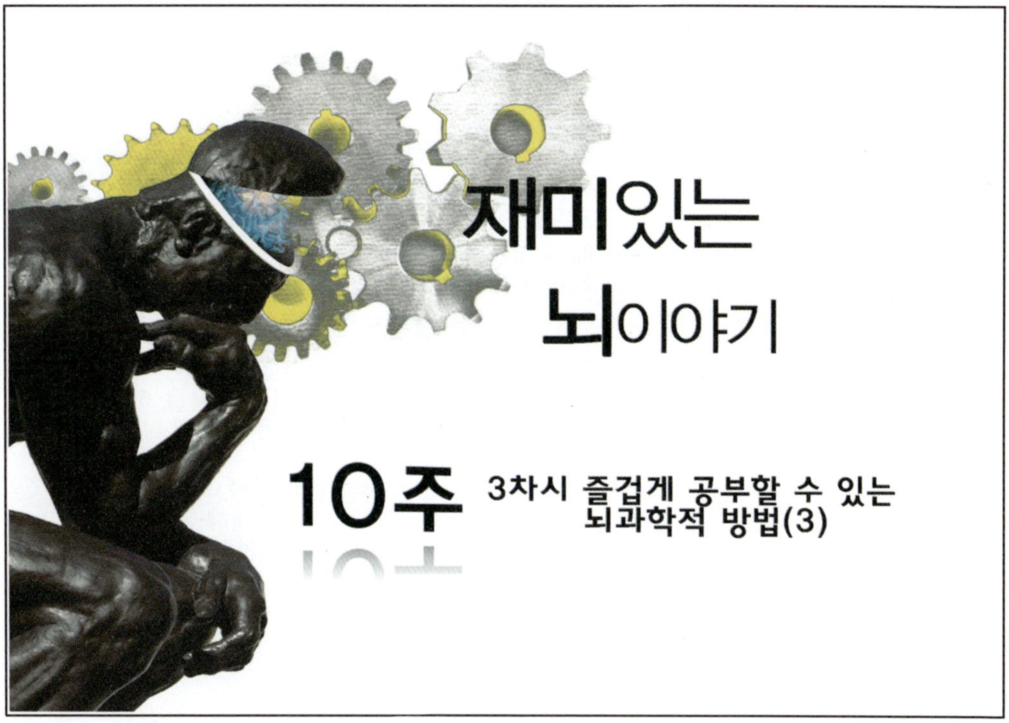

학습목표

1. 뇌과학에 기반한 효율적인 학습법을 파악할 수 있다.

학습내용

1. 명랑한 뇌가 공부도 잘한다
2. 마음의 상처는 실재 상처다
3. 즐거움은 뇌를 추동시키는 원동력이다
4. 스마트 세상, 우린 더 똑똑해지고 있을까?

1. 명랑한 뇌가 공부도 잘한다

- 뇌는 어떤 자극을 받으면 그에 대해서 반응하고 그 반응을 행동으로 끝내려는 패턴이 있다.
- 하나의 자극을 받으면 행동으로 옮겨야 뇌가 제 역할을 한 것
- 이 순서를 정확히 완료했을 때 우리는 유쾌함을 느낀다.
- 항상 이렇게 돌아가 준다면 문제가 없겠지만, 삶은 그렇지 않을 때가 많다.
- 살아가면서 원치 않게 도중에서 중단되는 경우를 경험한다.
- 친구들로부터 억울한 말을 들었다고 가정해보자.

> 곧장 친구들의 소리자극이 뇌로 들어온다. 뇌는 그 소리에 반응을 하고 그 반응을 대답이라는 동작으로 나타내려 할 것이다. 그런데 그때 친구들은 변명하지 말라며 더 소리친다.
>
> 나는 억울한 표정을 지어 보이지만 친구들은 아랑곳하지 않는다. 나는 울화를 느끼지만 묵묵히 참는다. 그러나 친구들의 오해에 대해 나름대로의 변명을 다하고 나면 속이 후련해지는 것을 느낀다.

- 이처럼 자극에서 시작해서 행동으로 끝나는 과정이, 도중에서 중단되는 일이 자주 있으면 그 사람은 마음의 상처를 입기 쉽다.

2. 마음의 상처는 실재 상처다

- 왕따 당하면 뇌는 육체적 고통을 느낀다.
- 캘리포니아대 나오미 아이젠버거에 따르면, 소속 집단에서 따돌림을 당한다는 사실을 알았을 때 뇌는 마치 무릎을 찌었을 때나 정강이를 차였을 때와 똑같은 고통을 느낌
- 따돌림을 당하면 전대상회가 즉각적으로 반응하는데 이어 시간차를 두고 전두엽도 활동적으로 변했음
- 전두엽은 육체적 고통을 줄이기 위해 감정을 조절하는 대뇌 부위

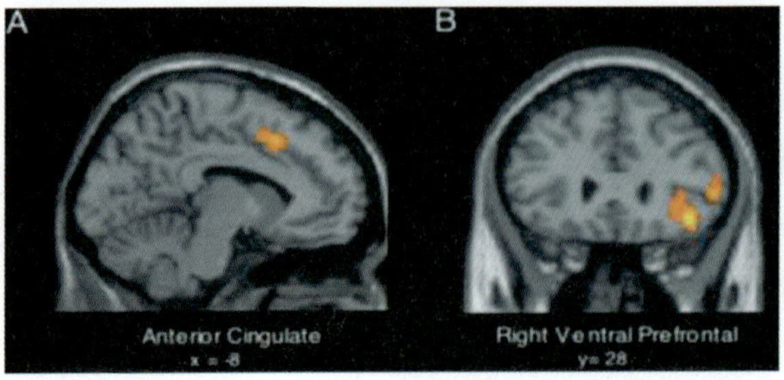

따돌림 당할 때 활성화 소견이 관찰된 전대상피질(통증의 정서적인 불쾌감에 관여)과 전두엽.

일러스트=Eisenberger, N.I., M.D. Lieberman, and K.D. Williams, Does rejection hurt? An FMRI study of social exclusion. *Science*, 2003. 302(5643): p. 290-2

2. 마음의 상처는 실재 상처다

Q 전두엽이 방어 행위를 하는 것인가?

A 그렇다. 전두엽은 육체적으로 느껴지는 큰 고통을 줄이기 위해 방어 메커니즘을 가동하는 것이다. 뇌의 관점에서 보면 따돌리는 행동은 칼로 찌르는 행동과 똑같은 의미일 수 있다. 왕따 당하는 학생이 겉으로는 멀쩡해 보여도 뇌는 신음하고 있다. 하버드대 연구에 의하면 왕따나 괴롭힘을 당했던 사람의 뇌는 뇌량(Corpus callosum, 좌우의 대뇌 반구 사이를 연결하고 있는 넓은 띠 모양의 신경섬유 다발) 등 특정 뇌 영역에 손상을 받은 흔적이 있었다. 마음의 상처는 뇌에 영향을 미쳐 무슨 일을 제대로 할 수 없게 만든다. 자연히 판단력의 상실과 불안, 분노의 감정이 뒤따른다.

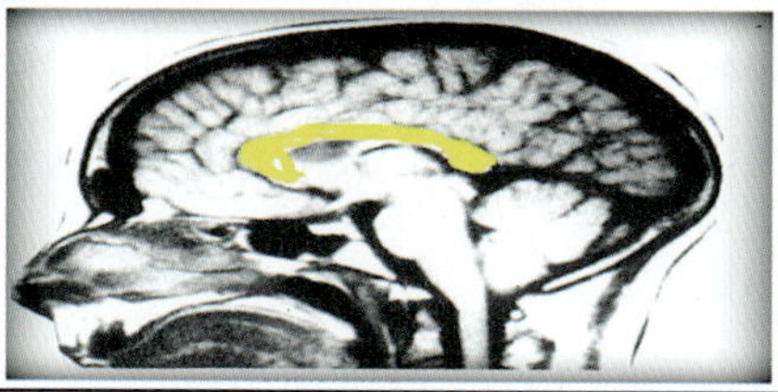

뇌량, blog.daum.net

3. 즐거움은 뇌를 추동시키는 원동력

- 뇌에서 기분을 담당하는 곳은 편도체
- 이것은 '기억의 제조공장'인 해마와 아주 가까이에 있음
- 이 둘은 신경세포로 연결돼 교신을 함
- 공부할 때의 기분이 공부하는 능력에 많은 영향을 줌

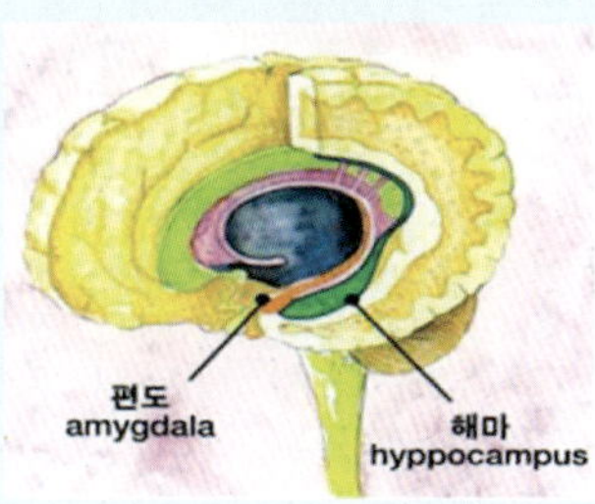

기분을 담당하는 편도체와 기억을 담당하는 해마는 연결돼 있다.
즉, 공부할 때의 기분이 공부하는 능력에 큰 영향을 미친다.
감정영역에 뭔가 해소되지 않은 트라우마가 있는 사람은 무의식의 고장과 곤란함, 즉 성격결함을 겪을 수 있다.

3. 즐거움은 뇌를 추동시키는 원동력

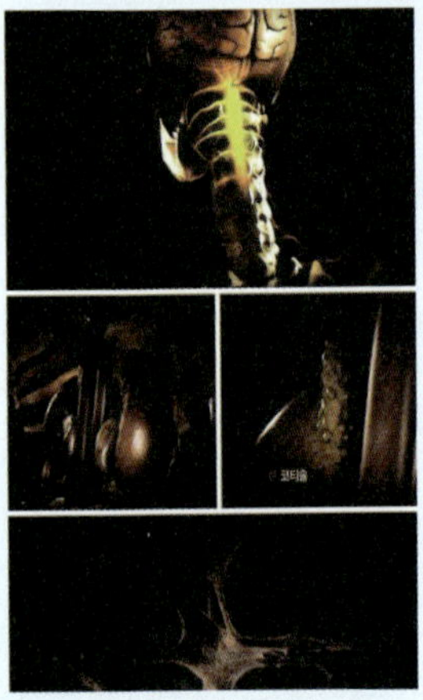

뇌가 급격한 스트레스를 받으면 신장 위에 있는 부신에 신호를 보내 코티졸을 만들어 내고 그 결과 신경세포가 줄어든다. 이로 인해 스트레스를 받으면 기억력은 급격히 떨어지게 되는 것이다. 장기간 스트레스를 받을 경우 코티졸이 계속 뇌로 올라가, 해마에 문제를 일으켜 치매 같은 심각한 장애를 유발할 수 있다. KBS <기억>, p. 136

- 스트레스를 받으면서 공부하는 것은 바람직하지 않음
- 스트레스를 받으면 뇌는 여러 경로를 거쳐 몸 안에 위급 반응을 알림
- 대뇌피질로부터 스트레스 받았다는 정보가 들어오면 공포와 불쾌한 감정을 만들어 내는 편도체는 여러 활동을 개시함
- 그 활동 중 하나가 시상하부를 자극하는 것
- 편도체로부터 자극받은 시상하부는 뇌하수체로 신경호르몬 신호를 보냄
- 이를 포착한 뇌하수체는 부신피질에 명령을 내려 스트레스 호르몬(코티졸) 분비를 촉진함
- 코티졸은 심장을 빨리 뛰게 하며 근육을 긴장시키고 불안한 마음이 들게 함
- 코티졸에 장기간 노출되면 해마에 있는 기억력 센터가 해를 입으며, 위축되기까지 한다는 사실이 밝혀짐
- 더 주목할 만한 실험결과는 뇌에 장기기억으로 저장된 정보를 다시 불러내는 과정을 스트레스 호르몬이 차단할 수 있다는 사실

3. 즐거움은 뇌를 추동시키는 원동력

- 스트레스를 받았을 때는 휴식을 취하고 마음을 안정시킨 뒤 공부를 하는 것이 더 효과적
- *"즐거운 뇌가 공부도 잘한다. 즐거움은 뇌를 추동시키는 원동력이다!"*

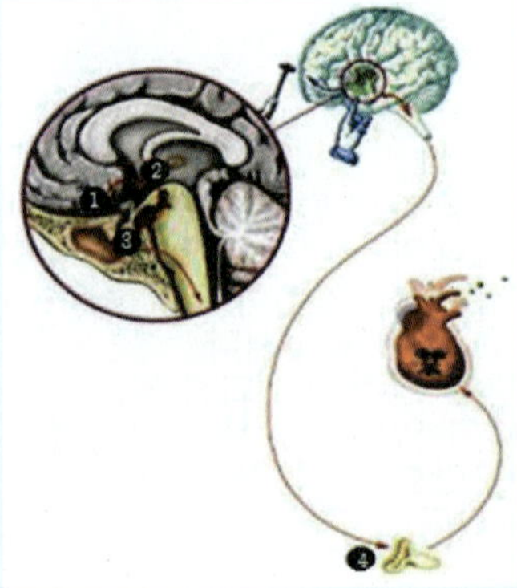

(사진설명)
대뇌피질로부터 스트레스 받았다는 정보가 들어오면 편도체(1)는 여러 활동을 개시한다. 그 하나가 시상하부(2)를 자극하는 것. 편도체로부터 자극받은 시상하부는 뇌하수체(3)로 신경호르몬 신호를 보낸다. 이를 포착한 뇌하수체는 부신피질에 명령을 내려 스트레스 호르몬 분비를 촉진한다. 또 편도체에서 전두엽 쪽으로 신호를 보내 자칫 잘못된 판단을 하는 경우도 있다(화살표).

일러스트=과학동아

3. 즐거움은 뇌를 추동시키는 원동력

뇌는 꼬치꼬치 간섭하지 않을 때 가장 잘 움직인다

지나친 의식은 금물

탈무드(조국을 잃은 유대민족이 지탱해 온 생활규범)에 이런 말이 나온다.

"이 세상에서 가장 불행한 인간은 자기를 너무 지나치게 의식하는 인간이다."

자기의 실패를 늘 남이 웃고 있다고 생각하는 자는 자기가 세계의 중심에 있고 남들이 하루 24시간 자기를 주시하고 있다고 착각하고 있다는 것이다.

> "지나친 의식은 질병이다-참으로 고질적인 질병."
> \- 도스토예프스키

탈무드,
transartist.tistory.com1024

3. 즐거움은 뇌를 추동시키는 원동력

'백곰'현상에 빠지다

blog.daum.net480

A "백곰에 대한 생각을 멈출 수 있을 때까지 모퉁이에 서 있어봐." 도스토예프스키가 어린 동생에게 말했다. 그 아이는 최선을 다했지만 끝내 마음속에서 백곰에 대한 생각을 몰아낼 수 없었다. 이 소박한 경험을 바탕으로 그 아이는 인간의 뇌에 대해 중요한 것을 하나 배웠다. 우리가 어떤 것을 생각하지 않으려고 노력하면 할수록 그 생각을 마음속에서 몰아내기가 점점 더 어려워진다는 것이다.

Q 왜 우리는 우리 마음속 내용에 대해 그렇게 무기력한 것일까?

A 의식적인 생각을 따라가다가 지금 하고 있는 생각을 억제해야겠다는 생각을 하게 될 때 오히려 생각을 억누르기 힘든 경우가 발생한다. 생각에 대한 생각, 즉 원래의 생각을 억제하려는 생각("백곰에 대한 생각을 하지 말아야지")과 원래의 생각이 한 곳에 존재하게 된다. 그래서 현재의 의식은 스스로의 생각에서 빠져나올 수 없다. 그렇게 되면 '생각'을 생각하는 일이 계속해서 뒤따르기 때문이다. 문제를 일으키는 것은 생각 자체가 아니라 그 생각을 억제하려는 시도라는 것이다.

3. 즐거움은 뇌를 추동시키는 원동력

'백곰'현상에 빠지다

Q 해결방법은? 우리 자신의 생각이 만들어낸 고통스런 이중성에 대응할 수 있는 방법 말이다.

A 마음속에서 생각을 억지로 밀어내려는 것을 완전히 포기하는 것이다. 그 생각을 그냥 받아들이라. 심지어 원하지 않는 생각이라 할지라도 기꺼이 받아들이라. 그 생각이 자유롭게 떠오르도록 내버려두고 관찰하며, 더욱 중요한 점은 그 생각들과 싸우지 말아야 한다는 것이다. 달갑지 않은 생각을 억누르겠다는 충동을 버리는 것이 궁극적으로 마음을 통제하는 행동이다.

mission.bz500

원하지 않는 생각들을 끌어안을 때 그 생각들을 억제하려는 힘이 행사하는 횡포에서 비로소 벗어날 수 있으며 우리의 염려를 염려하지 않아도 된다.

게다가 그 생각들이 사라져버렸으면 하고 바라지 않아도 되고 떨쳐버릴 수 없는 환영에 시달리고 있다는 생각 역시 버릴 수 있다.

오히려 그것들을 향해 돌아서서 찬찬히 살펴보면 원하지 않는 생각들은 사라질 수 있다.

3. 즐거움은 뇌를 추동시키는 원동력

최상의 선택, 무의식이 인도한다

- 네덜란드 암스테르담대 압 데이크스테르하위스 연구진은 상품을 구매할 때 어떻게 해야 최선의 판단을 할 수 있는지 실제 소비자들의 쇼핑 만족도 조사 실시
- 결과 ***"살지 말지 끝까지 고민하는 것은 주방용 장갑처럼 간단한 판단에 적합하며, 자동차처럼 어려운 판단을 할 때는 잠시 고민을 접고 무의식에 맡기는 것이 좋다"***고 밝힘
- 어려운 판단을 할 때는 당분간 무의식에 맡기고 잊어버리는 게 좋음
- 그 사이 뇌에서는 이미 입력된 정보를 정리하고 무의식 속에 있던 기억들과 연결해 제대로 된 판단을 하게 해줌

무의식, moving-vision.tistory.co

3. 즐거움은 뇌를 추동시키는 원동력

최상의 선택, 무의식이 인도한다

실험가설

iamvega.tistory.com595

어려운 판단을 할 때는 당시에 입수한 정보와 함께 무의식적인 사고과정에서 형성되는 요인들도 필요하다.

실험① 피험자들에게 가상의 자동차 4종에 대한 설명서를 읽고 4분간 고민을 한 뒤 선택을 하도록 했다(선택을 쉽게 하기 위해 연비나 내부공간 등 단 4가지 특성만이 적힌 설명서를 만들었다). 대부분의 피험자들은 누가 봐도 월등한 한 모델을 선택했다.

실험② 설명서의 고려항목을 12개로 늘려 판단을 어렵게 했다. 그러자 가장 좋은 모델을 선택하는 비율이 25%로 줄었다. 반면 같은 실험에서 최종 판단을 하기 전에 4분간 퍼즐게임을 한 60%가 최고의 모델을 선택하는 것으로 나타났다.

3. 즐거움은 뇌를 추동시키는 원동력

최상의 선택, 무의식이 인도한다

실험결과

어려운 판단을 할 때는 무작정 고민을 하기보다 잠시 다른 생각을 하는 것이 도움이 된다. 잠시 고민을 접으면 뇌에서 각종 정보를 종합, 처리해 자신도 모르게 올바른 판단을 하게 되는 것이다. 이 연구는 잠을 잘 때와 마찬가지로, 깨어있는 동안에도 고민거리에서 벗어나면 뇌에서 그 전에 받아들인 정보가 정리되고 있음을 증명한다.

www.naver.com

4. 스마트 세상, 우린 더 똑똑해지고 있을까?

현대인의 뇌는 항상 안테나를 세우고 'on'상태로 되어 있다. 인터넷과 스마트폰 등 각종 디지털 미디어가 쏟아내는 정보 탓에 1분 1초도 제대로 쉬지 못하고 있기 때문이다. 뇌에 주입된 정보를 제대로 인식하고 처리하기도 전에 쉬지 않고 들어오는 정보로 우리의 판단과 선택은 흐려진다.

A 그렇다. 지나친 자극은 뇌의 쉼표, 여백을 앗아간다. 우리 머리에도 공백이 필요하다. 머리는 비울수록 똑똑해지고, 생각은 버릴수록 채워진다.

Q 뇌가 휴식을 취할 때 되려 활성화되는 부위가 있던데.

A 내측 측두엽, 내측 전두엽, 후측 대상피질 등 일명 DMN(Default Mode Network)이라 불리는 곳이다(디폴트 모드: 멍한 상태). 이 부위는 쉴 때 켜지고, 일을 시작하면 꺼진다. 쉴 시간 없는 현대인은 DMN이 활성화할 여지가 없다.

뇌 여러 부위가 조화롭게 작동해야 최대 기능을 발휘하는데, 우리 뇌는 냉각수가 바닥나 과열된 자동차가 됐다.

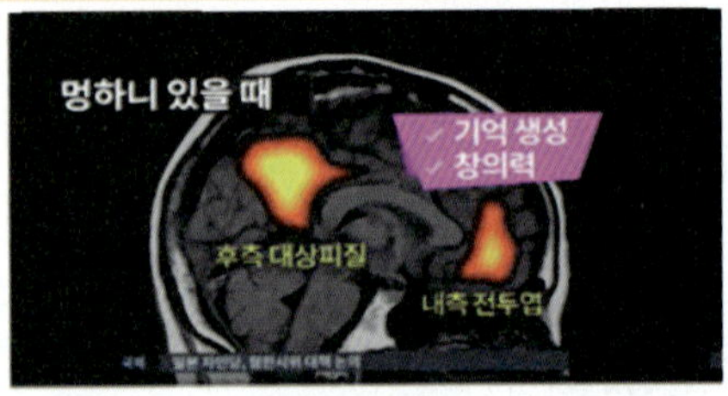

멍하니 있을 때의 뇌를 촬영해보니, 그저 멍하니 있는 것이 아니라 기억을 저장하는 곳과 창의력 부분이 활발해졌다. 아무것도 하지 않고 멍하니 있는 시간을 종종 가져야 창의력이 높아진다는 의미. 일러스트=MBC

4. 스마트 세상, 우린 더 똑똑해지고 있을까?

Q 갤럭시, 아이폰, 블랙베리와 같은 스마트폰은 물론이고 아이패드와 넷북, 스마트 TV 등 온갖 첨단 디지털 기기로 점철된 '스마트 세상'이다. 스마트 시대에 살고 있는 우린 정작 똑똑해지고 있을까?

A 스마트 폰이 국내에 들어온 지 5년쯤 됐는데 스마트해지는 줄 알았더니 오히려 더 불편해졌다. 요즘 부모님들이 많이 하는 이야기가 있다. 밤에 스마트폰 하니까 애들이 아침에 못 일어난다. 집중력도 떨어지고 인간관계도 단절된다.

Q 인간관계가 단절된다니?

http://static.guim.co.uk/sys-images/Technology/Pix/pictures/2012/2/29/1330510927220/Mobile-World-Congress-007.jpg

4. 스마트 세상, 우린 더 똑똑해지고 있을까?

A 온 가족이 만나도 모두들 각자의 스마트폰에 매달려 있다. 혼잡한 지하철 안에서도 대부분의 사람들이 스마트폰에 빠져있다. 게다가 요즘 아이들은 스마트폰이 없으면 관계를 맺을 수 없다고 한다. 카카오톡으로 무슨 대단한 이야기를 하나? 사람이란 직접 만나서 말하고 듣고, 상대방 반응도 보고 맞춰 주고 해야 진짜 대화를 하고 관계를 맺는 것이다. 의사소통에서 메시지 자체가 차지하는 것은 얼마 안 된다. 얼굴 근육이 40개가 넘고 표정은 1,000개가 넘는다. 그 모든 걸 자연스럽게 알도록 인간이 진화된 것이다. 그런데 카톡은 대화를 퇴화시키고 있다. 가스렌지가 있는데 부싯돌로 불 켜려고 하는 것이다.

Tokyo and the silent smartphone world

~ 2012년 영국왕립학회보에 실린 연구를 보면, 실제 만남은 뇌에서 사회, 인지 능력을 담당하는 대뇌피질 중 일부(안와전두피질)를 활성화시키고 커지게 한다. 반면 카톡 등 디지털 만남에서는 이런 현상이 일어나지 않는다.

4. 스마트 세상, 우린 더 똑똑해지고 있을까?

나는 검색한다. 고로 존재한다

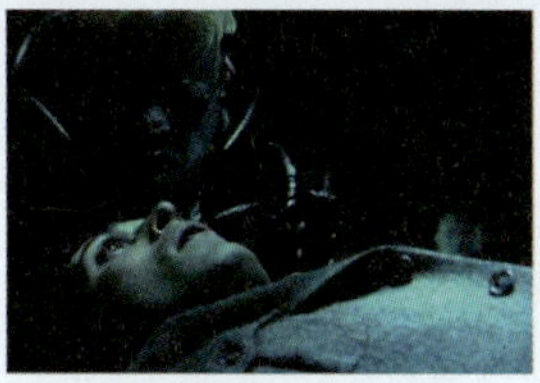

영화 다크 시티

- 알렉스 감독의 영화 '다크 시티'에는 멸종위기에 처한 외계인들이 지구인들을 납치해서 기억을 지우는 장면이 나옴
- 다크 시티에 지구인들을 가두고 뒤바뀐 기억을 주입시키며 실험하는 외계인들에게는 집단적 기억밖에 없음
- 생각을 공유함
- 그들은 전체가 하나의 생각을 가짐
- 즉 몸은 각자 다르지만, 뇌는 하나라고 할 수 있음(벌·개미 같은 사회성 곤충과 비슷)
- 사실 외계인들이 멸종위기에 처한 것도 독창성과 창조성을 무시한 획일화된 집단주의 때문
- 영화가 시사하는 바는 빠른 속도로 발달하는 인터넷 기술 등으로 현대 인간의 사고가 획일화되는 상황을 경고하는 것

4. 스마트 세상, 우린 더 똑똑해지고 있을까?

나는 검색한다. 고로 존재한다

A 현대생활에서 인터넷 검색은 오감, 육감에 이어 '제7의 감각'이다. 윈도가 PC와 사람의 상호작용을 매개하듯 검색은 인터넷과 사람의 상호작용을 매개한다.

Q 게다가 그 효용성도 엄청나다.

A 그러나 이런 현상은 지성의 퇴화로 이어질 수 있다. 웹 검색은 일정 수준에 도달하기까지 필요한 정보를 누구나 쉽게 얻을 수 있게 만들었다. 하지만 몇 안 되는 고속도로에 한 곳만을 종착역으로 삼을 경우에는 정보와 지식이 획일화될 수 있다. 분류별 주요 검색어 비율을 보면 리포트 검색이 전체의 13%를 차지한다.

Q 리포트라면 '학교 과제용 검색'을 말하는가?

A 그렇다. 숙제나 리포트 같은 '학교용 검색'은 한창 창조적 사고의 폭을 확장해야 할 세대에게 '동일한 소스(sauce)'만을 제공함으로써 사고를 구획화한다.

4. 스마트 세상, 우린 더 똑똑해지고 있을까?

생각하지 않는 사람들

IT 미래학자 니콜라스 카는 인터넷이 인간에게 미치는 막대한 부작용을 뇌 구조와 관련지어 설명한다. 인터넷 세상에 몰입할수록 우리 뇌는 혹사당하고, 궁극적으로는 깊은 사고를 할 수 있는 지적 능력을 잃게 된다는 것이다.

> ***인터넷에서 정보를 검색하고, 검색한 내용을 빠르게 훑어보는 등 인터넷 사용과 관련된 뇌 신경회로는 강화된 반면 깊이 사고하고 분석하고 통찰하는 능력은 상대적으로 줄었다. 인터넷 등 기술 혁명이 결국 인간을 가장 인간답게 만드는 '깊은 사고'를 빼앗아 갈 것이다.***
>
> \- 니콜라스 카

Q 카 주장의 토대는 무엇인가?

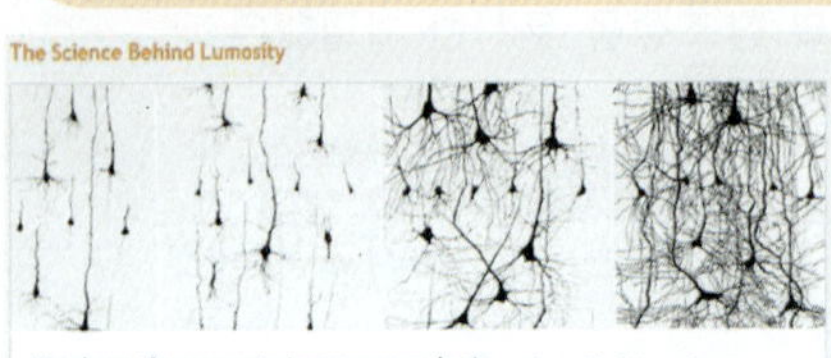

가소성, blog.daum.net

A 어른이 된 뒤에도 뇌가 계속 변한다는 '가소성(plasticity)'이론이다. 인간의 생각과 감정, 인격을 결정하는 복잡한 회로 속으로 이끄는 역할은 시냅스가 맡고 있는데, 두개골 안에 존재하는 무수히 많은 시냅스는 적은 양의 훈련만으로도 변한다는 것이다.

4. 스마트 세상, 우린 더 똑똑해지고 있을까?

생각하지 않는 사람들

우리 뇌는 경험과 행동에 반응해 끊임없이 변한다. 이러한 뇌의 가소성이야말로 진화의 가장 중요한 산물이다.

Q 행동뿐만 아니라 상상만으로도 뇌 변화를 이끌어낼 수 있다던데?

A 그렇다. 피아노 연주 경험이 없는 피험자들에게 간단한 연주법을 가르쳤다. 이들을 2개 그룹으로 나눠 한 그룹은 5일 동안 키보드를 연습하도록 하고, 다른 한 그룹은 단지 연주하는 상상만 하도록 했다. 그런데 뇌 활동을 기록한 결과, 두 그룹의 뇌에 나타난 변화는 같았다. 뇌는 우리가 사고하는 대로 변한다는 얘기다.

Q 뇌의 유연성이 놀랍다.

A 그런데 긍정적인 측면만 있는 것은 아니다. 회로가 새로 생기기도 하지만, 반대로 관심 받지 못하는 회로는 약화되거나 아예 와해될 수도 있으니 말이다.

4. 스마트 세상, 우린 더 똑똑해지고 있을까?

인터넷이 뇌 구조 바꾼다

- 인간의 뇌는 인터넷에 굉장히 민감하게 움직임
- 캘리포니아대 개리 스몰은 인터넷 초보자에게 하루 1시간씩 웹 검색을 하도록 했는데, 5일 만에 뇌 앞쪽 부분에 베테랑 사용자들과 똑같은 신경회로가 활동하는 것을 발견
- 책 읽기와 달리 '하이퍼텍스트(hypertext)'가 춤추듯 유혹하는 인터넷은 다양한 '의사 결정' 활동을 수반하므로 뇌가 혹사당함
- 링크와 마주칠 때마다 비록 찰나일지라도 전전두엽이 '클릭할지 말지'를 판단하기 때문
- 이는 이해력과 집중력의 저해로 이어짐

Q 뇌는 어째서 인터넷의 늪에 빠지면 맥을 못 출까?

A 뇌가 즉각적 생각을 품고 있는 단기기억(short term memory)과 이해·추론과 연계되는 장기기억(long term memory)으로 나누어져 있기 때문이다. 인간은 정보를 단기기억으로 옮겨주는 역할을 하는 '작업기억(working memory)' 밖에 의식하지 못한다.

4. 스마트 세상, 우린 더 똑똑해지고 있을까?

인터넷이 뇌 구조 바꾼다

Q '작업기억'이라니?

A 정신의 칠판, 혹은 메모지라고 불리며 반복을 통해 기억을 되살리지 않는 한 사라지는 기억이다. 장기기억은 정신의 서류 정리 시스템과 같다. 지능의 깊이는 바로 이 작업기억을 장기기억으로 이동시켜 복잡한 개념으로 이어 붙이는 능력에 달려 있다. 문제는 단기기억이 저장할 수 있는 정보의 양은 아주 적고, 작업기억이 장기기억으로 이동하는 통로는 병목현상을 일으킨다는 점이다. 집중력도 결국 작업기억에 달려 있기 때문에 '과부하'가 걸리면 뇌는 산만해지며, 우리는 정보에 대한 분별 능력을 잃게 된다.

인터넷은 수많은 정보의 연결 고리를 제공하지만 그것이 뇌의 시냅스처럼 풍부하고 깊은 사고를 유도하지는 못한다. 따라서 인터넷 환경에서 멀티태스킹을 하는 데 사용되는 신경회로는 확장되고 강해지는 반면, 깊고 지속적인 집중력으로 읽고 사고하는 데 쓰이는 부분은 약화되거나 사라지고 있다.

Q 그래서인지 많은 이들이 컴퓨터에서 멀어진 상태에서도 한 가지 일에 집중하는 것을 어려워한다.

4. 스마트 세상, 우린 더 똑똑해지고 있을까?

인터넷이 연구실·도서관으로 대체, 젊은 천재 사라진다

A 구글 CEO 에릭 슈미트는 인터넷을 "인간이 발명해놓고 이해하지 못하는 최초의 발명품"이라고 규정했다. "역사상 최대의 아나키(anarchy·무정부주의) 실험의 장(場)"이라는 것이다.

Q 정보의 과잉은 2000년대 들어 거의 '폭력적 수준'으로 발전했다. 3초에 한 개씩 새 블로그가 생겨나고 있다.

A 1980년대 50세 이하의 노벨 물리·화학·의학상 수상자 수는 20명인 반면 2000년대는 8명으로 줄었다. 인터넷 정보의 과잉공급은 IT업계 바깥에서 젊은 천재의 탄생을 어렵게 만들었다.

4. 스마트 세상, 우리 더 똑똑해지고 있을까?

인터넷이 연구실·도서관으로 대체, 젊은 천재 사라진다

생각해보기

① 함께 있어도 외로움을 느끼는 스마트폰에 중독되어 가는 청소년들이 늘고 있다. 이를 해결할 수 있는 방안은?

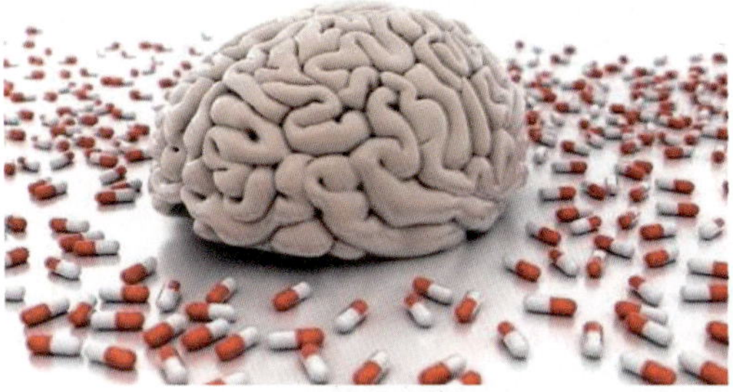

일러스트=http://hthdr256.tistory.com/6

"인터넷과잉 의존은 창의력을 저하시키고 실용기술의 퇴보와 직결된다. 아이들이 지나치게 인터넷에 의존하면 직접 할 수 있는 게 없어져 '뇌사상태'에 다다를 것이다."

- 트레버 베일리스/발명가

4. 스마트 세상, 우리 더 똑똑해지고 있을까?

인터넷이 연구실·도서관으로 대체, 젊은 천재 사라진다

생각해보기

② 인터넷은 반성적 사고를 막고 있는 매체라는 목소리가 높다. 뇌의 '성찰 회로'는 위축시키고 '충동 회로'는 강화시킨다는 비판이 있는데, 이에 대한 생각은?

③ '깜박깜박' IQ떨어지는 인류, 혹시 바보가 되는 중? 정말 그렇게 돼가고 있다면 원인은 무엇일까. 신경과학자들은 이구동성으로 인터넷과 멀티미디어를 꼽고 있다.

일러스트=윤신영

4. 스마트 세상, 우린 더 똑똑해지고 있을까?

인터넷은 똑똑해지고 내 머리는 텅 빈다?

생각해보기

독일 울름대 슈피처 교수는 세계의 디지털화 추세를 정면 공격한다. "태블릿 PC, 노트북, SNS, 게임 등 다양한 디지털 매체와 콘텐츠들이 두뇌의 지적 능력을 떨어뜨리고 사회에 해악을 미친다. 그는 "구글링(구글 검색)은 전혀 유용하지 않다"며 "자료가 많아도 사전 지식이 없으면 불필요한 자료를 걸러내지 못해 무용지물"이라고 말했다. 중요한 것은 이전에 다른 경로로 얻은 지식이지 검색 자체가 아니라는 뜻.

일러스트=윤신영

4. 스마트 세상, 우린 더 똑똑해지고 있을까?

인터넷은 똑똑해지고 내 머리는 텅 빈다?

생각해보기

실제 연구결과도 그의 주장을 뒷받침한다. 스패로 박사팀의 연구에 따르면 어려운 문제를 접한 사람들은 자동적으로 검색부터 떠올렸다. '검색형 인간'이 된 것. "검색만 잘 하면 되지, 그게 뭐가 문제일까? 도서관에서 책 찾는 것과 무엇이 다를까"라고 반문할 수도 있다. 하지만 그렇지 않다. 우선 슈피처 교수의 지적대로, 사전 지식이 없으면 아무리 정보가 많아도 제대로 된 판단을 하지 못할 가능성이 높다. 두번째로는 뇌가 나태해진다. 우리 뇌는 어딘가 기억력을 의지할 곳이 생기면 금세 정보 기억을 포기한다.

4. 스마트 세상, 우린 더 똑똑해지고 있을까?

인터넷은 똑똑해지고 내 머리는 텅 빈다

생각해보기

스패로 박사팀이 한 또다른 실험이 이를 뒷받침한다. 문장을 보여준 뒤 "저장했습니다"라고 알려주거나 "삭제했습니다"라고 알려준다. 어느 쪽이 더 기억률이 높았을까. "삭제했습니다"라고 알려준 문장이다. "저장했습니다"라는 말을 듣는 순간, 뇌는 믿는 구석이 있다고 판단해 기억을 포기한 것이다. 곽금주 교수는 "메뉴판처럼 모든 게 준비돼 있는 환경에서, 뇌는 깊이 기억하거나 탐구하지 않게 된다"고 말했다.

이런 현상을 가속화하는 것이 인터넷과 스마트폰이다. 인터넷 브라우저와 메모장, 캘린더가 한 손에 가득하기에 우리는 약속도, 전화번호도 외우지 않는다. 궁금한 게 생기면 말보다 손이 먼저 움직인다. 두뇌는 텅 비어간다.

참고문헌 및 사이트

- 류영주, 성공적인 대학생활 1권, 대구가톨릭대학출판부
- 윤신영, 과학동아, 2014년 11월호

차시예고

다음 시간에는
4차시 대학생 학문정직성 가이드라인을
학습하도록 하겠습니다.

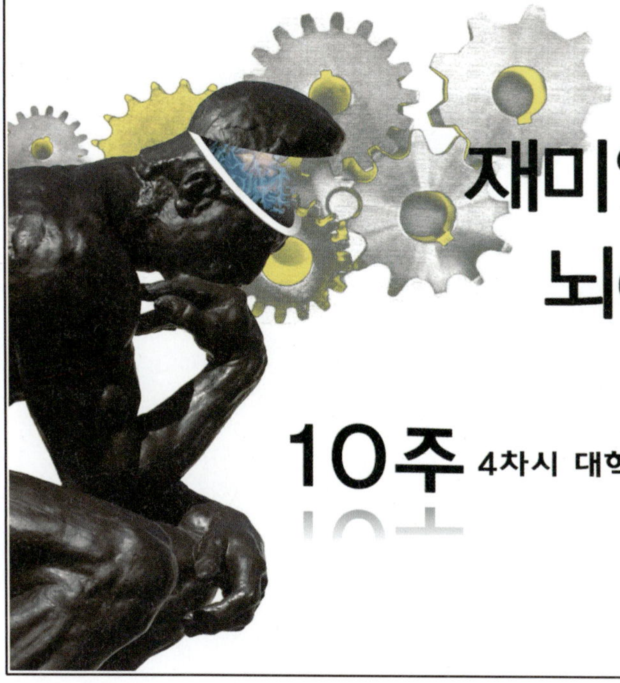

재미있는 뇌이야기

10주 4차시 대학생 학문정직성 가이드라인

학습목표

1. 정직하고 성실히 공부해 제대로 실력을 키우는 법을 터득할 수 있다.

학습내용

1. 학문정직성
2. 정직한 삶, 아름다운 세상

1. 학문정직성

삶은 반드시 선하고 행복한 것이 아니다. 좋은 삶만이 선하고 행복하다.
- 세네카

좋은 행위를 하는 자가 바로 좋은 학자라고 할 수 있다.
- 인도의 기로파제예

세네카,
www.designeyes.com403

1. 학문정직성

바를 정(正), 곧을 직(直)

정직은 거짓이 없고 진실한 것을 의미한다. 사람에게 정직은 매우 중요하다. 정직하고 배려심 깊은 학생일수록 학교 성적도 좋고 진취적인 성격을 갖는다는 연구결과도 있으며 정직하고 선한 마음이 건강 비결이고, 삶의 질을 높여준다는 보고도 있다.

지극히 풍부한 학식을 갖고 자기만족에 빠져 있는 것보다, 건전한 상식을 조금 가지고 겸허한 마음으로 사는 것이 낫다. 어떤 지식이든 지식은 그 자체로서 좋은 것이지만, 순결한 양심과 선한 생활은 모든 지식보다 위에 놓이지 않으면 안 된다.
- 토머스 아 켐피스/신학자

토마스 아 켐피스,
ko.wikipedia.org

지능을 올바르게 사용하는 습관이 확립되지 않으면 바른 의지도 나오지 않는다. 지능의 습관이 의지에 큰 영향을 주기 때문이다. 그러나 지능의 습관은 그것이 인생의 영원한 법칙 전체에 바탕을 둔 것일 때, 비로소 가장 좋은 것이 된다.
- 세네카/철학자

인도의 기로파제예는 **"좋은 행위를 하는 자가 바로 좋은 학자"**라고 했다. 좋은 학자는 학문정직성을 갖추고 있다.

1. 학문정직성

컨닝 없이 정정당당하게

영화 '스쿨타이(School Ties)'를 보면 미국 명문 사립고등학생들이 시험 치르는 장면이 나온다. 학생들은 명문 가문 아이들답게 컨닝은 안 할 정도의 자긍심과 자기통제력을 갖고 있다고 한다. 과연 그럴까?

gomaver.tistory.com400

(선생님) 유감스럽게도 어제 시험에서 누가 부정행위를 했다. 모두 명예헌장에 서명했는데 이렇게 어이없는 상황이 발생하다니 ...... 다음 수업까지 부정행위자가 밝혀지지 않는다면 전체를 낙제시킬 수밖에 없다.

(학 생) 컨닝한 건 한 명인데 불공평하잖아요.

(선생님) 한 명으로 모두가 불명예를 입었다.

(학 생) 재시험은 안되나요?

(학 생) 그게 공평해요.

(선생님) 부정행위가 있었던 걸 모른 척하고? 부정행위자는 여러분의 명예를 앗아갔다. 이걸 무시한다면 내 명예까지 짓밟히는 거다. 여러분에게 맡기겠다.

(학 생) 누군지 빨리 말해. 본 사람이 있을 거야.

(학 생) 4년간 죽어라 공부했는데 한 녀석 때문에 망하라고? 누구든 어서 자백해. 전체가 낙제할 순 없어. 지금도 늦지 않았어.

- 영화 '스쿨타이(School Ties)' 대사

1. 학문정직성

컨닝 없이 정정당당하게

어떤 학생의 컨닝 장면을 목격한 유대계 학생이 유대인이라는 이유로 오히려 컨닝범으로 몰린다. 하지만 그 후 컨닝 장면을 목격했던 또 다른 학생이 진실을 말하여 곤경에서 벗어난다.

시험은 학생들의 학업성취도를 측정하는 데 목적이 있다. 컨닝은 공정한 평가를 방해하는 비윤리적인 행위다. 남에게 자신의 답안을 보여주는 행위, 허락되지 않은 참고자료를 보는 행위, 대리시험을 부탁하거나 행하는 행위도 컨닝과 함께 시험부정행위에 속한다.

illrawww.tistory.com

2. 정직한 삶, 아름다운 세상

선행이 주는 기쁨

미국 국립보건원 조단 그라프만 연구진은 자선기부를 할 때 뇌에 어떤 반응이 나타나는지에 대한 흥미로운 연구결과를 발표했다.

연구진은 피험자들에게 자선단체에 기부를 할지 말지를 물은 뒤 fMRI를 이용해 뇌영상을 찍었다. 관찰결과, 기부를 한다고 답한 사람들은 측핵과 중뇌가 활성을 보였다.

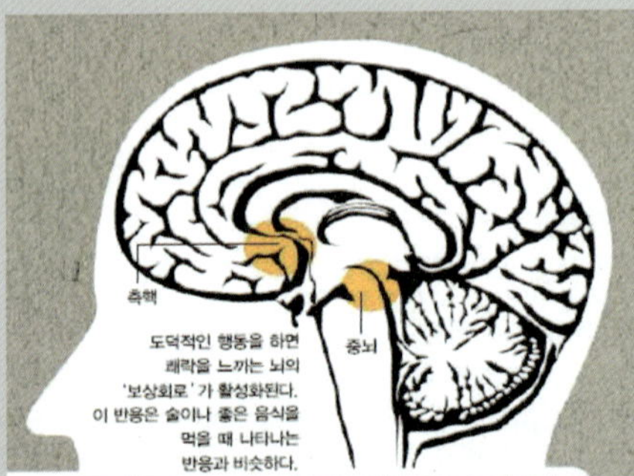

과학동아, 2008년 12월호

2. 정직한 삶, 아름다운 세상

선행이 주는 기쁨

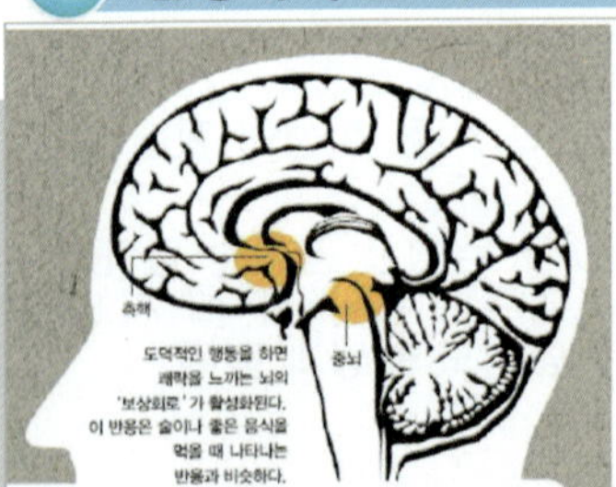

Q 측핵과 중뇌, 어떤 일을 하나?

A 흔히 '보상회로'라고 부르는 부분으로 기쁨과 희열을 담당한다. 술, 담배, 마약 등의 물질이나 도박 같은 행위에 중독되는데, 이는 여기서의 도파민 분비가 희열을 주기 때문이다. 재미있는 사실은 익명으로 기부할지 기명으로 기부할지 또는 금전적 보상이 있는지 없는지는 뇌에서 반응이 일어나는 부위엔 큰 차이를 주지 않는다는 점이다.

Q 자선기부시에도 보상회로가 작동한다는 건, 이타주의적 행위가 주는 기쁨이 쾌락적 행위가 주는 기쁨과 다르지 않다는 건가?

A 그렇다. 도덕적인 선택이 우리에게 기쁨을 주는 이유다. 우리의 일상생활은 판단과 선택의 연속이다. 점심으로 뭘 먹을까, 오늘은 학교를 몇 시에 갈까 같은 단순한 선택 상황도 있지만, 레포트 제출시간도 다 됐는데 슬쩍 베낄까, 수업에 늦었으니 대리출석을 부탁할까 같은 도덕적인 선택을 해야 하는 상황도 많다. 어떤 선택이든 배외측 전전두피질은 이성적인 선택을 하는데 큰 역할을 한다. 하지만 도덕적 선택을 할 때는 복내측 전전두피질에서 정서 반응이 일어나 보상회로가 작동한다.

2. 정직한 삶, 아름다운 세상

선행이 주는 기쁨

A 선행과 미덕을 반복하면 긍정적 정서반응을 강화시키고 보상회로까지 작동시켜 전두엽은 더욱 건강해진다. 하지만 비도덕적인 행동을 반복하면 부정적 정서반응이 전두엽의 작용에 계속 개입하면서 전두엽은 쉴 수 없게 되고, 결국 충동을 억제하는 전두엽의 기능은 약해진다. 그 결과 비도덕적인 행동을 계속하는 악순환이 이어진다.

> 악인은 남을 해치기 전에 자기 자신부터 해치는 법이다.
>
> – 아우구스티누스/신학자

blog.daum.net1280

Q 그래서일까. 좋은 생각과 행동을 하는 사람이 많을수록 사회가 건강해진다.

A 그렇다. 정직하고 진실한 사람이 많을수록 우리가 사는 세상이 더 아름다워진다.

2. 정직한 삶, 아름다운 세상

정직한 삶, 건강한 신체

병마다 직접적인 원인은 다르겠지만 공통점이 있다. 바로 잘못된 생활습관에서 비롯된다는 점이다. 평소 생활을 어떻게 하느냐에 따라 병에 걸릴 수도 있고 건강할 수도 있다. 그리고 치료 역시 생활습관을 고쳐야 가능한 건 물론이다. 실제 병의 60% 이상은 생활스타일을 바꿈으로써 예방 및 치료가 가능하다는 것이 의학계의 보고다. 가령 담배를 피우면 폐암에 걸릴 확률이 결정적으로 높아진다. 술은 간 질환을, 지방질 육류는 고혈압과 심장병을 유발한다.

info-line.co.kr400

Q 생활습관하면 주로 식사와 운동이 떠오른다.

A 하지만 그보다 더 중요한 것이 있다. 바로 마음의 평화! 마음은 중추신경계를 비롯해 내장의 자율신경, 호르몬 분비에 직접적인 영향을 미치기 때문이다.

Q 예를 들면?

A 남을 속인다고 가정해보자. 그 상황이 오면 온몸에 '비상 신호'가 켜진다. 뇌는 순식간에 특정 뇌파를 쏟아내고 5~10초 후에 심장박동은 평소보다 빨라지며 혈압도 높아지고 이마엔 식은 땀이 흐른다. 이런 상태가 자주 오면, 그리고 그것이 10년, 20년 지속되다 보면 건강이 어떻게 될 것인가는 쉽게 짐작할 수 있다.

2. 정직한 삶, 아름다운 세상

정직한 삶, 건강한 신체

마음의 평화가 무엇보다 중요한 건 그래서다. 정직하고 성실하게 공부하고, 자존심을 지키고, 사소한 일에도 감사하고....... 이런 순간 뇌 속에 엔도르핀이 많이 분비된다. 정직하고 선한 마음. 그것이 건강의 비결이요 삶의 질을 높여준다.

news.donga.com

인간 각자가 선해지는 것이 이 세상의 생활을 개선하는 가장 확실한 방법이다.
– 하르트만/철학자

우리가 도덕적 완성에 이르는 것은 불가능하다. 그러나 그것을 향해 다가가는 것은 인생의 법칙이다.
– 톨스토이/작가

외면적인 결과는 우리의 의지로 어떻게 할 수 없지만 노력은 언제나 가능하며, 노력에는 항상 좋은 내면적 결과가 따르기 마련이다.
– 톨스토이

나의 영혼을 정돈하고, 정결히 하고, 예민하게 하고, 올바르게 하여야만 비로소 신의 사업에 동참할 수 있다.
– 톨스토이

퀴즈

Quiz

공부할수록 똑똑해지는 이유를 뇌과학적으로 설명하시오.

신경세포는 시냅스에 의해 서로 연결돼 일종의 네트워크를 이루고 있다. 이런 신경 네트워크는 공부에 의해 강화되며 상황에 따라 달라지는 유연성을 갖고 있다. 끊임없이 노력하고 깊은 생각을 하는 습관을 들이면 신경 네트워크는 더욱 다양하게 연결되고 활성화 되는데 이것이 공부할수록 똑똑해지는 이유라고 할 수 있다.

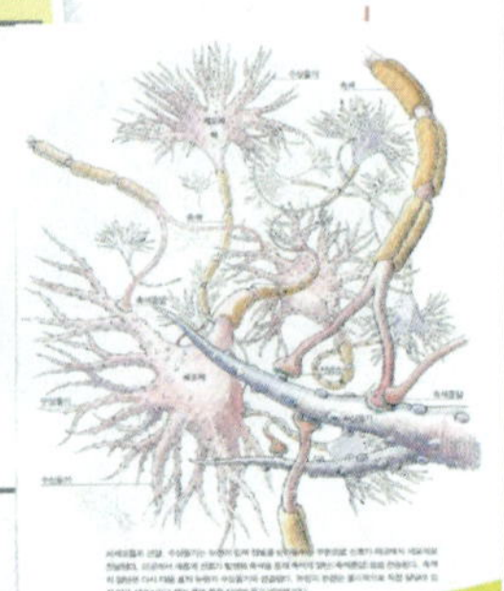

학습정리

뇌의 학습원리, 즉 뇌가 공부를 받아들이는 과정, 뇌 구조에 순행하는 공부법을 이해하고 이에 따르면 적은 노력으로도 많은 성과와 공부하는 재미를 얻을 수 있다.

- 폭넓은 독서를 통해서 세상을 꿰뚫는 통찰력을 기르자.
- 삶의 비전과 목표를 세우자.
- 여러분 삶의 주인공이 되라.
- 바른 생활습관을 길르자.
- 서로 사랑하고 봉사하자.

참고문헌 및 사이트

- 류영주, 성공적인 대학생활 1권, 대구가톨릭대학출판부

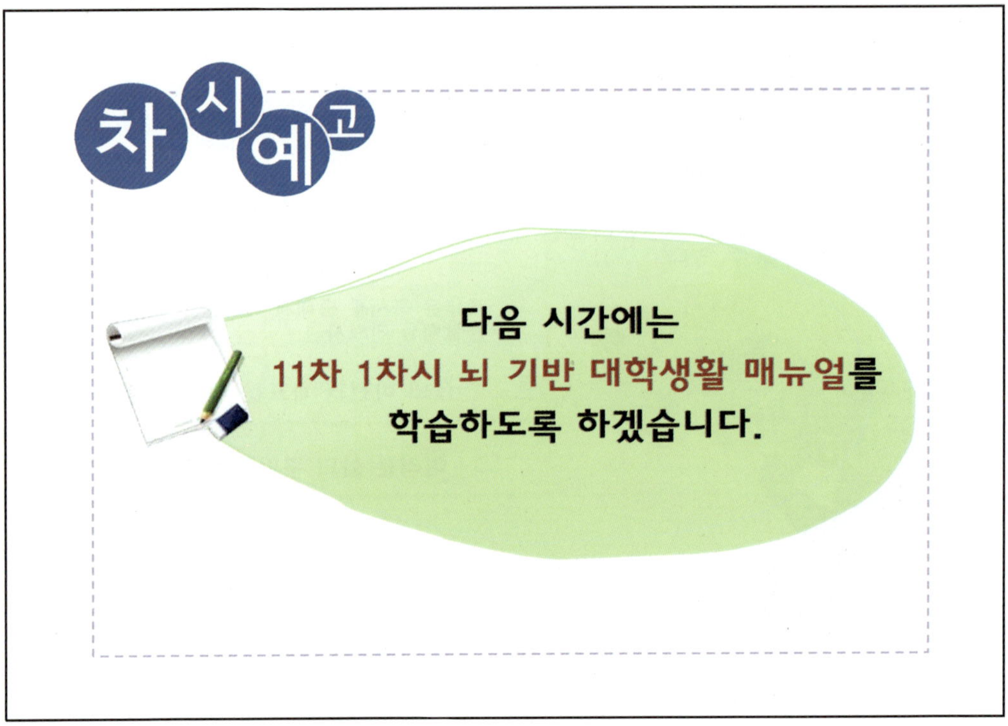
차시예고
다음 시간에는
11차 1차시 뇌 기반 대학생활 매뉴얼를
학습하도록 하겠습니다.

재미있는 뇌이야기

11주 1차시 뇌 기반 대학생활 매뉴얼(1)

학습목표

성공적인 대학생활 비법을 터득할 수 있다.

학습내용

1. 일류 대학이란 없다
2. 성공적인 대학생활

1. 일류 대학이란 없다

schoolpress.co.kr

- 대학에 대해 일류이니 삼류이니 하는 평가가 있더라도 그것을 진짜로 믿어서는 안 됨
- 자신에 대해서도, 대학에 대해서도 세간의 평가보다 자신의 평가 기준을 가지지 않으면 안 됨
- 대학은 그 학교를 다니는 학생들이 일류냐 삼류냐에 따라 평가할 수 있음
- 가르칠 수 없게 된 교수는 교수가 아니고 배울 의욕을 잃어버린 학생은 학생이 아님
- 가르칠 열정이 없는 교수와 배울 의욕이 없는 학생이 모인 대학이 삼류 대학

아무리 그 학교 출신의 선배들이 걸출하고 시설과 장비가 최첨단이어도 지금 그 학교를 다니는 교수와 학생의 태도가 삼류라면 그 학교는 삼류 대학에 지나지 않는다.

그렇다면 대학이란 무엇인가?

철학자 Jaspers는 **"대학은 지상에서 가장 아름다운 것"**이라 했다.

"대학은 지혜의 광장이자, 기회의 바다"란 말도 있다.

오늘날 모든 국가는 대학에 국가운명을 걸고, 대학발전과 육성에 심혈을 기울이고 있다.

"대학은 원석을 갈고 닦아 가장 찬란한 광채를 내뿜을 수 있도록 하는, 최선의 자기를 발견하는 곳" - 김난도/교수

media.daum.net

대학은 빈집과 같다

일러스트=google

대학에 오면 뭔가 좋은 일이 있을 거라 생각하는 사람이 있는데, 그런 사람은 결혼만하면, 행복이 넘칠 것이라 착각하는 사람과 같다. 대학엔 아무것도 없으며 결혼에도 아무것도 없다. **'무엇'인가를 만드는 것은 자기자신이기 때문이다.**

대학은 빈집과 같다. 초인종을 아무리 눌러도, 안에서 문 열어주는 사람은 없다. 여러분 스스로가 문 열고 들어가지 않으면 안 되는 것! 이 점을 분명히 인식하고 대학생활을 해야 한다. 여러분 스스로가, 애살을 갖고 야무지게 대학생활을 해나가야 한다!

2. 성공적인 대학생활

대학에서 해야 할 일

- 학업
- 폭넓은 인간관계
- 교양 습득 및 인격 성장
- 다양한 취미활동
- 이성교제 등

가장 중요하게 여겨야 할 일 - **학업**

noproblemmylife.tistory.com

- 대학은 공부하는 곳이기 때문
- 이는 아무리 시대가 바뀌어도 변하지 않을 것
- 공부 아닌 그 무엇도 대학생활에 우선될 수는 없음

2. 성공적인 대학생활

www.jrcreative.co.kr

Q 지금껏 지겹도록 공부했는데, 대학에서 또 공부공부하니 너무 잔인하다.

A 이해되는 말이지만, 비싼 학비에, 지금까지 다녔던 그 어떤 학교보다 좋은 환경을 갖춘 대학에 와서 공부에 소홀한다면, 그야말로 평생을 두고 후회하게 될 것이다.

Q 대학에서 무엇을 배우나?

A '배우는 즐거움을 배우자'고 말하고 싶다. 대학의 역할은 그저 세상을 잘 살아가는 기술자를 생산하는 곳이어선 안 된다. 생존의 시대에서 실존의 시대로 진입한 지금, 대학의 역할은 그에 상응해야 한다. 생존 레벨에서 실존 레벨로의 향상이 지금까지 하고 싶었던 스페인어 공부를 하게 하는 에너지가 되기도 하고, 테니스를 연습하게 하는 에너지가 되는 것과 연결되지 않으면 의미가 없다. 다시 말해, 대학 시절은 '먹고살기만 하면 된다'는 것에 만족하지 못하는, 인간의 길을 찾아 나서는 시기여야 한다.

2. 성공적인 대학생활

잘 먹고 잘 살기만 하면 된다는 생각에서 '이대로 좋아'라고 만족하지 않는 야심을 키워 나갈 것, 의식주 차원을 넘어서는 새로운 욕구를 발견하는 것이다.

www.campuslife.co.kr

- 그럴 수 있다면, 물질적 욕망이 채워지지 않더라도 정신적 기아감은 느끼지 않을 것
- 채워지지 않음으로써 인간의 생활은 긴장감을 갖게 되지만, 결코 정신적 기아감을 느끼게 하지 않는 꿈과 욕구를 가슴속에 품고 있다면 그 사람의 인생은 머잖아 별을 딸 수 있을 것
- '대학에서 무엇을 배울 것인가'라고 묻는다면 '배우는 즐거움을 배운다'고 말할 수 있음

2. 성공적인 대학생활

학점이수는 학위수여요건!

Q 대학은 이수해야 할 학점을 학칙으로 규정하고 있다.

A 학점이수는 학위수여요건 중 하나다. 필수적으로 이수해야 할 교양학점과 전공학점이 있다. 교양 강좌를 통해서 인생과 세상에 대한 넓은 지식을 습득하는 동시에 전공 강좌를 통해서 전공분야에 대한 깊고 전문적인 지식과 기술을 습득하도록 권장하고 있다.

현대는 통섭과 융합의 시대다. 그렇기 때문에 다양한 지식을 흡수하며 시대의 요구에 맞는 '자기만의 이야기'를 만들어가는 것이 학벌이나 스펙보다 중요하다.

bonobo007.tistory.com

2. 성공적인 대학생활

학점이수는 학위수여요건!

학생의 성실성과 지식수준이 반드시 학점수준과 비례하지는 않는다.

Ⓐ와 Ⓑ의 사례를 보자. Ⓐ는 지나치게 학점에 집착하여 학점을 잘 주는 교수의 강의를 선택적으로 수강한다. 공부도 학점 평가기준 위주로 한다. Ⓐ와 같은 부류는 심층면접을 통해 세부적으로 점검해 보면 높은 학점에 비해 역량이 떨어지는 경우가 많다. 반면 Ⓑ는 학점이나 시험에 연연하기보다 자신이 흥미를 느끼는 주제나 관심사에 몰두하여 심층적으로 파고들며 공부한다. 이 부류는 학점에 비해서 탁월한 지적 역량을 지니는 경우가 많다.

www.nesokorea.org

2. 성공적인 대학생활

학점이수는 학위수여요건!

blog.daum.net

열심히 공부하자. 학점 따기 위해서나 학문하기 위해서나... 등 그 무엇을 위해서가 아니라, 공부하러 대학에 왔고 대학의 목적이기도 하니까, 공부하는 즐거움, 그 참 희열을 체험하기 위해서라도.

나는 공부는 하면 할수록 사람을 겸손하게 만들어준다고 믿고 있다. 자만은 실패의 지름길이라고 생각해서 끊임없이 스스로를 경계하는 스타일인데 이때 가장 좋은 방법은 늘 공부하는 자세를 잃지 않는 것이다. 이런 자세는 현업에서도 굉장히 도움이 되었는데, 공부를 하면 할수록 많은 사람들이 얼마나 열심히 살고 있는지, 또 내가 얼마나 부족한지를 뼈저리게 알 수 있었다.
- 안철수/국회의원, 전 기업인

한문 5만여 자 중에서 가장 좋은 글자는 배울 '학'자라는 말이 있다. 인간의 행동 중에서 배운다는 행동처럼 창조적이고 건설적이고 생산적인 행동이 없다. 배워야 알고, 알아야 힘이 생기고, 힘이 있어야 쓸모가 있다. 괴테는 말했다. "쓸모가 없는 존재는 죽은 존재다." 우리는 쓸모있는 사람이 되기 위해 부지런히 배워야 한다. 우리는 괴테의 《파우스트》와 같은 왕성한 지식욕과 탐구 정신을 가지고 열심히 새로운 것을 배우고 알고 연구하고 추구해야 한다. - 안병욱/철학자

2. 성공적인 대학생활

바람직한 대학생의 자질

jobnjoy.com

1. 우선 겸손해야
2. 진리와 진실에 대한 열정을
3. 책임질 줄 아는 사람
4. 원만한 인간관계
5. 시간을 아껴야
6. 건강도 무시말 것

- 손봉호/윤리학자

참고문헌 및 사이트

- 류영주, 성공적인 대학생활 2권, 대구가톨릭대학출판부

차시예고

다음 시간에는
2차시 뇌 기반 대학생활 매뉴얼(2)를
학습하도록 하겠습니다.

재미있는 뇌이야기

11주 2차시 뇌 기반 대학생활 매뉴얼(2)

학습목표

성공적인 대학생활 비법을 터득할 수 있다.

학습내용

1. 꿈과 목표는 구체적으로!
2. 체력을 유지하라
3. 충분한 수면을 취하라
4. 식사를 규칙적으로 하라

1. 꿈과 목표는 구체적으로!

- 목표는 중요하지만 너무 막연할 경우라면...... 그저 막연히 '앞으로 이렇게 되었으면 좋겠다'는 희망만 가지고는 안 됨
- **목표는 구체적이어야 하고, 실천 가능한 것이어야 함**
- 너무 막연한 목표를 좇다 보면 갈 길이 멀고 모호해서 금방 의욕을 잃어버리게 되며 그러면 계획이 수포로 돌아가기 쉬움
- 작으면서도 구체적인 목표를 정해서 눈에 보이는 실천을 하나씩 하는 게 더 좋음

moneyamoneya.tistory.com

1. 꿈과 목표는 구체적으로!

계속 15cm만 올라간다면

www.ljdesign.co.kr500

1989년 7월 18일. 이 날은 하반신 마비를 가진 웰먼에게 아주 특별한 날이다. 암벽으로 된 캘리포니아의 엘 카피탕을 정복했기 때문이다.

웰먼은 1982년에 등산을 하다가 사고로 하반신이 완전히 마비됐다. 절망할 법도 했겠지만 그는 그러지 않았다. 피나는 반복 훈련을 했고, 그 덕에 몸을 움직일 수 있었다. 옛날처럼 산을 오를 수 있다는 믿음도 키워갔다. 그는 마음속으로 되새겼다. "한 번에 조금씩 올라간다면......" 그러고는 계획에 따라 철저히 준비했다.

등반에 나선 그는 로프를 잡고 1천m의 암벽을 올랐다. 오직 팔의 힘으로만! 그는 한 번에 15cm씩 자기 몸을 끌어올렸다. 그렇게 7천 번을 당겼다. 9일의 시간이 걸렸다. 정상 정복에 성공한 뒤 그는 말했다.

"계속 15cm만 앞으로 나아가겠다고 결심한다면 세상에서 이루지 못할 일은 없습니다."

1. 꿈과 목표는 구체적으로!

Tip

yellowstone.tistory.com

① 작은 계획으로 습관을 고착시킨다

욕심을 내 큰 계획을 세우면 즉각 뇌 속 편도체가 반발한다. 뇌에는 통일-일관성에의 강한 본능이 있다. 이것을 흐트러뜨리는 정도의 큰 변화에는 강력 반발한다. 작은 계획으로 차근차근 해나가야 한다.

② 목표를 '분명히 언제까지 한다'고 정한다

뇌가 해보고자 하는 의욕을 내기 위해서는 무엇을 할 것인가 스스로 선택하고 그 내용을 구체적으로 해 달성도가 눈에 보이게 해야 한다.

③ 단계별로 설정한다

새로운 습관에는 새로운 뇌 회로가 형성되어야 하는데 그 과정을 눈에 보이게 단계별로 설정한다. 각 지점별로 자신이 달성해야 할 목표치를 분할해놓고 달리는 '서브골(Sub-goal)' 작전을 쓰는 것이다.

1. 꿈과 목표는 구체적으로!

생각나누기

① 나는 앞으로 어떤 목표를 가지고 대학생활을 할 것인가?

대학생활에서 이루고 싶은 목표는 어떤 것인가?
내 마음 깊숙한 곳에서 진정 하고 싶어 하는 일들은 무엇인가?

② 그렇다면 이번 학기에, 이번 달에 그리고 오늘 무엇을 해야 할까?

bujanara.tistory.com

2. 체력을 유지하라

대학생의 건강관리

건강은 인생 제일의 자본이자 가장 소중한 재산이다. 건강이라는 인생의 기초가 튼튼해야만 우리는 활동적인 인생, 승리하는 인생, 성공하는 인생을 건설할 수 있다.

"건강을 유지하는 것은 자기에 대한 의무인 동시에 사회에 대한 의무다."

\- 벤자민 프랭클린

"돈을 잃으면 조금 잃는 것이요, 용기를 잃으면 많이 잃는 것이며, 건강을 잃으면 모든 것을 잃는 것이다."

돈은 없다가도 벌면 또 생긴다. 그러므로 돈을 잃는 것은 인생의 적은 것을 잃는 것이다. 그러나 용기를 잃으면 인생의 많은 것을 잃는 것이다. 역경을 이기고, 시련을 극복하고 유혹을 물리치고, 목표에 도전하고, 난관을 돌파하고, 신념대로 행동하는 것은 모두 용기가 있기 때문이다. 그러므로 용기를 잃는 것은 인생의 많은 것을 잃는 것이다. 그러나 건강을 잃으면 인생의 모든 것을 잃는 것이다. 건강을 잃기 전까지 우리는 그 소중함을 잘 모른다. 여러분은 자신의 건강에 얼마나 자신이 있나?

강건하고 원기 왕성한 젊은이에게 큰 인생이 다가온다. 아무리 뛰어난 천재라도 기본 체력이 없다면 무용지물이다. 끝에 가선 결국 체력 싸움이기 때문이다.

cgcg.tistory.com

2. 체력을 유지하라

건강도 스펙

체력 받쳐줘야 두뇌 회전도 잘 된다

체력이 나쁘면 머리도 안 돌아간다. 뇌도 팔, 다리와 같이 엄연히 신체의 일부다. 체력이 좋고 기운이 넘쳐야 팔, 다리 등 다른 신체부위의 힘이 강해지듯, 뇌의 기능도 체력과 기운이 좋아야 계발될 수 있다. 머리를 쓴다는 것은 가장 에너지를 많이 필요로 한다. 뇌는 다른 그 어떤 기관보다 더 많은 영양소를 사용하는데, 우리가 섭취하는 음식의 약 5분의 1이나 된다. 1분당 750mL의 혈액을 공급받아 혈액이 가져온 당과 산소를 사용한다. 엔진이 약한 자동차로는 빨리 갈 수도 오래 갈 수도 멀리 갈 수도 없다. 마찬가지로 약한 체력으로는 뇌를 빨리 돌릴 수도, 오랫동안 돌릴 수도 없다.

동아일보 DB

2. 체력을 유지하라

운동이 총명한 뇌를 만든다

미국 시카고 네이퍼빌 고교의 아침 풍경은 색다르다.
아침이 되면 학생들은 체육관으로 모여든다.
0교시 체육수업을 받기 위해서다.
학생들은 강도 높은 운동을 한 다음 교실에서 수업을 받는다.

Q 힘든 운동이 다음 수업에 지장을 주지 않을까?

A 학생들은 "운동을 한 뒤, 정신이 맑아져서 더 집중이 잘된다"고 했다. 1999년 TIMSS(수학·과학 학업성취도 국제비교평가)에서 과학 1위, 수학 5위의 놀라운 성적을 기록했다. 문학, 수학 등 주요 과목에서도 꾸준한 성적 향상의 효과를 보고 있다.

2. 체력을 유지하라

운동하면 실핏줄 늘어난다

- 운동과 성적 향상의 관계는 뇌과학으로 증명되고 있음
- 뇌가 활동하려면 에너지가 필요
- 여러 실험에 따르면 운동하면 뇌에 공급되는 혈류량이 많아지는 걸로 나타남

실험1

피험자(중학교 2학년)를 대상으로 15분 동안 운동을 하게 한 뒤, 뇌를 MRI 영상으로 찍자 운동 전보다 더 많은 혈관이 보였다(가천대 뇌과학 연구소의 실험).

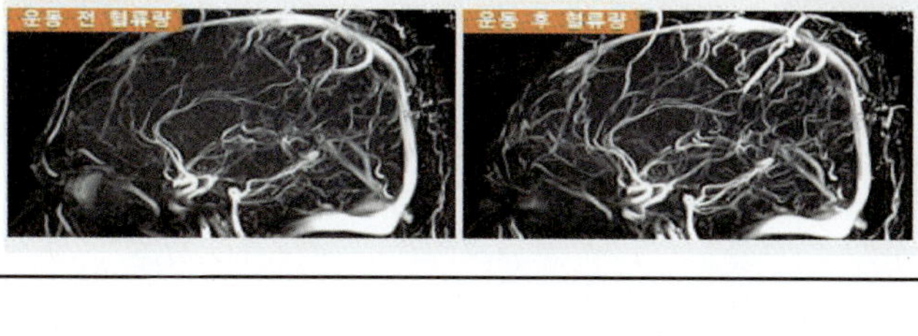

운동 전후의 뇌혈관 사진. 보이지 않던 혈관이 운동 후 나타나 혈류량 증가를 보여준다.
일러스트=가천의과대학 뇌과학연구소

2. 체력을 유지하라

운동하면 실핏줄 늘어난다

실험2

원숭이 24마리를 대상으로 실험한 결과, 지속적으로 운동하면 뇌에서 특정 부위의 혈관이 증가하고 인지능력이 향상되는 걸로 밝혀졌다(고려대 유임주·미국 일리노이주립대 연구진).

연구진은 원숭이 24마리를 세 무리로 나누었다. 한 무리는 20주 동안 운동을 시켰고, 한 무리는 20주 동안 운동시키고 12주를 우리에서 쉬게 했으며, 세 번째 무리는 우리에서 쉬게만 했다.

이후 이들 원숭이의 뇌를 꺼내 약물로 염색한 다음 현미경으로 팔다리의 운동을 총괄하는 '중심앞이랑'의 혈관 부위 변화를 측정했다. 그 결과 꾸준히 운동한 그룹은 운동을 안 한 그룹에 비해 실핏줄(모세혈관)의 수가 15% 많았다. 운동을 한 뒤 쉰 무리는 원래 상태로 돌아갔다.

2. 체력을 유지하라

운동하면 실핏줄 늘어난다

Q 혈관과 뇌 활동과의 관계는?

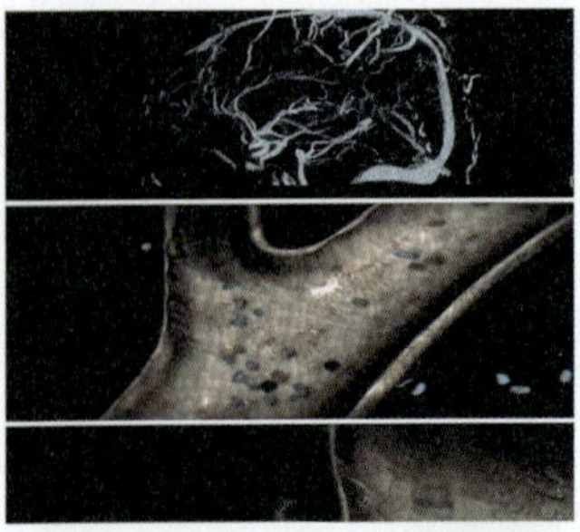

규칙적인 운동은 뇌 전체에 혈류를 증가시켜 뇌유래신경성장인자(BDNF)를 발생시킨다. 성장인자는 새로운 뇌세포를 증식시키는 원동력이 된다.
일러스트= KBS <기억>, p. 184

A 혈관이 증가하고 더 많이 성장하면 산소가 풍부한 혈액을 뇌 신경세포에 더 많이 전달할 수 있다. 뇌는 산소를 매우 많이 소비한다. 산소 대사 작용은 에너지의 주요 수단이다. 산소가 원활히 공급돼야 근육이 더 많은 일을 할 수 있는 것처럼 뇌 역시 산소가 원활히 공급돼야 제대로 활동할 수 있다.

운동→BDNF 촉진→뇌세포 퇴화 예방

혈관 증가→혈류량 증가→산소, 포도당 증가→신경세포 활동 증진

2. 체력을 유지하라

운동하면 실핏줄 늘어난다

실험

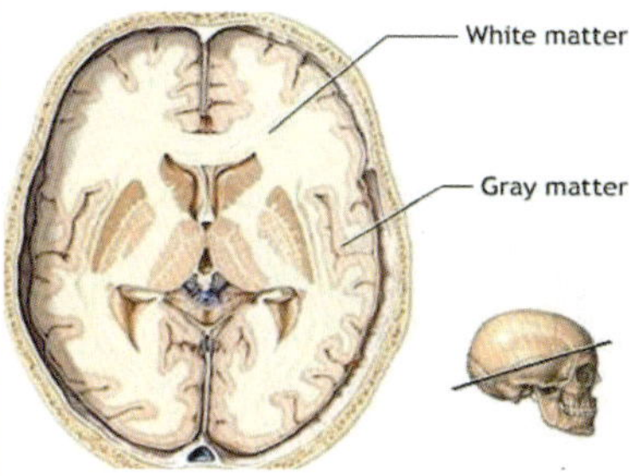

www.nid.or.kr

캘리포니아대 칼 코트만은 운동이 뇌에서 BDNF 호르몬 분비를 촉진시켜 뇌세포 기능의 퇴화를 막아준다고 밝혔다. 특히 전두엽, 측두엽, 두정엽 등 3부위의 기능이 유지될 수 있다.

55세 넘은 사람 55명을 대상으로 MRI로 이 3개 부위를 조영했다. 그 결과 운동으로 건강한 체구를 가진 사람과 그렇지 않은 사람 사이에 차이가 뚜렷하게 나타났다. 특히 두 가지 형태의 뇌조직인 백질과 회백질에서 차이가 두드러졌다. 신호를 뇌 전체에 전달하는 신경섬유가 들어 있는 백질과 학습과 기억을 관장하는 뇌세포를 돕는 회백질은 나이가 들면서 수축되며 그에 비례해 뇌의 인식기능도 저하된다.

2. 체력을 유지하라

운동 직후, 어려운 과목 공부하라

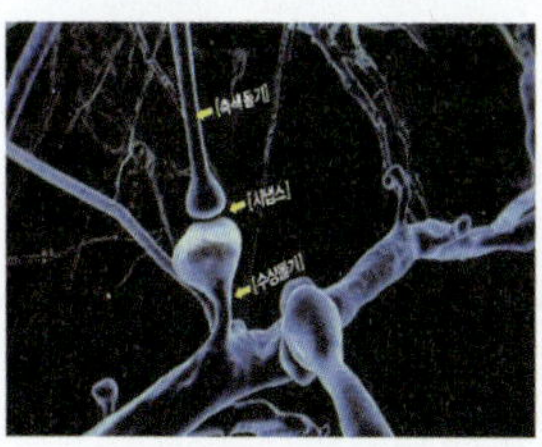

김윤환, KBS <기억>, p. 61

요나탄 린드스트룀, <똑똑한 뇌의 기발한 비밀> p. 47

A 뇌세포가 더 많이 재생되고 이것이 뇌발달 증진으로 이어진다면 더할 나위 없다. 하지만 뇌세포가 재생됐다고 능사는 아니다.

Q 무슨 말인가?

A 지속적으로 반복 학습을 하는 등 환경 자극이 없으면 세포는 활력을 잃고 생존확률도 떨어진다.

Q 재생된 뇌세포를 유지하려면?

A 다른 뇌세포들과의 연결, 즉 시냅스를 만들어야 한다. 뇌는 각 부분의 기능을 따로 볼 것이 아니라 뇌세포가 연결된 신경망을 통해 발현되는 기능이 중요하다. 반복 자극을 통해 신경연결을 강화해야 장기적인 학습능력이나 기억력이 향상된다. 실제로 실험에서도 운동을 한 뒤에서 새롭게 생성된 뇌세포는 시간이 지나자 활력이 줄어들고 생존확률도 떨어졌다. 반면, 운동을 지속한 경우 세포 활력이 증가했다. 운동효과가 사라지기 전에 공부를 하라는 것이다. 그렇게 해야 성적 향상에 도움을 줄 수 있다.

3. 충분한 수면을 취하라

대학생의 수면관리

대학생 1,845명의 수면 형태를 파악하고 학점을 조사한 결과, 4명 중 1명이 한 번 이상의 수면장애를 겪은 것으로 나타났고 수면장애가 없는 학생에 비해 학점도 낮은 것으로 나타났다. 가장 흔한 수면장애는 기면증과 불면증이었고 하지 불안증이 뒤를 이었다.

"새벽 2시. 졸리고 지친다.
하지만 어쩔 수 없잖아. 성적을
올리기 위해선. 남들이 잘 때
공부해야 한다. 어쨌든 공부하는
시간은 많아지잖아. 그러면
언젠가는 성적이 오를 거라구.
자, 열공!"

3. 충분한 수면을 취하라

잠을 줄이면 성적도 준다

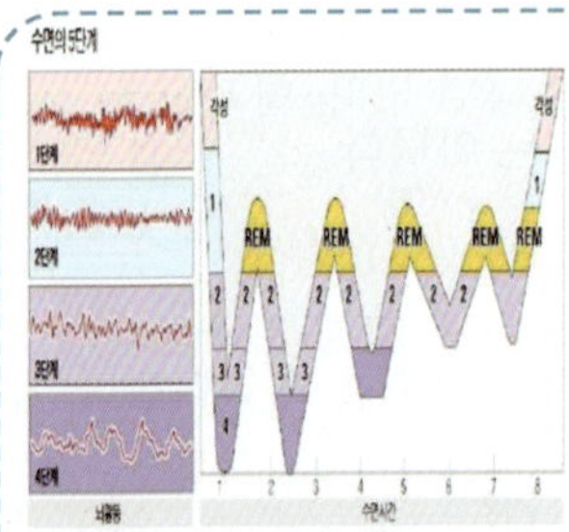

1단계 파장이 가장 짧고, 단계가 높아질수록 파장이 길어진다. 깊은 잠에 빠질수록 뇌파가 느려진다. blog.daum.net

- 윌리엄 셰익스피어는 잠을 '그날그날의 삶의 최후'라 하였고 새뮤얼 존슨은 잠을 '저항할 수 없는 마취'로 보았음
- 과학자들은 잠자는 동안 뇌 활동이 활발하다는 사실 발견
- 뇌파검사(EEG)가 잠자는 사람의 뇌파연구에 사용된 1920년대와 1930년대에 대두되기 시작
- 잠자는 사람의 뇌파는 하룻밤 동안 다양하게 변화
- 뇌파, 눈의 움직임과 근육의 긴장 정도에 따른 잠의 구분

렘수면(REM, Rapid Eye Movement)	'빠른 눈 운동 잠'으로 눈알이 빠르게 움직이는 단계
비렘수면(NREM, Non-Rapid Eye Movement)	눈 운동이 일어나지 않는 단계

3. 충분한 수면을 취하라

잠을 줄이면 성적도 준다

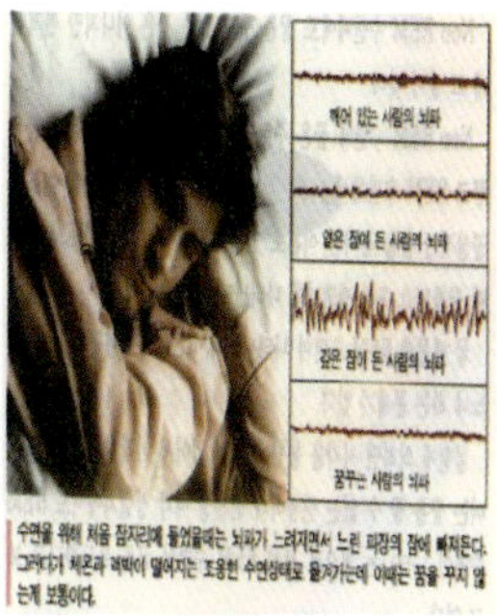

3love.kr

- 숙면을 취할 때 3단계를 거침
- 처음 30분은 얕은 잠을 자다가 서서히 깊은 잠에 빠짐
- 깊은 잠을 자는 동안 뇌의 움직임은 느려지며 하루동안 입은 뇌의 상처가 회복됨
- 그러다 뇌는 갑자기 여러 자극을 받는다. 이것을 렘수면이라 하는데 이 때문에 다음날 훨씬 좋은 컨디션을 갖게 됨
- 렘수면 동안 뇌는 그날 학습한 것들을 새로운 형태로 재구성함
- 뇌는 활동하지만 몸은 꿈에서 일어나는 일을 실제로 행동하지 않음
- 렘수면 후 다시 얕은 잠으로 바뀜. 이러한 주기가 반복됨
- 8시간 잠을 잔다고 할 때 90분의 주기는 5번 반복됨
- 이 상태로 인생의 1/3을 보내는 것

3. 충분한 수면을 취하라

뇌는 깨어 있다!

- 과거에 사람들은 잠이 드는 순간 불이 꺼지듯 뇌의 기능이 정지되었다가 잠에서 깨어나는 순간 다시 켜지는 것이라고 생각
- 꿈은 깨기 직전에 잠깐 꾸는 것이라고 생각해 왔음
- 1950년대 초 수면연구의 개척자인 너새니얼 클리트만은 뇌가 정지된 상태와 같다는 수면의 개념을 완전히 뒤바꾸는 사실 발견
  - **잠을 자는 동안에도 뇌가 깨어 있다는 것**을 밝혀낸 것
  - 수면의 어떤 시점에서 눈이 빠르게 좌우로 움직인다는 것 발견
    → 렘수면

startlive.tistory.com

3. 충분한 수면을 취하라

뇌는 깨어 있다!

- 렘수면 상태의 몸은 깨어서 활동하고 있는 상태와 거의 같음
- 단지 근육이 완전히 풀어져 있는 것만이 각성상태와 다를 뿐
- 뇌 활동도 증가하여 당대사량이 늘어남
- 렘수면의 특이한 양상에 의해 **"잠이 단순히 수동적으로 휴식을 취하는 것이 아니라, 깨어있을 때처럼 능동적으로 움직여가면서 뭔가를 창조적으로 만들어내는 작업을 한다"**는 추론이 나왔음
  - 예를 들어 잠이 기억과 학습에 중요한 역할을 한다(기억증강설)는 보고가 있음
  - 이 설에 의하면 렘수면 동안에 뇌에서는 낮시간에 받아 들였던 복잡다단한 시청각적 정보들을 일목요연하게 정리하면서 필요한 것은 장기 기억장소로 옮겨서 보관하고 쓸데없는 것은 기억에서 제거해 버리는 활동을 하는 것으로 알려져 있음

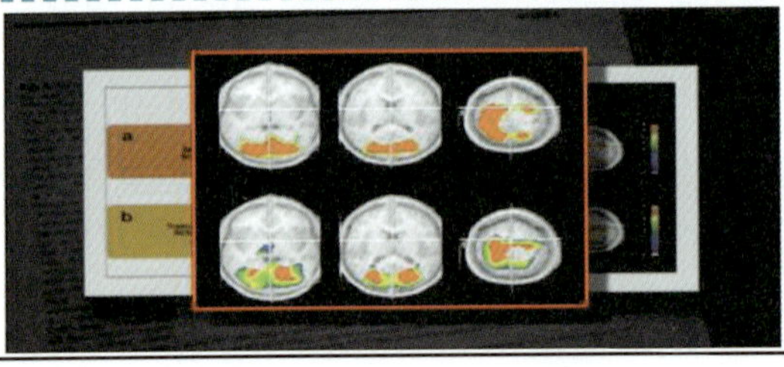

수면과 학습의 상관관계.
뇌는 잠을 잘 때도 쉬지 않고 움직인다.
학습할 때와 잠 잘 때 뇌 영상 촬영.
일러스트=과학카페

3. 충분한 수면을 취하라

뇌는 깨어 있다!

Q 그래서인지 밤새 졸음을 참으며 벼락치기로 공부한 내용은 시험만 끝나면 싹 잊혀지더라.

A 렘수면 단계를 거치지 않았기 때문이다. 뇌에 일시적으로 저장된 정보로 시험을 치르긴 했지만 제대로 정리가 되지 않았기 때문에 며칠 지나면 그 정보가 흩어져 버리는 셈.

qilin.tistory.com

3. 충분한 수면을 취하라

암기과목은 렘수면, 체육은 서파수면에서 강화

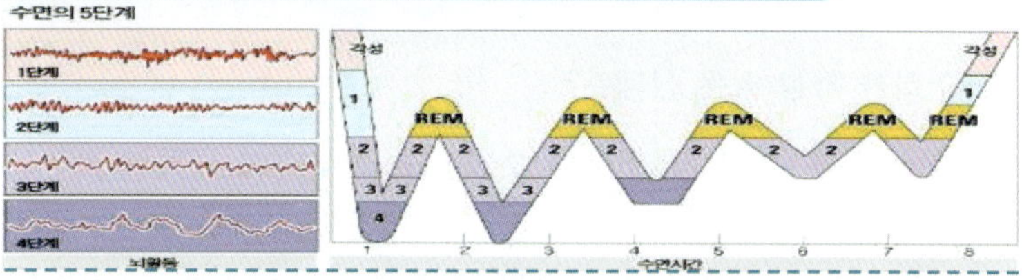

- 최근엔 렘수면 외에도 거의 모든 수면 단계가 학습능력과 밀접하게 관련이 있다는 주장이 나오고 있음
- 실제로 벨기에 리에주대 필리페 페이뉴 연구진은 3, 4단계의 깊은 잠까지 잘 자고 나면 다음날 공간지각 능력이 더 향상된다는 연구결과를 발표
- 과학자들은 암기과목처럼 머리를 써서 얻는 지식은 주로 렘수면에서, 길 찾거나 자전거 타기처럼 몸으로 익히는 학습능력은 3, 4단계에서 각각 강화된다고 보고 있음

"이제까지 기억을 공고하게 하는데 작용하는 유전자는 렘수면상태에서만 작용한다고 알려져 있었다. 그러나 서파수면의 긴 시간 동안엔 총을 장전하고 겨누는 과정처럼 개별 기억이 다시 떠오르고 증폭되며, 짧은 렘수면 때 마침내 방아쇠를 당기듯 기억을 공고히 하는 유전자가 작동되는 상호보완적인 관계다." - 시다르타 리베이로/미 듀크대

3. 충분한 수면을 취하라

내 몸에 맞는 생체시계 공부법

- 생체시계와 인체기관의 관계를 살펴보자. 뇌 뿐 아니라 인체기관도 시간에 따라 기능이 달라짐 → 생체시계 때문
- 생체시계는 햇빛의 양에 따라 호르몬 분비와 체온을 조절
- 햇빛이 완전히 사라진 오후 9시면 생체시계가 뇌하수체에서 수면을 유도하는 '멜라토닌'을 분비하도록 시킴
- 반대로 빛이 들어오는 오전 7시에는 멜라토닌 분비를 멈추도록 해 잠을 깨움

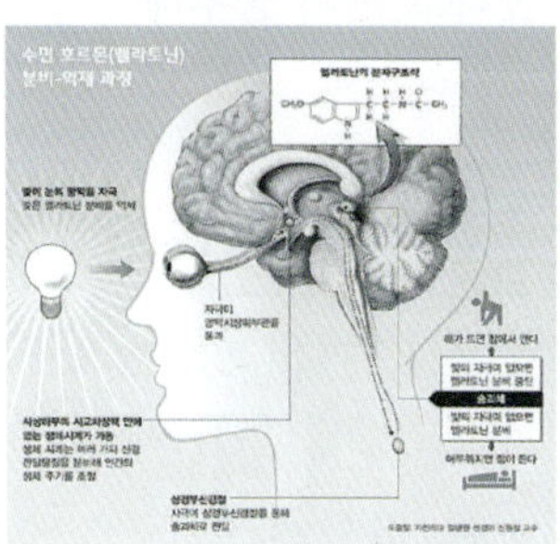

m.blog.daum.net500

Q 그렇게 해서 '각성'과 '수면'이 이뤄지는 것인가?

A 그렇다. 특히 오전 8시부터 오후 11시까지 생체시계는 수면 충동을 높인다. 오후 11시부터 다음날 오전 8시까지는 오히려 각성 충동을 증가시킨다.

3. 충분한 수면을 취하라

수학·과학은 오전 8시에서 오후 2시

Q 하루 중 머리가 가장 맑은 상태는?

A 오전 8시부터 오후 2시까지. 이때는 수면 충동보다 각성 충동이 높은 상태로 집중력과 논리적 추리력이 가장 높다.

Q 그 시간엔 머리를 많이 쓰는 일을 하는 게 좋겠다.

A 그렇다. 머리를 많이 쓰는 일이나 빠르게 처리할 일을 하는 게 좋다. 보통 수학, 과학 공부가 알맞다.

Q 오후 2시 이후로는?

A 오후 2-3시에는 졸음이 온다. 각성 충동과 수면 충동이 만나는 시간대이기 때문이다. 따라서 집중력, 기억력이 모두 떨어진다. 억지로 공부하는 것보다 10분 정도 낮잠을 자는 것이 다시 공부를 시작하는 데 도움을 준다.

3. 충분한 수면을 취하라

수학·과학은 오전 8시에서 오후 2시

Q 그 후로는?

A 오후 3시부터는 세로토닌과 엔돌핀 같이 기분을 좋게 만드는 호르몬이 많이 분비된다. 이 때 평소 싫어하는 과목을 공부하는 것이 좋다.

Q 8시 이후엔 수면 충동이 각성 충동보다 높다. 이 시간에 공부하는 것은 효율적이지 않겠다.

A 꼭 그런 것은 아니다. 수면 충동이 각성 충동보다 높다고 해서 공부에 방해가 되는 것만은 아니다.

Q 이 시간엔 어떤 공부가 좋은가?

A 소리에 민감해지기 때문에 영어 같은 어학 공부를 추천한다. 많은 작곡가들이 밤 작업을 즐기는 이유도 이 때문인지 모른다.

kmong.com

3. 충분한 수면을 취하라

밤샘 벼락치기는 No!

Q 대학생활을 하다보면 밤을 새야할 때가 종종 있다. 시험을 위해 공부하거나 제출할 보고서가 있을 때. 그럴 땐 단호한 결의를 하고 새벽 내내 공부를 하다, 아침 해가 뜨기 직전에 끝내야 한다.

위키피디아

A 아니다. 밤을 새는 것은 절대 피해야 한다! 밤을 새는 경우에는 두 가지 문제점이 생긴다. 우선, 새벽 2시쯤 되면 정신은 과열된 토스터기처럼 스르륵 꺼진다. 졸음을 꿋꿋이 참으며 책과 노트를 본다고 해서 그것이 '공부'라고 생각한다면, 슬프게도 큰 착각을 하고 있는 것이다. 걸핏해서 밤을 새는 학생은 책을 보면서도 정신이 마비될 것 같은 고통스런 상태에 빠져 자기도 모르게 곧잘 다른 생각에 빠진다. 밤을 새면 아침까지 5시간 더 공부할 수 있을 거라 생각하겠지만, 실제로는 1시간만 공부하고 나머지 4시간은 멍청하게 시간을 낭비하는 셈이다.

3. 충분한 수면을 취하라

기억력 높이려면 푹 자라

Q 두 번째 문제는 뭔가?

A 잠을 푹 자면 뇌가 사소한 기억을 스스로 없애 다음날 새 정보를 저장할 공간을 만든다. 워싱턴대 연구진은 사람과 수면 패턴이 비슷한 곤충인 초파리를 이용해 잠과 기억력 사이에 어떤 관계가 있는지 실험했다. 초파리는 뇌세포 사이에서 전기신호를 주고받는 시냅스에 기억력을 담당하는 단백질을 쌓아 놓는다. 시냅스가 일종의 기억력 저장고 역할을 하는 것이다.

"초파리가 잠에서 깨어났을 때 기억과 관련된 정보를 많이 처리했던 시냅스는 잠을 자기 전보다 약해졌고, 정보량이 적었던 시냅스는 사라졌다."

- 워싱턴대 연구진

3. 충분한 수면을 취하라

기억력 높이려면 푹 자라

A 자는 동안 자기 전에 기억하고 있던 내용 일부분을 잊어버리고, 중요하지 않은 기억은 아예 지워버린다는 뜻이다. 이미 저장돼 있던 기억을 없애면 빈 공간이 생겨 자고 일어났을 때 새로운 기억을 저장할 수 있다.

Q 이메일 편지함을 비우는 것과 같네.

A 그렇다. 우리는 하루에도 수십 통, 수백 통의 이메일을 받는다. 때로는 수많은 이메일 속에서 원하는 메일을 찾는 데 애를 먹기도 한다. 뇌 속도 마찬가지. 우리는 깨어 있는 동안 수많은 새로운 시냅스를 연결하지만, 이 모든 연결이 중요하거나 유용한 것은 아니다. 따라서 수면의 역할은 깨어 있는 동안 연결된 무수한 시냅스의 연결고리들을 중요도에 따라 정리해 주는 것이다.

한국교직원신문

뇌는 무한대로 새로운 시냅스를 만들 수 없다. 밤을 새우는 벼락치기는 지워야 할 기억을 지우지 못해서 효율이 떨어지는 현상을 불러온다.

3. 충분한 수면을 취하라

기억력 높이려면 푹 자라

잠 부족 ‣ 고난이도 일 회피

수면 시간이 줄어들면 낮에 딴 일을 많이 한다는 보고도 있다. 학생을 대상으로 실험을 진행했다. 96명의 학생들은 실험 전날 수면 상태를 모니터링 할 수 있는 팔찌를 찬 채 잠을 잤다. 다음 날 아침, 학생들에게 대학 교수직에 지원한 사람의 42분짜리 시범 강의 동영상을 보여주고 컴퓨터에서 그 사람의 강의 능력을 평가하게 했다. 평가에 사용한 컴퓨터는 인터넷에 연결돼 있었기에 학생들은 동영상을 보며 언제든지 인터넷에 곁눈질을 할 수 있었다. 수면 팔찌로부터 얻은 정보와 학생들이 진행자 몰래 인터넷에 접속한 시간을 따져 보니, 전날 밤에 잠을 많이 못 잤거나 수면의 질이 떨어지는 학생일수록 인터넷을 하며 딴 짓을 많이 했다. 수면 부족이 뇌를 많이 사용해야 하는 일을 회피하게 만들고 뇌가 부담이 덜 가는 방향으로 사람들을 유도해 생산성을 떨어뜨렸던 것이다.

3. 충분한 수면을 취하라

기억력 높이려면 푹 자라

잠은 다음 날 새로운 나로 살아남기 위한 필수적인 과정이다. 7-8시간 이상 충분히 잘 시간을 확보하자.

footsolution.tistory.com

"잠에서 깨어나는 것은 언제나 새로운 탄생과 같다."

- 프로이드

"잠은 '근심이란 뒤엉킨 실타래의 풀린 끝을 묶는 것'이다."

- 셰익스피어

"잠에서 깨어났을 때 느끼는 첫 느낌이 그날의 컨디션을 좌우한다."

- 브루노 콤비

3. 충분한 수면을 취하라

삶의 질은 잠의 질

- 하루의 활력은 바로 전날 밤 얼마나 질 좋은 잠을 잤는가에 달려 있다해도 과언이 아님
- 개개인의 생활습관과 건강상태에 따라 다를 수 있겠지만, 다음날 활동에 지장을 주지 않는 정도의 시간이 적정 수면시간으로 생각하면 됨
- 에디슨의 수면시간은 하루 3-4시간
- 상대성 이론을 발표한 아인슈타인의 하루 수면시간은 무려 10시간이며 특히 중요한 연구를 해야 할 때는 11시간까지 잠을 잤다고 함
- 화학자 케큘레는 육각형 벤젠의 고리의 힌트를 난롯가에서 풋잠을 자면서 꾼 꿈에서 얻었음
  - 꿈에서 탄소와 수소 원자가 결합된 긴 사슬이 뱀처럼 움직이다가 어느 순간 뱀 한마리가 자신의 꼬리를 물어 고리를 만드는 것을 본 것

"잠을 거부할 때마다, 잠을 자는 사이에 떠오르는 메시지를 무시할 때마다, 무의식이 고통받고 자기 자신의 일부가 고통받는다."

- 브루노 콤비/작가

3. 충분한 수면을 취하라

삶의 질은 잠의 질

- 적절한 잠은 건강을 유지하는 데 필수적
- 세계 장수촌 연구에서 장수 노인들의 평균 수면시간은 8시간 내외
- 국내 장수 노인들을 대상으로 한 연구에서도 장수 노인들은 8-9시간 정도의 수면을 취함
- 하루 4시간 이하의 수면을 취할 경우 7-8시간을 자는 사람 보다 향후 6년 이내에 사망할 확률이 남성은 2.8배, 여성은 1.5배로 높게 나타남
- 국내 통계자료에 의하면 성인 남녀 모두 평균 수면 시간이 6.5시간으로 대부분의 사람들이 잠이 부족한 상태
- 잠이 부족하면 집중력이 저하돼 일의 능률이 떨어지고, 면역력이 떨어져 각종 질환에 걸리기 쉽고, 운전 중 사고위험도 증가
- 실제로 불면증이 있는 사람은 교통사고 발생률이 정상인에 2배에 달한다는 보고가 있음
- 1979년 3월 28일 미국 쓰리 마일섬의 원자력 발전 사고나 스페이스 셔틀, 챌린저호의 폭발사고도 극도로 수면 부족 상태에 있던 스탭의 판단 미스에 의해 생겼던 것이 밝혀지고 있음

3. 충분한 수면을 취하라

삶의 질은 잠의 질

"우리가 지금보다 더 많이 병들지 않고 더 많이 미치지 않은 것은
모든 자연의 은총 중에서 가장 축복받았고,
축복을 내려주는 은총, 곧 잠 덕분입니다."
\- 올더스 헉슬리

www.koreaherald.com

"잠으로 치유되지 않는 고통은 없다."
\- 발자크

"산다는 것은 병에 걸린 것과 다름없는데
잠이 그것을 16시간마다 치유해준다."
\- 샹포르/도덕가

"자고 있는 인간은 자신의 주변에
시간의 흐름과 세월의 질서를 채워 놓는다."
\- 프루스트

3. 충분한 수면을 취하라

대학생 25% 수면장애

잠이 안 와 힘들었던 적이 있었나? 깊이 잘 수 없고, 새벽 일찍 잠이 깨어 다시 잠들지 못한 적은 없었나? 통계에 의하면 대학생 4명 중 1명이 한 번 이상의 수면장애를 겪은 것으로 나타났다.

<참조. 인체는 전쟁중, 수면의 과학>

가장 흔한 수면장애는 기면병과 불면증이었고 하지 불안증이 뒤를 이었다. 하지 불안증(restless leg syndrome, RLS)이란 신경학적 수면장애의 하나로 다리와 무릎, 종종 팔에 발생하는 이상 감각과 함께 사지를 움직이고자 하는 불편한 충동을 특징으로 한다. 환자들은 다양한 방식으로 하지 불안증을 느끼고 표현한다. 이들은 욱신거림, 따끔거림, 가려움, 잡아당기는 듯한 감각을 호소한다.

기면병이란 하루를 보내는 동안 대화, 회의, 식사 그리고 다른 일상적인 활동 중에 졸음이 쏟아져서 고통받는 것이며 이러한 장애는 사람을 점점 쇠약하게 만든다. 불면증은 잠드는 과정에 문제가 있는 것이고, 기면병은 깨어있는 상태를 유지하는 것에 어려움이 있는 것으로 이러한 측면에서 기면병은 불면증(insomnia)의 반대라고 생각할 수 있다.

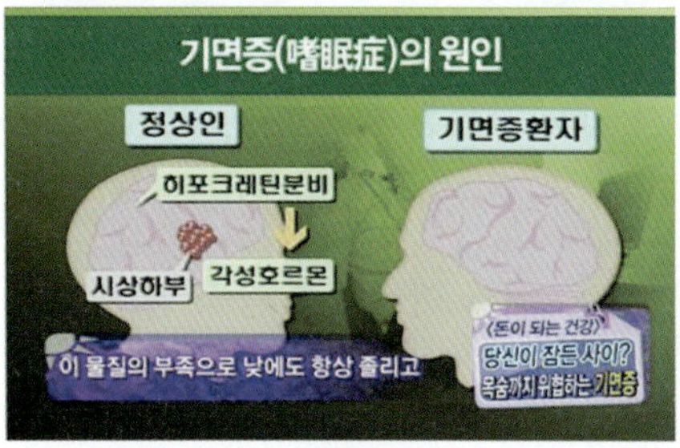

기면증은 병적 졸림이 나타나는 희귀 난치성 질환. 우리 몸에는 낮에 잠을 깨게 하는 코티졸과 밤에 졸음이 오게하는 멜라토닌이 분비되는데, 이를 조절하는 **히포크레틴**이 부족해 발생.
enews.imbc.com.

기면병, blog.daum.net

3. 충분한 수면을 취하라

잠을 못 잔 지 십칠 일째다

무라카미, 잠

불면증 하니 무라카미 소설 [잠]이 떠오른다.
"잠을 못 잔 지 십칠 일째다"라는 문장으로 시작되는 소설은 어느 날 갑자기 잠을 못 자게 된 가정주부의 일탈에 관한 이야기다. 불면증과는 다른 증상으로, 잠을 못 잤다고 피곤하거나 일상생활에 지장이 있는 것이 아니다. 작품 속의 '나'는 치과의사인 남편과 초등학생 아들을 키우고 있는 평범한 가정주부다. 어느 날 악몽을 꾼 이후부터 잠이 오지 않는다.

"나는 잠이 오지 않게 된 그날부터 그동안 못 읽었던 19세기 러시아 소설들을 읽으며 밤의 시간을 영유해나간다. 톨스토이의 '안나 카레니나'에 빠져들어 주인공과 브론스키의 존재에 대해, 그리고 톨스토이의 위대함에 심취한다."

"잠을 못 잔다고 일상이 엉망이 되지도 않는다. 밤이 되면 가족들은 다 잠이 들고, 나는 조용히 침실에서 빠져나와 브랜디를 마시며 러시아 고전문학에 빠져든다. 그러다 갑갑해지면 조용히 차를 몰고 드라이브를 간다. 어느 누구도 나의 일탈을 눈치채지 못한다. 오히려 나는 '자신의 인생을 확장해나가고 있다'고 생각한다. 훗날 어떤 대가가 따르더라도 그 시간을 의지대로 쓸 것이라 마음먹는다."

3. 충분한 수면을 취하라

잠을 못 잔 지 십칠 일째다

"한 달쯤 그 '불면증 비슷한 것'이 이어졌다. 그동안 나는 단 한 번도 제대로 된 잠을 자지 못했다. 밤이 되어 침대에 들어가, 자아, 이제 그만 자자, 생각한다. 그러면 그 즉시 마치 조건반사처럼 잠이 깨버린다. 아무리 노력해도 잘 수 없었다. 잠을 자려고 의식하면 할수록 거꾸로 눈이 말똥말똥해졌다. 술이나 수면제를 시험해봤지만 효과는 없었다.
새벽녘이 되어서야 겨우 졸음 비슷한 것이 찾아온다. 나는 잠의 테두리쯤을 손끝에 아주 조금 느낀다. 하지만 얇은 벽으로 나누어진 바로 옆방에서 내 의식은 생생하게 깨어 나를 지그시 지켜본다. 내 육체는 흐느적흐느적 옅은 어둠 속을 헤매며 계속 나 자신의 의식의 시선과 숨결을 바로 옆에서 감지한다. 나는 자려고 하는 육체이고 동시에 깨어나려고 하는 의식이었다."

"밤이 되면 맹렬한 각성이 찾아왔다. 그 각성 앞에서 나는 완전히 무력했다. 나는 강한 힘으로 각성의 핵에 바짝 고정되었다. 그 힘은 너무도 강력했기 때문에 내가 할 수 있는 것은 아침이 올 때까지 가만히 각성하고 있는 것뿐이었다. 밤의 어둠 속에서 나는 내내 눈을 뜨고 있었다. 뭔가를 생각하는 것조차 가능하지 않았다. 시계가 시간을 새기는 소리를 들으면서 어둠이 조금씩 깊어가고, 그리고 다시 엷어지는 모습을 그저 빤히 바라보고 있는 수밖에 없었다."

3. 충분한 수면을 취하라

잠을 못 잔 지 십칠 일째다

"하지만 어느 날, 그것은 끝났다. 아무런 징조도 없이, 아무런 계기도 없이, 진짜로 갑작스럽게 종료되었다. 아침식사 자리에서 느닷없이 정신이 아득해지는 졸음을 느꼈다. 나는 아무 말 없이 자리를 떴다. 뭔가를 테이블에서 떨어뜨렸던 것 같다. 누군가 내게 뭔가 말했던 같기도 하다. 하지만 아무것도 기억나지 않는다. 나는 비틀거리면서 내 방에 갔고 제대로 옷도 갈아입지 않은 채 침대에 들어가 그대로 깊은 잠에 빠져버렸다. 그로부터 스물일곱 시간을 끊임없이 잤다. 어머니가 걱정스러워서 몇 번이나 나를 흔들었다. 뺨을 때리기까지 했다. 하지만 나는 깨어나지 않았다. 스물일곱 시간, 한시도 눈을 뜨지 않았다."

** 긴 시간 동안 잠을 안 자면 '플래시flash 수면'이라고 해서 순간적으로 잠에 빠진다. 이것은 뇌가 자기방위를 위해 강제로 만든 수면으로, 대부분 본인도 깨닫지 못하는 사이에 잠이 든다. 강제적인 시스템을 준비하면서까지 뇌는 잠을 필요로 한다.

3. 충분한 수면을 취하라

잘 자는 법

브레인 미디어

1. 잠에 대한 지나친 집착을 버리세요.
2. 매일 같은 시간에 일어나도록 하세요.
3. 침대나 침실은 오직 수면을 위해서만 사용하세요.
4. 빛을 완전히 차단하세요.
5. 잠자기 3-4시간 전에 심한 운동은 NO!
6. 따뜻한 우유를 마시세요.

"잠이라고 하는 생리현상은 무리하게 윽박지를 것이 아니라 우리가 나름대로 존경을 표해야 하는 어려운 손님과 같다. 현명하게 대해야 보답을 받는다."

3. 충분한 수면을 취하라

공부를 위한 에너지 충전, 낮잠

건강 증진에 관심 많은 저자 브루노 콤비는, 책 <하루 15분 낮잠 기술>에서 지금까지 낮잠이 게으른 습관이라는 부정적 이미지를 벗어나 새롭고 긍정적인 이미지를 심어준다. 이를 위해 인간의 생체리듬을 파악하고 효과적으로 낮잠 자는 방법과 낮잠이 건강에 미치는 영향, 낮잠으로 향상되는 창조력 등에 대한 내용을 소개한다.

낮잠이 '창의성' '집중력' '업무 효율성'을 향상시키고 몸과 마음이 건강해지는 좋은 습관이라는 사실을 미국, 캐나다, 프랑스 연구진의 연구결과를 바탕으로 서술한다.

"낮잠을 자느라 쓴 시간은 낭비가 아니다. 이를 통해 얻는 것이 적어도 여섯 가지나 된다. 기분이 편안해지는 것, 나중에 얻는 만족감, 하루 종일 일이 효율적인 점, 밤 잠 시간 단축, 건강해지는 것, 장수. 예부터 낮잠은 태만과 연관지어 왔는데 이와 정반대로 잘만 이용하면 낮잠은 능률의 원천이 되며, 인생이나 일, 즉 크게 말하자면 국가 경제의 생산성까지 끌어올릴 수 있다."

- 저자

3. 충분한 수면을 취하라

공부를 위한 에너지 충전, 낮잠

피카소의 작업실, www.puzzleland.net

피카소는 침대 옆에 양철판을 놓은 채 붓을 손에 들고 낮잠을 즐겼다고 한다. 낮잠에 투자한 시간은 불과 몇 초. 잠이 들어 손에 들고 있던 붓이 양철판 위에 떨어져 생기는 굉음으로 잠에서 깨기까지다.

Q 그것으로 도움이 됐을까? 낮잠의 상쾌함이 그것으로 충분했을까 말이다.

A 그런 것 같다. 피카소가 평생 동안 상당수의 사람들과 교류를 하고 노년까지 정열적인 작품 활동을 한 비결도 순간의 낮잠이지 않았을까 싶다. 가벼운 낮잠은 맑은 정신과 가벼운 몸으로 오후 업무에 임할 수 있게 한다. 낮잠의 기술을 익히면 푹 자고 일어난 아침의 상쾌함을 하루 2번씩 느낄 수 있다.

3. 충분한 수면을 취하라

조화와 안락함의 세계로 이끄는 낮잠

Q 낮잠에 대한 얘기를 하자니 놀림거리가 되지 않을까 싶다. 낮잠 또는 낮잠 자는 사람을 소재로 한 우스갯소리가 얼마나 많은가. 나른해서 아무런 의욕도 일지 않는 오후 시간에 취하는 잠깐의 휴식, 고대부터 계승되어온 라틴 민족의 이른바 '나태함'은 언제까지고 웃음거리로 남을 것이다.

A 그러나 수면과 나태함을 혼동해서는 안 된다! 휴식은 심각하게 생각해보아야 할 문제다. 휴식의 질에 따라 우리 생활은 윤택해지기도 황폐해지기도 한다. 수면을 신성하게 생각하는 종교도 많다.

"수면은 '신과 인간의 친구'다."

- 샤를 페기/프랑스 시인

"잠에 의한 변신으로 우리는 신과 동등해진다."

- 로베르 데스노스/시인

고대인은 꿈의 열쇠가 바로 안정과 행복에 이르는 열쇠라는 점을 인지하여 낮잠을 장려했다.

3. 충분한 수면을 취하라

낮잠 만세!

Q 낮잠을 자는 것이 좋은 이유는 뭔가? 낮잠은 밤에 자는 잠을 희생하는 게 아닐까?

A 그 반대로 낮잠은 생물체의 자연 리듬에 맞도록 잠자는 시간을 나누는 것이다. 그렇게 하면 밤에 자는 시간이 짧더라도 신체에 무리가 없게 된다. 낮잠에서 깨어나면 대단한 에너지와 함께 뭐라 말로 표현할 수 없는 행복감을 온몸 가득 느낄 수 있다. 그 느낌은 엄청난 것이었기 때문에 이 꿈같은 '도구'에 관해서 책을 써야겠다고 다짐했다. 돈이 전혀 들지 않으면서 건강한 생활을 하는 데 큰 도움이 되는 도구, 낮잠에 관해서 말이다.

낮잠, 밀레의 작품

3. 충분한 수면을 취하라

낮잠 만세!

Q 혹시 이 책도 낮잠 자다 생각해낸 건가?

A 그렇다. 이 책은 몽환적인 분위기에서 탄생했다. 1989년 9월의 화창한 어느 날, 카리브 해에 있는 말티닉 섬에서 나는 낮잠에 관한 책을 써야겠다고 생각했다. 며칠 동안 그 섬에서 지냈는데, 그 시간을 이용하여 내 인생과 내가 쓴 책들 그리고 앞으로 계획에 대해 분석하기로 마음먹었다. 그날 오후, 언제나 그랬듯이 고운 모래가 깔린 백사장에서 햇볕을 한껏 받으며 식후의 낮잠을 30분 정도 즐겼다.

Q 원래 잠을 즐기는 편인가?

A 그렇다. 나는 잠자는 걸 무척 좋아한다. 잠은 윈드서핑과 함께 내가 좋아하는 '스포츠'인데 말티닉에서는 이 두 가지를 실컷 할 수 있었다.

3. 충분한 수면을 취하라

앞서 나아가기 위해

A 인생에서 앞서 나아가기 위해서는 사물의 가장 기본이 되는 것을 무기로 인생의 문을 열어젖혀야 한다. 특히 건강에 관해서는 이 방법이 효과적이다. 배가 고플 때 음식을 먹고, 자신의 몸에 맞는 음식을 고르고, 자고 싶을 때 자고, 신체 리듬을 중시하는 방법 말이다.

Q 모든 동물이 본능적으로 행하는 이 방법을 다시 배워야 한다는 것이 현대 사회의 패러독스가 아닐까.

A 건강을 손에 넣기 위해서는 시간이 갈수록 정교해지는 약품에 의존하지 않으면서 그저 자신의 몸, 자신의 욕구, 자신의 신체리듬을 파악하는 것이 중요하다.

3. 충분한 수면을 취하라

앞서 나아가기 위해

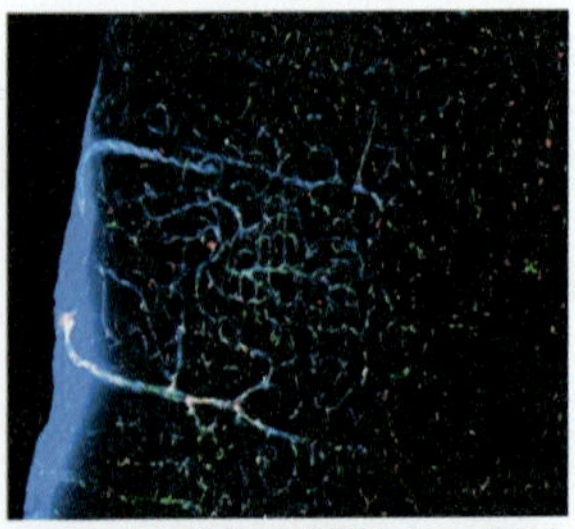

"잠은 뇌에 쌓인 노폐물을 씻는 과정"
"수면 동안 뇌 신경세포 간 틈새공간 넓어져 노폐물 쉽게 씻겨"
신경세포들의 틈새 공간에 유체가 채워진 채 존재하는 통로(파란색)는 쥐가 잠을 자는 동안에 확장해 노폐물을 씻어낸다. 뇌척수액이 이런 '배관 시스템(plumbing system)'을 통해 뇌속으로 들어가고 있다. 로체스터대학교 보도자료, 사이언스

"본능의 약초가 자라나는 화원으로 치료약을 찾으러 가자...."

- 쥘 라포르그/시인

"수면의 본능을 조정하기 위해서는 자연에 순응해야 한다."

- 프랜시스 베이컨/철학자

"본능의 요구에 따른 수면이 최고의 수면이다."

- 브루노 콤비/작가

"현명해지는 데 필요한 지식의 수는 매우 적다. 게다가 매우 간단한 것들뿐이다."

- 루이 라벨/철학자

3. 충분한 수면을 취하라

잠을 죽인 대가

A 얼마 전, 중국 상하이 과학원의 류 시이가 프랑스를 방문했다. 그는 서양인의 수면에 관한 행동이 염려스럽다고 했다. "서양인은 충분히 수면하고 있지 않다. 게다가 학생들은 일주일에 몇 번씩 새벽녘까지 춤을 추며 논다. 대체 어찌 되려는 것인가?"라고 했다.

Q 우리는 잠을 죽인 대가로 대체 어떤 행복을 손에 넣으려고 하는가? 그런 짓을 해놓고는 국민의 반 이상이 일생 동안 적어도 한 번은 수면제를 필요로 하고, 정신안정제, 진정제, 커피, 담배, 그밖의 약품을 대량으로 소비한다는 사실에 놀라워해야 하는 것인가?

A 공감이다. 우리는 환상적인 세상에 살고 있다. 기술의 진보와 지식 덕분에 멋진 생활을 (아마도) 영위할 수 있다. 그런데도 우리는 자신이 불행을 만들어내고 있다.

자기 신체의 소리를 듣지 않고, 생리적 욕구를 만족시키지 않으면서 몸을 혹사하는 사람이 많다. 그리하여 병이 나고, 스트레스를 받는다. 그러면 또 이를 고쳐달라고 의사를 찾아가 기적의 약을 요구한다.

3. 충분한 수면을 취하라

낮잠 자는 방법

"나는 학창시절에 점심을 먹은 뒤에 15분은 반드시 낮잠을 잔다는 규칙을 줄곧 지켰다. 그 결과 나는 항상 시험에 쉽게 합격했다. 여러 가지 시험에 합격할 수 있었던 것은 낮잠을 자는 습관 덕분이라고 나는 확신한다. 물리 문제의 해답이나 수학의 증명 방법이 낮잠을 자는 도중에 떠오른 경우가 종종 있었다."

- 브루노 콤비/작가

Q 낮잠 자는 데 전형적인 자세가 있나?

A 그런 건 없다. 낮잠의 질도 신체 자세에 그다지 좌우되지 않기에 낮잠은 어디서 어떤 자세로 자도 좋다. 낮잠은 뇌를 쉬게 하기 위한 것이기 때문이다.

중요한 것은 한 가지, 정신적으로 편안한 상태가 되어야 하므로 긴장이 풀어질 만한 편안한 자세를 취하는 것이다.

justddung.tistory.com

3. 충분한 수면을 취하라

낮잠 자는 방법

- 옆으로 누운 자세는 초보자에게 가장 편안한 제세다. 그러나 낮잠을 앉아서 자면 이득이 많다. 비행기 안에서도, 자동차나 전철 안에서도, 학교에서도 간단히 낮잠을 즐길 수 있기 때문이다.
- 학교에서는 머리와 두 팔을 책상 위에 두고 목 근육의 힘을 빼고 앞으로 기대면 피로가 금방 풀린다. 특히 배정시간이 긴 시험 시간 등에 유용한데(3시간 또는 그 이상) 짧은 낮잠으로 1분 안에 피로를 풀 수 있다.
- 자동차 안에서는 다음 세 가지 중 하나를 이용하여 휴식할 수 있다.
  - 좌석 등받이를 내리고 반즘 옆으로 누운 상태에서 뒤로 기댄다.
  - 뒷자리에 눕는다.
  - 앉아서 머리를 옆으로 기댄다.
- 지하철에서 낮잠의 달인은 달랑 한 정거장만 가더라도 의자에 앉거나 선 채로 1분 안에 잠에 빠지고 또 바로 깰 수 있다.

3. 충분한 수면을 취하라

낮잠 자는 방법

낮잠 기술

① 눈을 감는다.
② 모든 근육을 최대한 이완시킨다.
③ 천천히 깊게 호흡한다.
④ 은은한 만족감을 느낀다. 이 감각은 뇌의 알파파 생성과 연관이 깊다. 목과 이마의 힘을 빼면 더욱더 편안해져서 낮잠의 효과도 증대된다.

iaanart.tistory.com
카유보트의 '낮잠'

3. 충분한 수면을 취하라

낮잠으로 효율이 오른다

- 인간의 주의력, 즉 효율은 하루 중 오름과 내림을 반복하다가 오후가 시작될 무렵에 급격하게 떨어짐
- 낮잠 시간에 일의 생산성이 떨어지는 것
- 그렇다면 일하는 것을 잠시 멈추고 휴식한 다음에 활기차게 일을 재개하는 편이 좋을 것
- 그렇게 하면 일의 효율성이 높아지며 생체리듬을 존중할 수 있음

3. 충분한 수면을 취하라

낮잠으로 효율이 오른다

실험에 의하면 낮잠은 활력이나 만족감을 높여주고 반사 신경을 예민하게 만들어줌

Q 반사 신경이 예민해지면 어떤 이점이 있는가?

A 생산 속도가 빨라지고 노동 재해의 위험성이 낮아진다. 낮잠이 주는 만족감은 인간관계를 원활하게 해주고, 회사 내외의 커뮤니케이션을 용이하게 한다.

Q 커뮤니케이션을 용이하게 한다니?

A 동료 중에 불평불만을 입에 달고 사는 사람이 있었다. 그는 매일 밤 나이트클럽에 갔다가 새벽에 잠을 자는 습관이 있었다. 많은 커피와 담배의 도움을 빌리지 않고는 정신을 차릴 수도 없는 지경이었다. 항상 신경이 곤두서 있고, 행복해 보이지 않았으며, 일의 능률도 오르지 않았다. 어떤 반응을 보일지 두려웠기 때문에 동료들은 말을 걸지도 못할 정도였다. 그가 정상적으로 잠을 자고, 적어도 짧은 낮잠으로 수면 부족을 해소했다면 그의 성격은 어떻게 달라졌을까?

기본적인 생리 욕구가 만족되지 못하면 어떤 동물이라도 쉬이 성질이 난폭해지고 예측 불가능한 반응을 보이며, 위협적이고 때로는 같은 종의 동물이라도 위험을 느낀다.

3. 충분한 수면을 취하라

낮잠은 결실이 많은 투자

A 낮잠은 하루에 초기 투자의 약 10배가 되어 돌아오는 투자다. 효율을 업무 시간으로 환산하여 5배, 단축 가능한 수면 시간으로 환산하면 4.5배. 이런 투자 대상이 어디 있단 말인가? 낮잠 중의 그리고 낮잠을 자고 난 뒤의 안락함은 말할 것도 없고, 장기적인 특전도 있다.

Q 장기적인 특전이라니?

A 건강과 장수. 낮잠은 하루에 10배, 장기적으로는 12배가 되어 돌아오는 투자다. 이 투자에 참가를 원하는 은행가가 많다. 우리는 자신의 인생과 건강의 관리자들이다. 자신의 시간을 효율적으로 운용하여, 가능하면 건강 자본을 축내지 않도록 애쓰면서 기쁨과 행복을 최대한으로 끌어올리는 일은 모두 자신의 손에 달려 있다. 낮잠이 그것을 도와줄 것이다.

우리는 끊임없이 경쟁하느라 스트레스가 많은 세상에 살고 있다.
그런 만큼 좀 더 빨리 활기를 되찾을 수 있는 방법을 익히는 것이 중요하다.

3. 충분한 수면을 취하라

좋은 낮잠 구별법

Q 좋은 낮잠의 기준은?

blog.daum.net

A 낮잠에서 깨어났을 때의 정상적인 상태는 활기차고, 에너지가 넘치며, 우주 정복이라도 할 수 있을 기분이다. 이외에 다음과 같은 점이 있다.

① **의식의 감도가 높다.** 매우 강하면서 편안한 활기가 전신에 넘친다.
② **시간이 늘어난 기분이다.** 낮잠을 잔 뒤에는 시간의 흐름이 다르게 느껴진다. 시간이 늘어난 느낌으로, 매 순간 충실하게 보낼 수 있다.
③ **컨디션이 좋다.** 모든 면에서 낙관적이 되어, 안정되고 편안함을 느끼며 동시에 의욕을 느낀다.
④ **상냥함.** 낮잠을 자고 난 후에는 누구에게나 상냥하게 대하고 싶다. 적에게 까지도.

4. 식사를 규칙적으로 하라

대학생의 식사관리

- 대학생들의 불규칙한 식사습관이 문제가 되고 있음
- 많은 학생들이 아침을 거르거나 빵이나 우유 등으로 간단히 대신하기도 함
- 계속되는 연강에 점심때를 놓쳐 늦은 오후가 돼서야 뒤늦은 점심식사를 하기도 함
- 자취를 하는 학생들은 일반 학생들보다 식사를 거르기가 쉬움
- 타향에서 4여 년 동안 대학생활을 하다 보면 골병이 드는 학생들이 많음

  → 주된 이유는 불규칙한 식습관
- 아침, 점심, 저녁 세 끼를 챙겨 먹도록 하자.
- 뇌를 활동시키는 에너지가 잠자는 중에도 계속 소비된다.
- 아침이 되면 이 에너지가 고갈된다.
- 따라서 아침밥을 통해 에너지를 공급해야 한다.

sweet1004.tistory.com

4. 식사를 규칙적으로 하라

아침 거르면 뇌도 '꼬르륵'

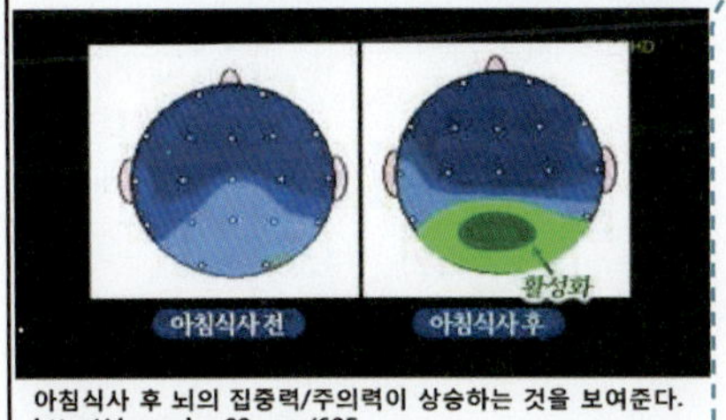

아침식사 후 뇌의 집중력/주의력이 상승하는 것을 보여준다.
http://december08.com/605

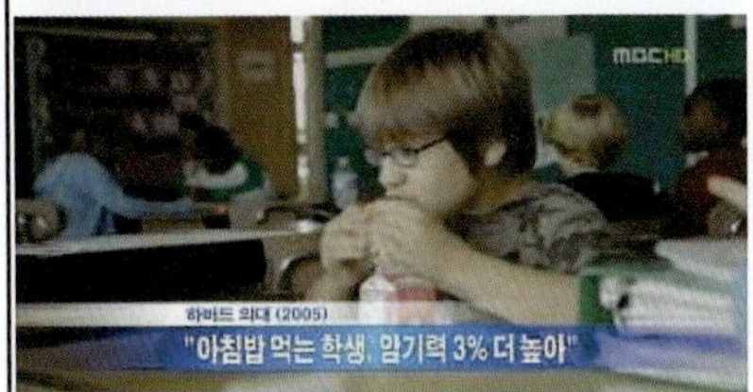

- 우리가 먹는 음식은 포도당의 형태로 몸에 영양을 공급
- 대뇌 활동에도 포도당이 필수적인데 천 억개에 이르는 뇌세포의 에너지원도 바로 포도당
- 포도당은 식사 후 12시간이 지나면 없어지는데 만약 아침을 거르면 전날 저녁식사로부터 약 15시간 정도 영양공급이 안된 상태가 지속됨(3시간 정도의 '포도당 공백 시간'이 생김)

  → 뇌기능이 떨어지고 집중력 저하
- 미국 학생들을 대상으로 한 연구에 의하면, 아침 식사를 규칙적으로 하는 학생이 그렇지 않은 학생에 비해 이해력·집중력·기억력 등 모든 면에서 우수했으며, 공부하려는 의욕도 컸음
- 우리나라 대학생 3600명을 대상으로 한 연구에서도 아침 식사를 하는 수험생의 수능성적이 평균 294점이었던데 비해 아침식사 빈도가 일주일에 2회 이하인 수험생의 경우 평균 275점으로 19점이나 낮았음
- 뉴로사이언스에 실린 한 보고서에 의하면, 아침 식사가 밤새 공부한 내용을 기억하는데 실제로 도움을 준다고 함

아침밥이 보약이다.
오늘 아침에 거른 한 끼는 평생 어디서도 다시 찾아 먹을 수 없다!

4. 식사를 규칙적으로 하라

아침밥이 몸짱 만든다

- 아침 식사는 정상 체중을 유지하는 데 도움이 되는데, 허기진 상태에서 밥을 먹으면 폭식하기 쉽기 때문
- 뇌에서 출출함을 느껴 이에 대한 보상 심리로 과식하게 됨
- 몸 속 위장의 흡수율도 높아지면서 몸 안에 저장되는 지방과 콜레스테롤 양도 늘어나 비만으로 이어질 수 있음
- 아침을 거르는 사람의 경우, 아침을 규칙적으로 먹는 사람에 비해 비만한 사람이 많다는 것은 이같은 사실을 증명함
- 미국심장협회 회의 발표에 따르면 매일 아침식사를 하는 사람이 비만에 걸릴 확률은 1주일에 2회 이하의 아침 식사를 하는 사람에 비해 2분의 1정도인 것으로 나타남
- 매일 꾸준히 아침 식사를 하는 것만으로도 어느 정도 비만을 피할 수 있음

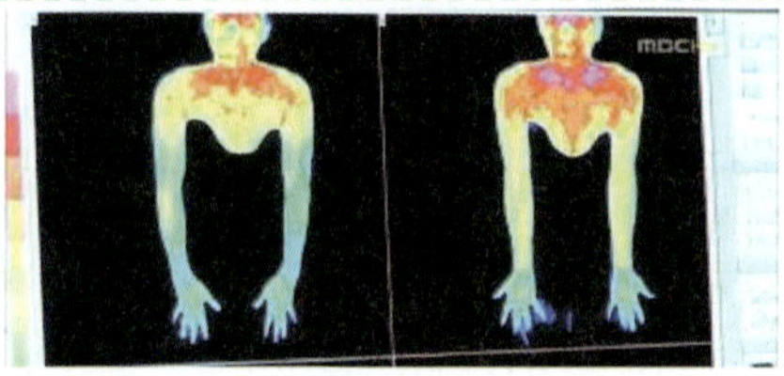

아침식사 전과 후
아침식사 후 신진대사가 활발해 지면서 혈액 순환도 좋아진다. http://december08.com/605

4. 식사를 규칙적으로 하라

아침밥이 몸짱 만든다

Q 일본 스모 선수가 살찌는 비결을 아는가?

A 많이 먹기 때문이 아닌가?

Q 천만에! 비결은 아침을 굶는 데 있다. 이들은 아침을 굶고 11시쯤 엄청난 양을 먹는다. 굶었으니 더 먹을 수 있다.

A 더 먹기 위해 아침을 굶는다?

Q 배고픈 사람은 당연히 더 먹는다. 왜 더 먹을까? 겨울 보일러 기름을 생각해보자. 기름 보급차가 내일 아침 틀림없이 온다는 걸 알면 아낌없이 불을 때어 훈훈하게 잘 지낸다. 우리 몸도 마찬가지다. 내일 아침 먹을 게 확실하다면 신진, 기초대사를 최대로 가동해 에너지 소비가 많아져 살이 찔 수 없다. 그러나 내일 아침을 굶는다는 걸 뇌가 알고 있는 이상, 대사를 줄여 내일 점심까지 버텨나갈 수밖에 없다. 대사가 줄면 에너지 소비가 줄어든다.

4. 식사를 규칙적으로 하라

아침밥이 몸짱 만든다

Q 몸은 음식 섭취량이 크게 줄어들면 급격히 위기감을 느끼면서 지방 축적률을 높인다. 심지어 기초대사량까지 크게 떨어뜨린다. 대사량이 줄어든다는 것은 체중을 줄이더라도 조금만 먹으면 금방 체지방이 생긴다는 것을 의미한다. 그래서 굶는 다이어트를 자주 한 사람들은 그렇지 않은 사람보다 기초대사량이 적고, 지방 축적률은 높다.

A 굶는 다이어트가 실패하는 이유인가?

Q 그렇다. 다음 언제쯤 틀림없이 먹을 게 들어온다고 뇌를 안심시켜야 한다. 그러면 에너지도 아낄 것도 없고 또 이를 지방에 비축할 필요도 없어 대사를 활발하게 할 수 있게 된다.

"당신의 배고픔 신호를 미리 막아 주면 충동적인 행동으로 지방이 배에 급행으로 쌓이는 것을 피할 수 있게 된다."

- 마이클 로이젠/의학자

참고문헌 및 사이트

- **류영주, 성공적인 대학생활 2권, 대구가톨릭대학출판부**
- **무라카미 하루키, 잠, 양윤옥 역, 문학사상**

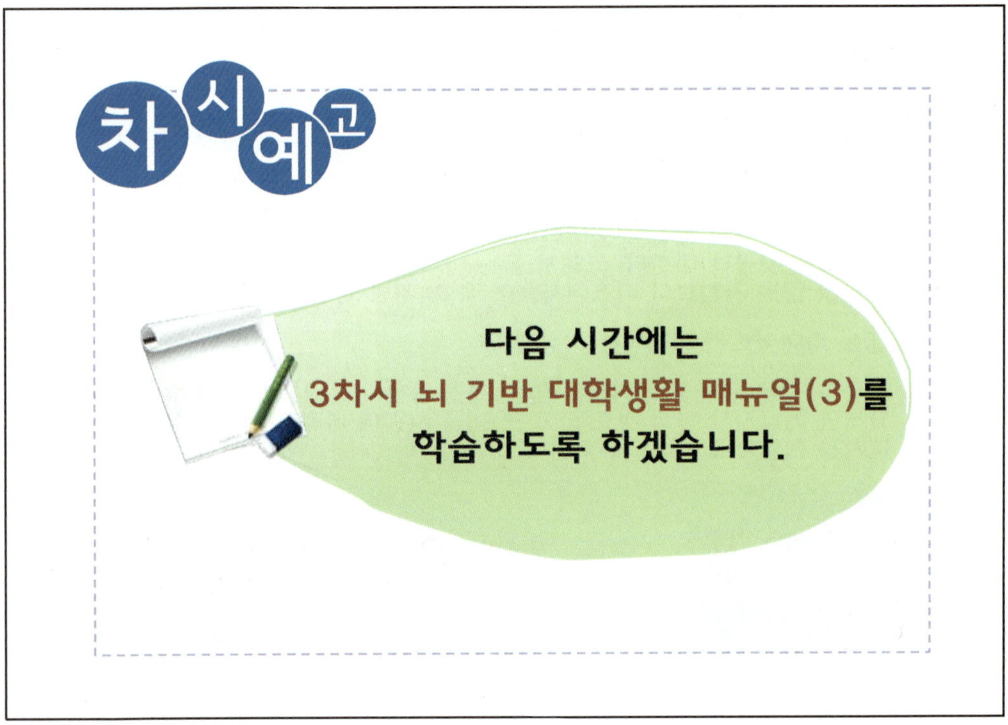
차시예고
다음 시간에는
3차시 뇌 기반 대학생활 매뉴얼(3)를
학습하도록 하겠습니다.

재미있는 뇌이야기

11주 3차시 대학생 다이어트, 어떻게 할까?

학습목표

뇌를 조절하여 성공하는 다이어트 비법을 터득할 수 있다.

학습내용

1. 대학생 다이어트, 어떻게 할까?

1. 대학생 다이어트, 어떻게 할까?

일러스트
=http://cfs12.tistory.com/image

Q

21살 대학 새내기입니다. 체중을 줄이고 싶고 대학생활도 즐기고 싶은데 참 힘드네요. 신입생 환영회, 개강파티, 동아리 모임 후 술자리가 잦습니다. 아침을 주로 거르는 편이고 우유나 빵, 선식으로 대충 때울 때가 있어요. 점심은 학교 식당에서 먹는데 식사량을 줄이려고 하는 편이구요. 운동도 규칙적으로 하려고 노력은 한답니다.

Q

저는 꽤 바쁜 대학생입니다. 20학점을 3일에 꾹꾹 눌러 담고 남은 4일은 아르바이트로 채웠습니다. 대외활동도 계획 중인데, 이번 겨울에 '해외탐방'과 '국토대장정'을 하려고 합니다. 평소와는 다른 새로운 것에 도전해보고 싶고, 취업 시 도움이 될 것이라고 생각하기 때문입니다.
학교와 집이 꽤 멀고, 아르바이트도 바쁩니다. 하루 네다섯 시간 이상 잔 적이 거의 없고, 운동은 별로 하지 않아요. 패스트푸드와 탄산음료를 주식처럼 먹습니다. 그러다 체중에 문제가 생기기 시작했어요. 원하는 수준에서 7kg 가까이 높아졌습니다.

1. 대학생 다이어트, 어떻게 할까?

대학생 85%, "다이어트 경험"

- 대학생을 대상으로 새해 계획에 대한 설문조사 실시 (포털 알바몬, 2013년 설문결과)
  - 다이어트라고 응답한 학생 38.4%로 가장 많았음
  - 영어 공부(22%), 운동(12.3%), 독서'(4.7%)
- 대다수 대학생들이 원하는 다이어트
- 다이어트에 성공하려면 여러 가지 방법이 있는데 식사량을 줄이고 운동을 하는 게 기본
- **필자는 최근 <똑똑한 다이어트>라는 책을 저술했는데, 그 중 일부를 발췌한다.**

1. 대학생 다이어트, 어떻게 할까?

다이어트엔 적당한 당은 필수!

http://gymnastic.tistory.com/166

- 다이어트는 '인내' '자제'가 대표적으로 많이 필요함
- 웬만한 자제력이 아니면 버티기 어려움
- 여기서 말하는 자제력이란 자기의 욕망을 스스로 억제하는 힘, 수시로 느끼는 허기를 달래는 힘
- 자제력이 활약하려면 포도당(glucose)이 필요

1. 대학생 다이어트, 어떻게 할까?

다이어트엔 적당한 당은 필수!

Q 포도당이 필요하다는 것이 무슨 말인가?

A

일러스트=http://cfile204.uf.daum.

배고픔을 참고 음식을 조절하는 데는 어떤 한정된 '연료' 같은 게 사용된다. 이 연료가 실제 우리 몸의 에너지원인 포도당과 유사하지 않을까. 호주 커틴대학 연구진에 의하면, 의지력을 쓰고 난 뒤, 포도당 성분의 드링크를 마신 사람들은 계속 의지력을 발휘할 수 있었지만, 무 칼로리 감미료를 마신 사람들은 의지력이 없는 모습을 보였다. 의지력을 발휘하는 데는 에너지가 필요한 것이다.

- 우리 뇌는 상당한 양의 포도당을 소모하는데 의지력은 이런 뇌 활동 중에서도 특히 많은 양의 에너지를 소모하는 고급 인지능력

1. 대학생 다이어트, 어떻게 할까?

다이어트엔 적당한 당은 필수!

일러스트
=marathon.pe.kr

핵심

1. **의지력의 리소스는 포도당. 의지력은 유독 많은 당분을 필요로 하는 뇌 활동이다.**
2. **포도당은 뇌세포 활동에 없어서는 안 될 필수 영양소. 뇌세포는 포도당만을 에너지원으로 쓰기 때문이다.**

Q 뇌의 밥은 포도당인가?

A

뇌의 밥은 포도당
일러스트=한국교직원신문

그런 셈. 포도당이 혈액 속에 들어가면 혈당이 올라간다. 그러면 당을 분해해 에너지로 사용한다. 식사를 하지 않으면 혈액 안의 당분이 감소해 '당분을 주세요!'라고 뇌가 비명을 지르기 시작한다.

1. 대학생 다이어트, 어떻게 할까?

다이어트엔 적당한 당은 필수!

- 의지력을 발휘하려면 포도당이 필요
- 의지력의 총량조차 한정돼 있음
- 쓴 만큼 닳아 없어진다는 것
- 배터리처럼 일정한 에너지를 갖고 있다가 고갈되고 다시 충전되는 과정을 반복
- 다이어트에 성공하려면 의지력을 잘 비축해야 함
- 가뜩이나 모자란 의지력을 여기저기 헤프게 쓰지 않아야 함
- 남의 일에 참견 말고, 복잡한 일에 휘말리지도 말자(이런저런 생각이 많을 때 단것을 더 찾게 되지 않던가)

사소한 일에 에너지를 흘리지 말고 적절한 당분을 지속적으로 보충하자.

1. 대학생 다이어트, 어떻게 할까?

다이어트엔 적당한 당은 필수!

Q 나는 아침을 조금 먹고 저녁은 안 먹고 밤에 강가에서 운동한다. 운동할 시간이 없으면 먹고 싶은 게 있더라도 참는다.

A 무작정 굶거나 식욕을 지나치게 억누를 경우 오히려 낭패를 볼 수 있다. 그 이유도 의지력과 관련 있다. 지나치게 억누르면 중요한 순간 컨트롤할 에너지가 모자란다. 어디선가 풍겨오는 치킨 냄새에 무너질 수도 있다. 실제로 항상 식욕을 억제하며 다이어트를 하는 사람들은 에너지 소모를 겪게 되면 그렇지 않은 사람들에 비해 훨씬 쉽게 음식의 유혹에 넘어간다는 보고가 있다.

굶는 다이어트→폭식증

무작정 굶는 다이어트는 폭식증이라는 섬뜩한 부메랑으로 되돌아올 수 있다. 오랫동안 굶거나 고열량 음식을 불규칙하게 섭취하면 포만감과 배고픔을 조절하는 호르몬 분비에 이상이 생기는데 이것이 반복되면 뇌의 '회로'에까지 영향을 미친다. 심한 경우 마치 약물에 중독된 뇌처럼 비정상적으로 활성화되면서 뇌가 먹는 것을 계속 명령하는 상태, 즉 음식 중독이 돼버리는 것이다.

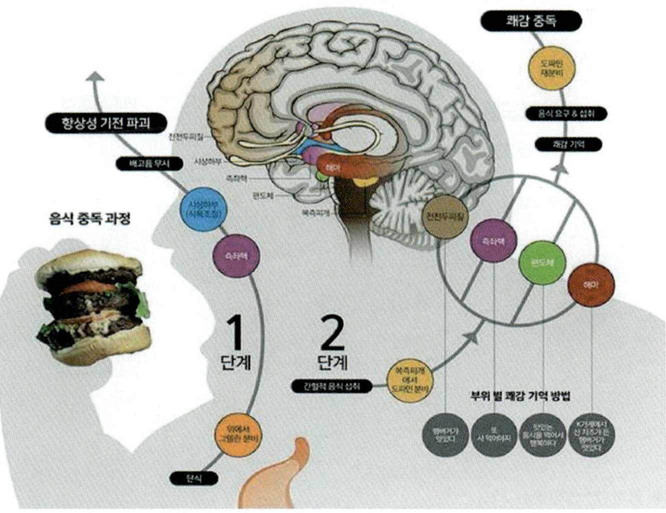

굶는 다이어트는 '음식 중독'으로 이어질 위험이 있다. 다이어트를 하다가 음식 섭취와 관련된 뇌 보상 시스템에 이상이 생기기 때문이다. 음식섭취 행위는 소화기관과 중추신경이 정교하게 연결된 복합적인 과정이다. 렙틴이나 그렐린과 같은 식욕 조절 호르몬이 포만감을 일정한 수준으로 유지하는 한편, 음식 섭취를 쾌감으로 인식하는 '뇌 보상회로'도 동시에 작동한다.
다이어트로 심하게 식욕을 억제할 경우엔 이런 연결체계에 왜곡이 생긴다. 예를 들면 보통 사람은 배가 고프면 위에서 그렐린과 같은 식욕 촉진 호르몬이 분비되고 이것이 측좌핵을 거쳐 식욕조절센터인 뇌 시상하부에 도달해 음식을 먹게 된다. 일러스트=과학동아

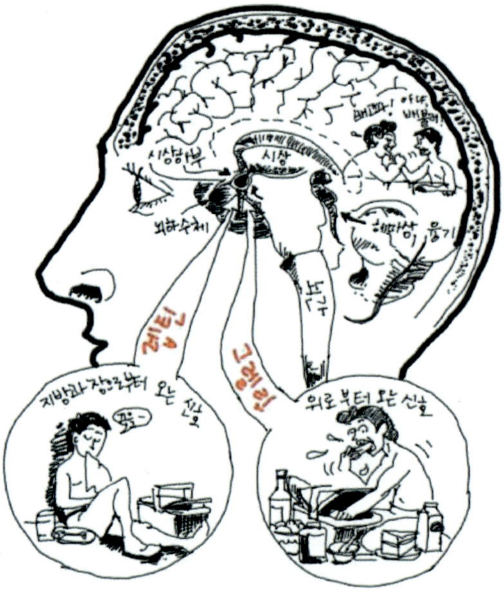

일러스트=yummycook.tistory.com

반대로 배가 부르면 내장지방에서 분비된 렙틴이 뇌로 가서 먹는 것을 멈춘다. 이것이 영양공급과 포만감을 조절하는 '항상성' 기전이다. 하지만 극단적인 다이어트를 반복하는 사람은 이런 과정을 무시한 채 불규칙하게 굶거나 고열량 음식을 섭취하는 행위를 반복한다. 결국 우리 몸의 항상성을 유지하는 시스템이 망가져버린다. 뇌가 완전히 성숙하지 않은 청소년들에게 이처럼 굶는 다이어트는 특히 해롭다.

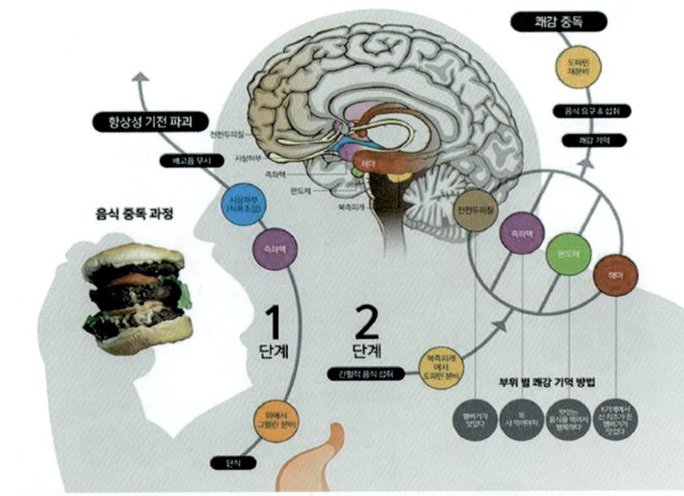

"계속 먹어라" 명령하는 뇌
굶는 다이어트를 자주 하는 사람들은 음식을 즐거움으로 인식하는 '쾌감 회로'가 오히려 강하게 발달한다. 다이어트에 대한 일종의 심리적 보상이다. 다이어트를 통해 음식에 대한 쾌감 회로가 강해지면 같은 음식을 먹더라도 더 큰 기쁨을 느낀다. 이런 쾌감을 유지하기 위해 배가 고프지 않더라도 음식을 계속 섭취한다. 점점 더 많이 먹는 '내성'이 생기거나 음식을 먹지 않으면 불안하고 초조한 '금단' 증상이 나타난다. 급기야는 음식에 대한 민감성이 높아지면서 맛있게 느낀 음식을 폭식할 수도 있다.
이는 약물이나 알코올에 중독되는 과정과 매우 유사하다. 음식을 먹었을 때 뇌의 복측피개(VTA)에서 분비된 도파민이 전전두피질, 측좌핵, 편도체, 해마 등 뇌 전체로 전달되면서 뇌 전체가 행복감을 느끼고, 이런 쾌감을 반복하는 과정에서 서서히 중독이 된다

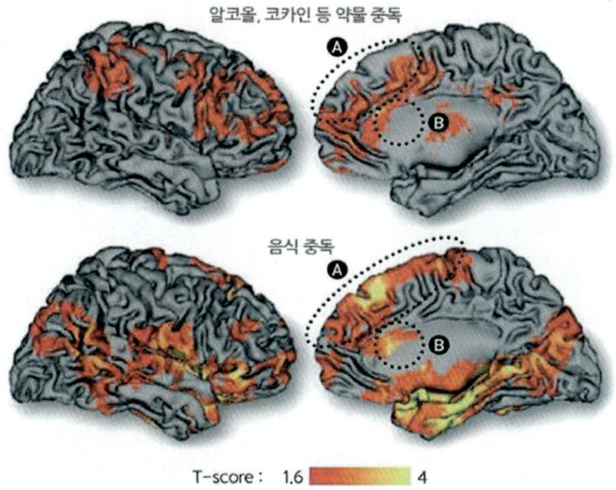

도파민을 통해 보상을 느끼는 뇌 영역(A)과 쾌감을 강화하는 뇌 영역(B), 즉 쾌락신경계가 공통적으로 과하게 활성돼 있다.
음식을 탐닉하는 사람의 뇌를 fMRI로 촬영해보면 약물이나 알코올에 중독된 사람의 뇌와 매우 유사한 활성을 띤다. 약물 중독을 다룬 44개 연구와 섭식 장애를 연구한 13개 논문을 종합 분석(메타 분석)한 결과, 공통적으로 뇌의 배쪽줄무늬체와 배후선조체가 비정상적으로 활성화된 것으로 나타난다. 배쪽줄무늬체와 배후선조체는 도파민을 이용해 보상을 학습하고 강화하는 쾌락 신경계다.

1. 대학생 다이어트, 어떻게 할까?

Q 극단적인 다이어트를 삼가는 자제력이 필요할 듯하다.

A 좋은 지적이다. 이런 일을 막기 위해서라도 적당히 당분을 섭취해가며 다이어트를 하자. 우리 뇌 안에 '식탐'이 있다는 걸 인정하자.

극단적인 다이어트로 자제력을 소진하기보다 당분을 충분히 섭취한 다음 확실하고 장기적인 전략에 따라 자기 절제를 해나가는 것이 바람직하다.

뇌 회로만 정상작동한다면 비만에 걸리지 않는다?

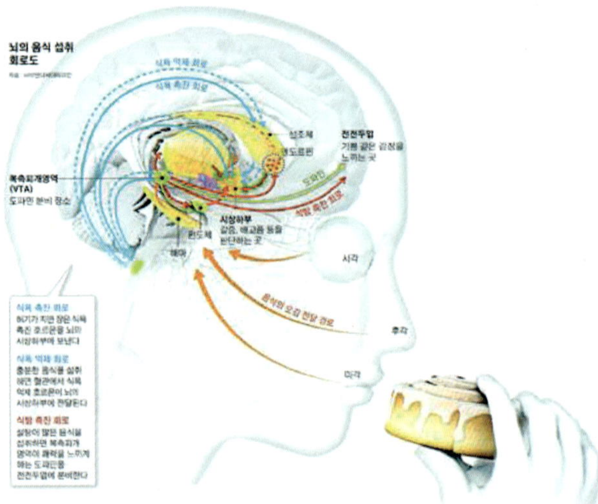

일러스트=조선일보

허기가 지면 장에서 시상하부를 자극하는 그렐린을 분비한다. 시상하부는 음식을 먹겠다는 판단을 내리는 뇌 부위. 충분한 음식을 섭취하면 장에 음식이 차고 혈관에 영양분이 공급된다. 이번엔 혈관 등에서 식욕을 억제하는 렙틴이 분비돼 시상하부에 전달된다. 이 호르몬으로 인해 시상하부는 음식 섭취를 중단해야 한다는 판단을 내린다. 결국 뇌 회로만 정상적으로 작동하면 비만에 걸리지 않는다는 말. 문제는 뇌를 마비시키는 '마약 ' 에 있다. 배 부른데도 과도한 음식을 섭취하는 이유는 뇌의 도파민, 엔도르핀 때문이다.

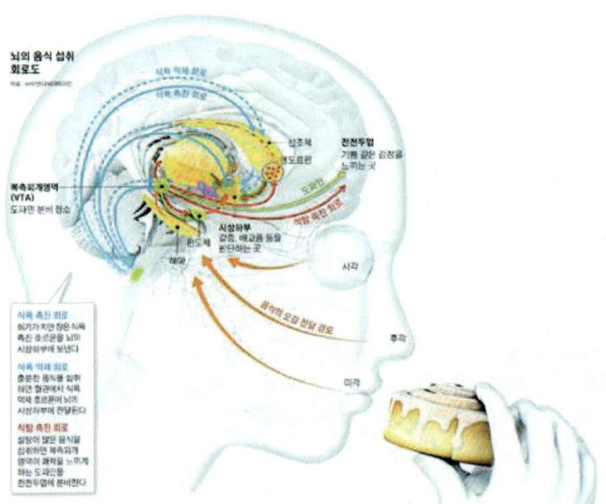

설탕이 담뿍 든 도넛을 집어서 한 입 먹으면 뇌의 선조체가 자극을 받아 엔도르핀이 분비된다. '뇌의 모르핀'이라는 별명에서 알 수 있듯이 엔도르핀이 분비되면 사람은 희열을 느낀다. 도넛의 설탕과 관련된 시각·후각·미각 정보는 뇌에서 도파민을 분비하는 곳으로 전달된다. 분비된 도파민이 뇌의 전전두엽과 편도체에 전달되면 사람은 쾌락을 느낀다.

마약, 게임 중독자의 뇌에서 도파민이 과다 분비된다는 사실이 확인됐다. 중독자는 도파민이 만든 쾌락 때문에 마약, 게임에서 빠져나오지 못하고 더욱 몰두한다. 결국 마약중독자처럼 비만 환자 역시 엔도르핀과 도파민이 주는 쾌감에 중독돼 과도한 설탕과 지방이 담긴 음식의 섭취를 중단하지 못한다는 말이다.

퀴즈: 많은 영양분 중에 유독 설탕, 지방이 비만을 일으키는 주된 이유는?
세포의 주성분이 지방, 활동에 필요한 에너지원은 설탕을 이루는 물질인 글루코스. 당연히 뇌는 지방과 설탕을 좋아하기 마련이다.

1. 대학생 다이어트, 어떻게 할까?

다이어트에 집착하면 '병'된다

일러스트=http://a4.mzstatic.com

- '뚱뚱한 것은 나쁜 것'이라는 인식이 퍼지면서, 뚱뚱한 사람들이 사회적으로 손가락질을 받게 됨
- 체중 감량이 필요 없는 사람도 다이어트에 열을 올림
- 대한적십자사의 통계에 따르면 여성 10명 중 4명이 영양부족과 체중 미달로 헌혈 부적격 판정을 받았음
- 독일 예나 프리드리히 실러대학 의학심리연구소가 736명의 남녀 고등학생과 대학생을 대상으로 비정상적인 식습관에 대해 조사한 결과, 여성의 28.5%, 남성의 12.6%가 비정상적인 식습관을 가지고 있었음
- 다이어트, 단식, 운동 또는 체중감량 보조식품을 먹었고, 왜곡된 신체 인식을 가지고 있었음
- 자신의 체질량지수(BMI)를 실제보다 더 높게 받아들여 자신을 뚱뚱하다고 생각
- 이러한 잘못된 인식에서 비롯된 비정상적인 식습관을 통한 다이어트는 폭식증이나 거식증 같은 섭식장애 유발

1. 대학생 다이어트, 어떻게 할까?

뚱뚱함이 비만을 말하는 건 아니다

A '뚱뚱'의 의미는 사전 그대로 '살이 쪄서 몸집이 옆으로 퍼지고 굵은 모양'을 의미한다. 하지만 뚱뚱함이 곧 의학적으로 '체질량지수(BMI) 25이상'이라는 비만을 말하는 건 아니다. 단지 주관적 판단일 뿐이다.

Q 한데도 사람들은 BMI와 무관하게 자신이 뚱뚱하다고 생각해, 다이어트를 위해 본능과 싸운다.

A 이는 비만, 뚱뚱함이 의학의 문제가 아닌 문화의 문제이기 때문이다. 기성복이, 이성이, 세상이 보는 눈이 비만 기준에 영향을 미친다.

"이 시대, 뚱뚱한 사람은 '게으르고 절제심이 없으며 자기 관리를 하지 않는 무능한' 자로 취급되지 않는가."

- 소설 <아름다움이 나를 멸시한다> 중

1. 대학생 다이어트, 어떻게 할까?

뚱뚱함이 비만을 말하는 건 아니다

- 비만과 뚱뚱함의 문제가 이렇게 문화와 다른 사람의 판단을 기준으로 하면 어김없이 생기는 폐단이 있음
- 소설 <아름다움이 나를 멸시한다>에서 주인공은 서른다섯 번째 생일날, 가족을 버린 아버지가 위독하다는 전화를 받고 다이어트를 결심
- 어렸을 때부터 아버지에게는 뚱뚱한 모습만을 보인 그는 이제 돌아가실 날이 멀지 않은 아버지에게 달라진 모습을 보여주고 싶어 함
- 다이어트 이론서를 구독하고, 체중계를 사고...... 3일이 지나자 어지럽고, 집중력이 떨어지고, 의욕이 사라짐
- 그런데도 주인공은 계속 실행
- 하지만 아버지 때문에 시작한 다이어트의 결과를 보여주기도 전에 아버지가 세상을 뜸

1. 대학생 다이어트, 어떻게 할까?

뚱뚱함이 비만을 말하는 건 아니다

Q 결과는?

A '자신이 건강해지기 위해' 하는 다이어트가 아니라 '누구에게 인정받고, 외롭지 않기 위해' 시작한 다이어트는 그 누군가가 사라질 경우 오히려 허무함과 패배감으로 남는다. 이 허무감과 패배감은 폭식을 부르고, 이전보다 더 뚱뚱해지는 결과로 이어지는 것이 보통이다. 소설 속 주인공은 어느 정도 살이 빠진 모습으로 아버지의 장례식을 찾지만 그곳에서 폭식을 한다. 비만이라는 고독을 극복하려 하지만 결국 고독함을 넘지 못한다.

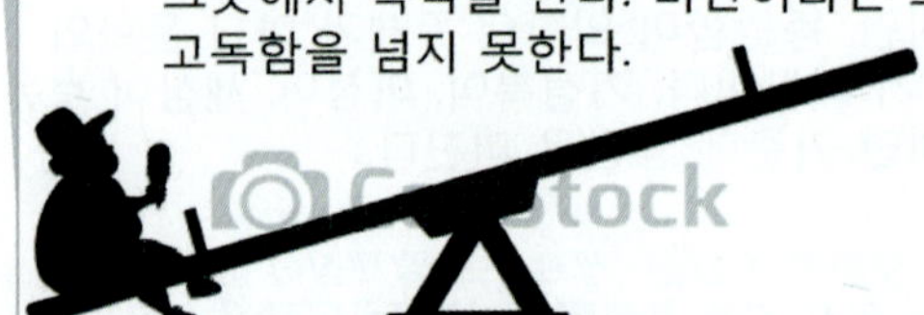

© Can Stock Photo - csp19678483

1. 대학생 다이어트, 어떻게 할까?

무리한 다이어트 우울증 유발

- 무리한 다이어트는 비만세포에 있는 세로토닌 수치를 낮춰 우울증과 자살을 유발할 수 있음
- 인제대 박영민 연구진은 자살 의도가 강한 우울증 환자의 혈중 중성지방 수치가 자살 의도가 전혀 없는 우울증 환자에 비해 낮게 나타났다고 밝힘
- 연구진은 우울증 환자 73명을 자살 의도가 강한 20명과 자살 의도가 전혀 없는 53명으로 나눠 분석한 결과, 자살 의도군의 평균 혈중 중성지방 수치가 107mg/dl로 자살 비의도군의 156mg/dl보다 30% 정도 낮았다고 설명
- 혈중 중성지방과 저밀도콜레스테롤(LDL) 수치가 너무 낮을 경우 세로토닌 기능이 떨어진다고 밝힘

1. 대학생 다이어트, 어떻게 할까?

무리한 다이어트 우울증 유발

- 세로토닌은 주로 중추신경계에 존재하며 행복의 감정을 느끼게 해주는 물질(도파민신경과 노르아드레날린 신경을 제어하여 평상심을 잘 유지하는 데 기여). 내장조직, 혈소판, 비만세포에도 있음
- 심한 다이어트를 할 경우 뇌를 구성하는 주요 지방 수치 저하를 유발해 세로토닌 기능을 떨어뜨려 결국 우울증과 자살의 위험성을 높일 수 있음

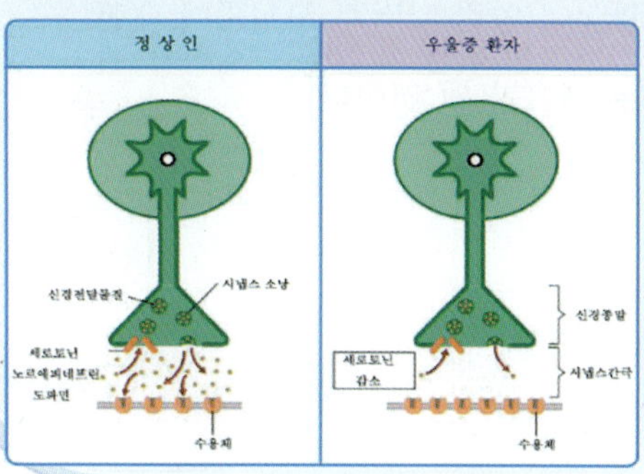

중추신경계 시냅스 내 세로토닌이 부족하면 우울증이 유발. 항우울제는 시냅스 내 신경전달물질의 농도를 높이는 약리작용을 한다.
세로토닌 분비량 늘리는 방법은 생선/달걀/치즈/콩/우유처럼 트립토판이 많은 음식을 먹는 것. 트립토판은 필수 아미노산으로 뇌에 도착하면 화학적 단계를 거쳐 세로토닌으로 바뀐다.

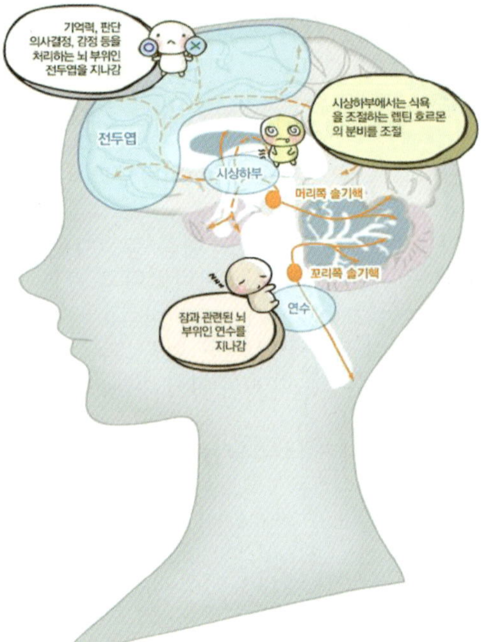

그래픽=구형모 기자(mospace@kormedi.com)

Tip 우울증과 세로토닌
우울증은 세로토닌이 부족해 생긴다는 가설이 유력. 세로토닌이 뭐길래 우울감을 일으키고, 집중력을 저하시키며, 결정을 못 내리고 주저하게 하고, 잠을 못 이루게 만드는 것일까?
세로토닌 회로를 보면 어느 정도 이런 궁금증이 풀린다

세로토닌은 뇌간의 머리쪽 솔기핵과 꼬리쪽 솔기핵에서 만들어진다. 그림의 점선은 머리쪽 솔기핵에서 만들어진 세로토닌이 뇌의 여러 부분으로 퍼져 나가는 회로를 보여 준다. 꼬리쪽 솔기핵에서 생산된 세로토닌은 척수를 타고 온 몸으로 퍼진다.

1. 대학생 다이어트, 어떻게 할까?

무리한 다이어트 우울증 유발

A 저체중은 합병증(예: 폐 질환, 심장마비 등의 심혈관 질환, 근육감소로 인한 골밀도 약화, 영양실조 등)을 유발해 비만보다 더 사망률을 높인다는 보고도 있다. 캐나다 성미카엘 병원 연구진이 51가지 성인 체질량지수 데이터를 분석한 결과, 저체중 성인의 조기 사망확률이 평균 체형 성인보다 '약 2배(1.8)', 비만 체형 성인보다 '1.2배' 높은 것으로 나타났다.

Q 요즘은 과체중, 비만 문제에만 관심이 쏠린 나머지 저체중에 대한 인식이 상대적으로 부족하다. 이 보고는 마른 체형을 고집하는 현 세태에 건강문제를 재인식시키는 계기가 될 것이다.

1. 대학생 다이어트, 어떻게 할까?

생각을 바꿔야 다이어트에 성공한다

일러스트
=http://egloos.zum.com

- 먹는 것은 심리 상태와 긴밀한 관계가 있으므로 비만에서 벗어나려면 생각부터 바꿀 필요가 있음
- 비만을 부정적으로만 보면 절대 비만에서 벗어날 수도, 날씬해질 수도 없음
- 비만을 받아들이고, 순응하고, 타협하자. 비만을 인정하고 나를 위한 다이어트를 해야 비만을 극복할 수 있음
- 매일 다른 사람을 의식하면서 끊임없이 다이어트해온 여성보다는 중년 넘어 나온 뱃살 때문에 건강이 걱정돼 나를 위해 다이어트를 시작한 남성의 다이어트 성공률이 더 높은 것을 보면 알 수 있지 않은가?
- 다른 사람에게 예쁘게 보일 것을 기대하는 등 결과나 혜택을 기대하는 마음가짐보다는, '건강을 위해 체중을 유지하겠다'는 구체적인 목표에 집중하는 게 더 효과적

1. 대학생 다이어트, 어떻게 할까?

생각을 바꿔야 다이어트에 성공한다

- 미국 예일대 토마스 콜디츠 연구진은 미국 육군사관학교에서 신입 생도를 대상으로 실시하는 설문조사의 내용을 입수해 분석
- 연구진이 특히 주목한 것은 입학 동기
- '내재적 동기로 군인이 된 경우'와 '도구적 동기로 군인이 된 경우'로 분류하고 생도들의 사관학교 졸업, 조기진급, 장기복무 여부와 같은 졸업 후 성취도를 조사해 상관관계 분석
  - 내재적 동기를 가진 생도들은 사관학교를 평균보다 20% 더 많이 졸업했고 20% 더 많이 조기진급
  - 내재적 동기와 도구적 동기가 섞인 생도의 경우에는 장기복무 비율이 평균보다 10% 낮았고, 조기진급도 20% 가량 적었음
- 연구진은 **"도구적 동기와 내재적 동기가 함께 있으면 도구적 동기가 내재적 동기를 방해해 오히려 역효과가 나타난 것"**이라고 설명

다이어트에 성공하려면 기대를 버리고, 나를 위한 다이어트를 하자.

1. 대학생 다이어트, 어떻게 할까?

푹 자야 날씬해진다

A 숙면도 다이어트에 도움이 된다. 컬럼비아대학 스티븐 헤임스필드가 1만8천명 성인을 대상으로 수면시간과 체중변화의 연관성을 조사한 결과다. 잠자는 시간이 하루 7-9시간 수면을 취하는 사람을 기준으로 할 때, 비만이 될 확률은 수면시간이 평균 6시간이면 23%, 5시간이면 50%, 4시간 미만이면 73% 더 높아진다.

Q 잠을 더 자는 것이 살찌는 걸 막는다니 얼른 이해되지 않는다. 수면 중에는 칼로리 연소가 적지 않은가?

A 하지만 먹는 것은 깨어있을 때란 사실을 간과해선 안 된다. 인간은 진화과정에서 밤이 짧고 먹을 것이 풍부한 여름에 체내에 지방을 저장함으로써 밤이 길고 먹을 것이 적은 겨울에 대비했다. 따라서 잠을 덜 자게 되면 음식 섭취량을 늘리고 지방을 저장하는 메커니즘이 작동하는 것인지도 모른다.

1. 대학생 다이어트, 어떻게 할까?

푹 자야 날씬해진다

Q '지방을 저장하는 메커니즘'이라니?

A 호르몬을 예로 들어보자. 우리 몸에는 다양한 호르몬이 분비되고 있다. 이 호르몬들이 정상적으로 분비되고 균형을 이룰 때 우리 몸은 건강한 상태를 유지하게 된다(호르몬은 몸에 영향을 주는 환경이 달라져도 각 기관이 조화를 이루고 원활한 상태를 유지하도록, 뇌에서 각 세포로 보내는 편지와 같은 역할을 한다).

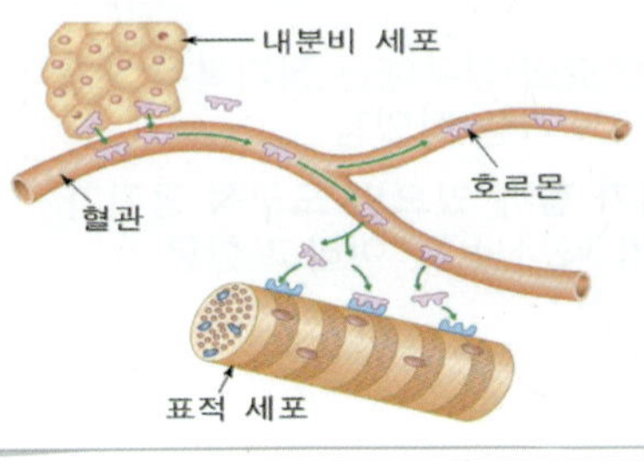

호르몬은 우리 몸의 생리 기능을 조절하는 화학 물질이다.
내분비샘에서 분비되어 혈액을 통해 운반된다. 특정한 표적 세포나 표적 기관에만 작용 → 생성되는 장소와 작용하는 장소가 다르다.
일러스트=http://study.zum.com/book

1. 대학생 다이어트, 어떻게 할까?

푹 자야 날씬해진다

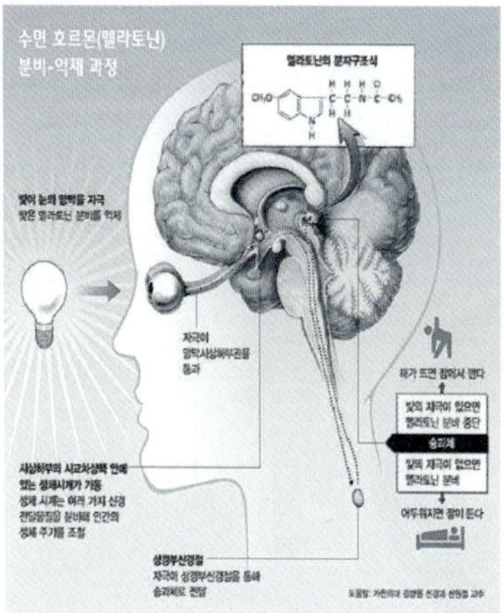

일러스트=http://news.donga.com

A 수면 호르몬으로 멜라토닌이 있다. 멜라토닌은 아침 햇빛을 보고 신체활동을 시작한 지 14-16시간이 지나면 마치 타이머를 맞춰놓은 것처럼 알람이 울린다(멜라토닌이 분비되면 서서히 잠이 온다). 멜라토닌은 허벅지, 복부, 팔뚝 등의 지방을 녹이는 역할을 한다. 또한 식욕을 억제하는 렙틴 호르몬 분비를 도와 과식을 막을 수 있다.

1. 대학생 다이어트, 어떻게 할까?

푹 자야 날씬해진다

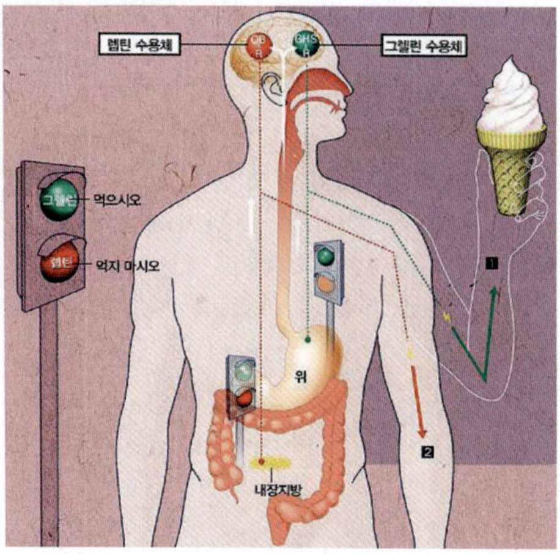

일러스트=조선일보

지방을 없애는 렙틴과 배고픔을 느끼게 하는 그렐린 같은 호르몬은 수면과 깊은 관련이 있다.

- 그렐린: 배고픔을 알려 밥을 먹게 한다.
- 렙틴: 배부름을 알려 밥을 그만 먹게 한다.
- 혈당이 떨어지면 그렐린이 작용. 그렐린은 위에서 분비돼 음식을 찾게 한다. 음식을 먹어 위가 차고 혈당이 높아지게 되면 그렐린의 분비는 준다. 바로 이 시점에서 렙틴의 분비량이 는다. 늘어난 렙틴은 시상하부를 자극해 '배가 부르다'는 느낌을 만들어 식욕을 억제시킨다.

1. 대학생 다이어트, 어떻게 할까?

푹 자야 날씬해진다

Q 늦게까지 깨어 있는 경우 야식을 찾게 되는 것은 당연한 일인 것 같다.

A 그렇다. 문제는 그렇게 섭취되는 야식은 그대로 몸에 쌓여서 체중을 증가시킨다는 것. 우리 몸의 생체시계가 낮 동안엔 에너지를 소비하는 것에 맞춰져 있지만, 밤에는 휴식에 적절한 상태로 바뀌면서 에너지 저장이 일어나기 때문이다.

1. 대학생 다이어트, 어떻게 할까?

한 밤의 '식탐' 참아주세요

- 야식 먹는 게 습관이 돼버린 듯 매일 밤 반복하고 있다면 '야식증후군'을 의심해봐야 함
- 야식증후군은 영어로는 night eating syndrome, 말 그대로 밤에 먹는 증후군
- 증상은 낮에는 식욕이 없고 밤에 활발히 움직이면서 식욕이 당김
- 하루 종일 먹는 음식의 양 중 밤에 먹는 것이 반 이상을 차지하거나 잠이 들었다가도 식욕을 느껴 잠이 깰 때도 야식증후군에 해당됨

일러스트 =http://danmee.chosun.com

1. 대학생 다이어트, 어떻게 할까?

한 밤의 '식탐' 참아주세요

Q 그런 사람은 성격 탓 아닐까. 평소 성격이 털털해서 살 찔 수밖에 없고, 식욕도 좋아서 밤에도 먹을 걸 찾는 것 같은데.

A 그렇게 생각하기 쉽지만 노르웨이 트롬소 의대 그레테 베켓벳에 의하면, 이는 스트레스에 대한 비정상적 반응일 뿐이다. 이들은 평소에 스트레스 호르몬인 코티솔의 분비가 정상인에 비해 더 늘어나 있다. 스트레스로 음식을 더 찾게 되는 이유는 음식에 든 당이 세로토닌을 자극해 스트레스를 해소해주기 때문이다. 스트레스를 받게 되면 자기도 모르게 음식에 손이 간다.

Q 치료법은?

A 야식증후군이 스트레스 호르몬 분비 이상으로 나타나므로 비만을 막기 위해선 생물학적 시계를 정상으로 돌리는 치료법이 우선 급선무다.

1. 대학생 다이어트, 어떻게 할까?

한 밤의 '식탐' 참아주세요

토막지식

원기를 회복하는 데 필요한 충분한 잠을 못 잘 경우, 몸은 정상적인 양의 세로토닌과 도파민을 분비하지 못한 신경에게 보상해줄 수 있는 다른 방법을 찾게 된다. 그 보상은 세로토닌과 도파민을 즉각 분비시키는 기름지고 단 음식에 대한 욕망 충족으로 이뤄진다.

뇌를 오가는 신경전달물질 중 도파민과 세로토닌은 행복과 밀접한 관련이 있다. 도파민은 환희와 쾌락, 기대와 설렘을 불러 일으키고 세로토닌은 감정을 조절하고 행복을 느끼게 한다.

1. 대학생 다이어트, 어떻게 할까?

기름진 음식이 끌리는 이유

Q 기름지고 짜고 단 음식(지방·소금·설탕)은 본능적으로 끌린다. 그 이유는 무엇인가?

일러스트=http://m.blog.daum.net

A 진화심리학자들에 의하면 인류는 원시시대부터 이 세 가지 맛을 매우 좋아했다. 그것이 생존에 유리했기 때문이다. 지방을 섭취해야 칼로리를 비축해 식량 부족에 대비할 수 있었고, 소금은 수분을 몸에 보존해 탈수 증세를 막는 데 도움이 됐다. 설탕은 먹을 수 있는 달콤한 과일과 그렇지 않은 과일을 구분하는 데 필요한 기능을 제공했다.

이 세 가지뿐 아니라 편리성과 다양성도 인류 식습관에 영향을 미쳤다. 인류 조상은 적은 노력을 들여 음식을 확보하는 게 생존에 더 유리한 환경에서 살았다. 너무 많은 시간과 노력이 든다면, 생존 가능성은 줄어들게 된다. 또 다양한 음식을 한 번에 먹을 수 있다면 여러 영양소를 섭취할 수 있는 기회를 얻는 셈이다. 인류 조상 처지에서 기름지고 짜고 단 음식을 편리하고 빠르게 먹을 수 있다면 최선이었을 것이다.

1. 대학생 다이어트, 어떻게 할까?

기름진 음식이 끌리는 이유

Q 패스트푸드가 생각난다.

A 문제는 원시시대에 적합했던 생존 방식이 현대에 와서 부작용을 낳고 있다는 점이다. 바로 포만시대가 낳은 과잉 섭취에 대한 문제다.

- 숙면은 건강한 다이어트에 필수조건
- 잠과 체중은 뗄래야 뗄 수 없는 관계
- 뉴욕 성누가병원 마리피에르 세인트 온지 연구진은 정상 체중의 남녀 25명을 상대로 5일 동안 수면시간을 4시간으로 제한
- 그 결과 이들은 평소 같으면 먹고 싶으면서도 살이 찐다거나 충치가 생긴다는 이유 등으로 피했던 정크푸드에 더 식욕을 느껴짐

1. 대학생 다이어트, 어떻게 할까?

기름진 음식이 끌리는 이유

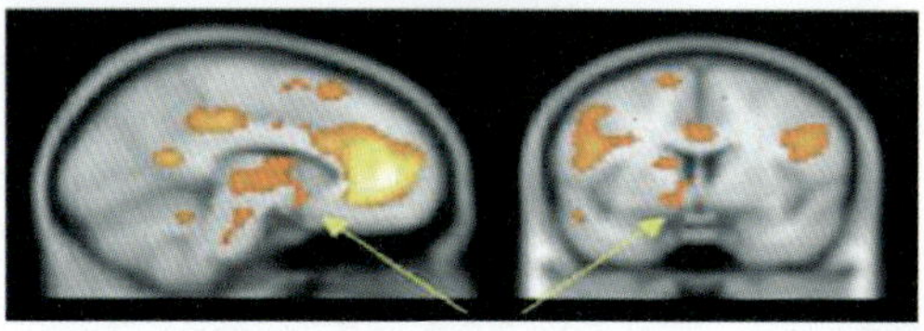

- MRI로 뇌를 촬영한 결과, 과자·사탕·피자 같은 음식을 보여줬을 때 보상중추가 활성화됨
- 반면 이들에게 4일 동안 하루 9시간씩의 충분한 수면시간을 갖게 했을 땐 이 식품들을 봐도 보상중추가 활성화되지 않았음
- 연구진은 **"잠이 부족하고 피로하면 그 음식을 먹으면 살이 찌거나 건강에 좋지 않다는 사실을 인지하고 있음에도 불구하고 통제하지 못하고 손을 뻗게 된다."**고 말함

잠과 비만은 '일촌 관계'다. 충분한 숙면은 다이어트의 성공 열쇠다.

1. 대학생 다이어트, 어떻게 할까?

고지방 비만 뇌손상 유발

일러스트=동아일보

기름진 음식 먹여 살찌운 쥐… 뇌 식욕 조절기능 파괴

워싱턴대 의대 슈워츠 박사팀은 고지방 식사가 심각한 뇌손상을 유발한다는 내용의 논문을 발표했다. 생쥐를 두 부류로 나눠 4주 동안 한쪽 그룹에는 일상적 음식을 줬고, 다른 한쪽에는 기름기 많은 고지방식을 줬다. 그 결과 고지방 음식을 먹어 비만해진 쥐의 뇌에서 심각한 손상을 발견했다. 식욕을 조절하는 영역인 뇌의 시상하부가 심각하게 변형돼 있었다.

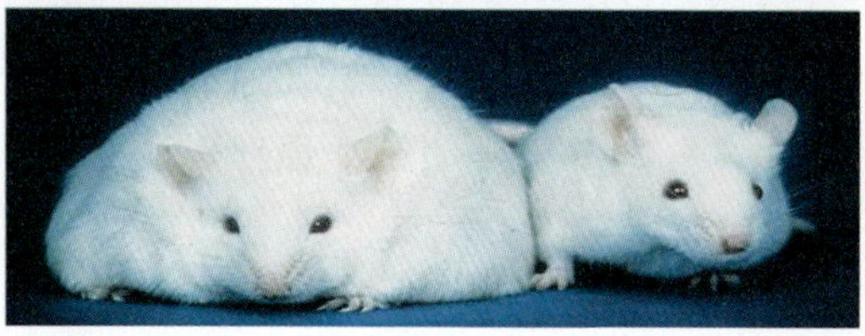

1. 대학생 다이어트, 어떻게 할까?

고지방 비만 뇌손상 유발

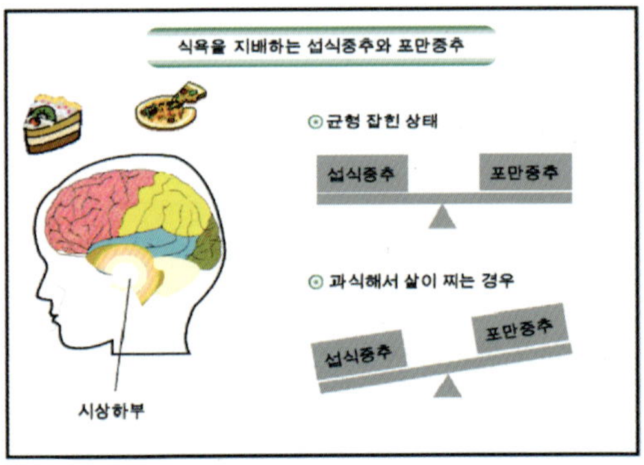

일러스트=http://www.aistudy.co.kr

섭식중추와 포만중추. 포만상태가 되면 먹는 것을 멈추게 한다. 과식으로 비만인 사람은 뇌 일부가 망가져 있다.

- 비만은 인체 조직과 장기에 낮은 수준의 지속적인 염증을 유발하는 것으로 알려져 있다. 이번 연구를 통해 시상하부에 생기는 염증이 비만 때문이라는 것이 밝혀졌다. 이렇게 되면 우리 몸은 체중을 조절하는 호르몬에 반응하지 못한다.
  연구자들은 마른 사람에서 비만한 사람까지 건강한 사람 34명의 뇌 영상을 찍어본 결과 쥐 실험에서 발견한 것과 유사한 뇌 사진을 얻을 수 있었다. 사람은 일반적으로 신체의 항상성을 유지하려는 성향이 있기 때문에 일단 몸이 비대해지면 그 체중을 유지하기 위해 식욕을 조절하는 시상하부를 파괴함으로써 식욕을 유지하도록 한다는 것이 연구진의 설명이다.

1. 대학생 다이어트, 어떻게 할까?

스트레스 과식

토막지식

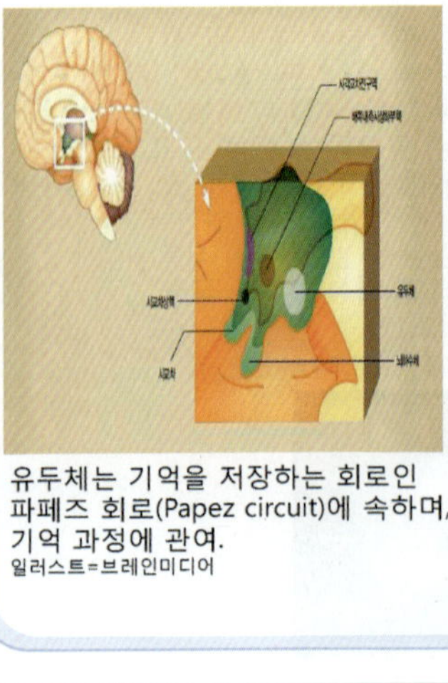

유두체는 기억을 저장하는 회로인 파페즈 회로(Papez circuit)에 속하며, 기억 과정에 관여.
일러스트=브레인미디어

네가 음식 섭취로 스트레스를 풀 경우, 너의 뇌에 있는 보상중추를 자극하게 된다. 이때 만족을 느낀 보상중추의 약발이 떨어지면 너는 가라앉은 기분을 향상시켜 고요함과 편안함을 느끼기 위해 또 다시 음식에 손을 대게 된다. 이러한 스트레스와 불안감의 신경화학적 작용 때문에 너는 작심하고 세운 계획을 지키기가 더욱 힘들어지는 것이다.

이보다 흥미로운 것은 배고픔과 포만감의 화학물질이 분비되는 시상하부 바로 옆의 유두체다. 이 부분은 음식에 대한 기억을 저장하고 있는데 배고프다는 신호를 받게 되면, 뇌는 이 부분에 저장된 기억을 뒤지게 되며 그로 인해 건강에 좋지 않은 음식을 포함해 예전에 먹었던 음식에 대한 욕망이 샘솟게 된다.

1. 대학생 다이어트, 어떻게 할까?

스트레스 과식

네가 스트레스를 겪고 있다면......

일러스트=www.doctorkorea.com

코티솔과 인슐린 분비 증가→식욕 증가→고칼로리의 단음식과 기름진 음식 탐닉→지방 비축→간에서 더 많은 지방과 염증 촉진 화학물질이 나옴→인슐린 저항성 유발→췌장으로 하여금 더 많은 인슐린을 분비토록 함→배고픔을 느끼게 함→폭식

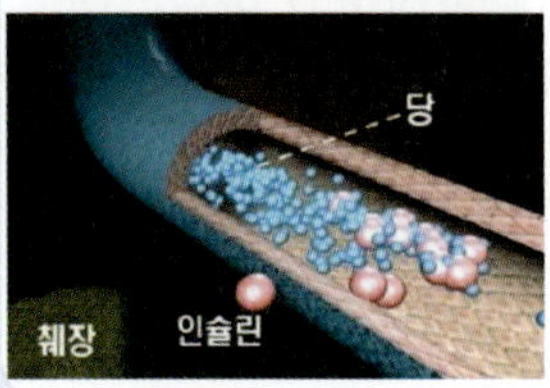

몸 속의 모든 세포는 살아가기 위해 에너지를 필요로 한다. 이러한 에너지는 사람이 섭취하는 음식이 지방과 당 (포도당)으로 변환되어 공급된다. 이 포도당은 정상 혈액의 구성 물질로 혈류를 따라 체내를 이동한다. 각각의 세포는 혈류로부터 포도당을 취해 에너지로 이용하게 되는데, 이와 같이 세포가 혈중 포도당을 취하는 데 필요한 물질이 '인슐린'이라 불리는 단백 물질. 인슐린은 췌장의 베타 세포에서 생산. 혈당수치가 증가하면 베타 세포에서 혈류로 인슐린이 방출돼, 혈중 포도당을 세포로 이동시킨다. 인슐린은 세포 표면의 단백질에 부착한 후, 혈중 포도당을 세포 내로 통과시켜 에너지로 사용.

일러스트=tourholic.tistory.com

1. 대학생 다이어트, 어떻게 할까?

스트레스 과식

네가 스트레스를 겪고 있다면......

스트레스는 정상치 이상으로 호르몬을 분비시켜 배고픔을 느끼게 하고 지방을 저장하게 만든다. 그로 인해 염증이 증가하고 결과적으로 더 많은 스트레스를 받게 된다. 그러면 다시 똑같은 일이 반복된다. 이러한 스트레스 작동방식이 체중 증가에 막대한 영향을 미친다.

스트레스는 실제 배고픔과 상관없이 뇌에 허기를 전달하고, 불필요한 섭취를 유도하므로 결국 다이어트에 가장 큰 적이 된다.

1. 대학생 다이어트, 어떻게 할까?

천천히 식사를 해서 뇌에 포만감을 보낸다

일러스트=story.kakao.com

A 배가 고플 때 사람들은 종종 '뱃속이 비었다'고 말한다. 말 그대로 뱃속이 텅 비었음을 떠올리는 사람들이 많겠지만, 사실 공복감이란 것은 뱃속이 비었다고 오는 느낌이 아니다. 혈액의 당분, 즉 혈당이 내려가는 것을 뇌가 감지하고 '공복감'을 유발한다. 공복감이란 '뇌가 당분을 필요로 하고 있는 상태'다. 그 필요를 충족시켜 주는 행위가 식사를 하는 것이다.

식사를 하면 혈당이 올라간다.

A 그런데 아쉬운 게 있다. 뇌는 그 정도로 기뻐하지 않는다는 것. 영양분으로 가득한 혈액이라도 뇌에 들어가지 않는다면 아무런 의미가 없다. 그래서 식사할 때는 최대한 많은 혈액을 뇌로 보낼 방법을 궁리해야 한다.

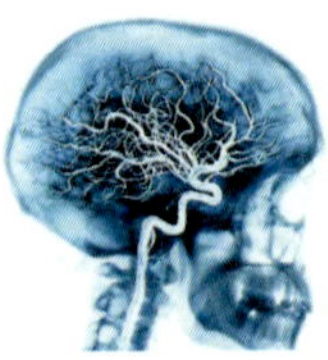

www.alz.org

1. 대학생 다이어트, 어떻게 할까?

천천히 식사를 해서 뇌에 포만감을 보낸다

Q 어떻게 할까?

A 우선, 과식하지 않도록 하라. 과식하면 위의 활동을 활발하게 하기 위해 뇌보다도 위에서 혈액을 사용하게 된다. 위의 부담을 덜기 위해 과식을 피하려면, 시간을 들여서 천천히 식사를 해야 한다. 식사를 한다고 해서 바로 포만감이 오는 것은 아니다. 밥을 먹고 포만감을 느낄 때까지 시간이 걸리기 때문이다. 식사를 한 후 위장 안에 음식물이 소화되고 영양분이 흡수되어 혈액 중의 당분 양이 증가해야, 비로소 포만감이 생긴다. '더 이상 먹지 않아도 괜찮아'라는 포만감 말이다. 이렇듯 식사를 하고 나서 포만감을 얻기까지 시간이 걸린다.

일러스트 =hanamed.tistory.com

Q 급하게 식사를 하니 포만감이 생기기 전에 더 많은 음식물을 섭취하게 돼, 어느새 '과식 했구나'라는 기분이 들더라.

A 과식을 방지하기 위해서는 천천히 시간을 두고 식사를 하는 것이 필요하다. 그렇게 하면, 어느 정도 먹었을 때 포만감이 생겨서 그 이상 먹지 않아도 된다. 그렇게 해서 위의 부담을 경감시켜 뇌에 혈액이 유입되게 해 준다.

ptjey.com

1. 대학생 다이어트, 어떻게 할까?

배부른데 또 음식을 찾는다면

Q 배 부르게 먹고 왔는데도 금방 또 먹고 싶을 때가 있다.

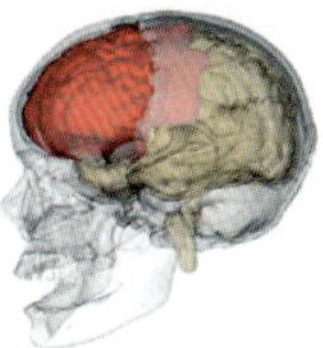

www.vop.co.kr

A 두 가지 이유를 생각할 수 있다. 첫째, 맛있는 걸 보았을 때다. 배는 포만인데 즉 동물의 1차 본능적 식욕은 충족되었지만 맛있는 걸 본 순간 전두엽에서 제2의 식욕이 촉발하기 때문이다.

Q 공복감인가?

A 그렇긴 한데 이것은 배고프다고 느끼는 감이지 진짜 배고픈 상태는 아니다. 공복은 시상하부의 동물적 본능에서 오는 진짜 배고픔이다. 공복이 아닌 공복감에 속으면 안 된다. 처방은 5분만 참는 것이다. 잠시 눈을 돌려 다른 일을 하노라면 그만 생각이 사라진다.

1. 대학생 다이어트, 어떻게 할까?

배부른데 또 음식을 찾는다면

Q 식욕이 생기는 또 다른 이유는?

A 마음이 편치 않을 때 자극되는 보상성 식욕발동이다. 그래서 마음 다이어트란 말도 있다.

Q 다이어트를 위해서는 마음을 잘 다스려야겠다.

A 그렇다. 뭔가 먹고 싶을 때는 진짜 신체적 허기인지 마음의 허기인지부터 잘 생각해봐야 한다. 포만인데도 또 먹고 싶을 때는 마음에 문제가 생겼다는 뜻이다. 어딘가 마음이 편치 않다는 증거다. 그 원인을 찾아 적절한 대책을 강구하지 않으면 안 된다.

1. 대학생 다이어트, 어떻게 할까?

마음의 허기가 느껴지는 이유는 스트레스

- **마음의 허기가 느껴지는 가장 큰 원인은 무엇일까?**
  - 『식욕 버리기 연습』의 저자 마리아 산체스에 따르면 불안감, 외로움, 억울함, 우울함, 화남, 열등감 등에서 오는 스트레스라고 진단
  - 식욕을 조절하고 불필요한 과식을 방지하기 위해서는 스트레스 조절이 가장 중요

1. 대학생 다이어트, 어떻게 할까?

긍정 마인드를 가져야 다이어트 성공

"긍정적으로 생각하고 사회적 교류를 활발히 하면 기분을 좋게 해주고 식욕을 감소시켜 주는 세로토닌 수치가 증가하게 된다."

- 마이클 로이젠/의학자

- 교육상담가 김명찬은 그 자신이 특별한 다이어트 없이 자기분석(Self Psychological Analysis)을 통해 3개월간 18kg 감량했음
- 요요 없이 생활하고 있는 그는 **"체중을 줄이기 위해서는 자신의 문제를 들여다보라"**고 이야기함

1. 대학생 다이어트, 어떻게 할까?

감정 코칭이 필요하다

Q 물만 먹어도 살찌는 체질이라 스트레스가 심하다.

A 바로 그 스트레스가 너를 살찌게 할 수 있다. 감정을 조절하고 호르몬의 균형을 되찾으면 지방이 분해되는 것은 물론 고질적인 셀룰라이트로부터도 해방될 수 있다. 지금 너는 식단보다 감정을 조절해야 한다.

* 비만하면 복부비만이 떠오른다. 복부비만은 배에 과도한 지방이 축적된 상태.
체내 지방은 그 분포에 따라 피하지방과 내장지방으로 나누는데, 특히 내장지방(체내 장기 주위에 있는 지방)의 축적이 심할 경우 건강위험률이 높아져 내장지방을 복부지방과 같은 용어로 사용.

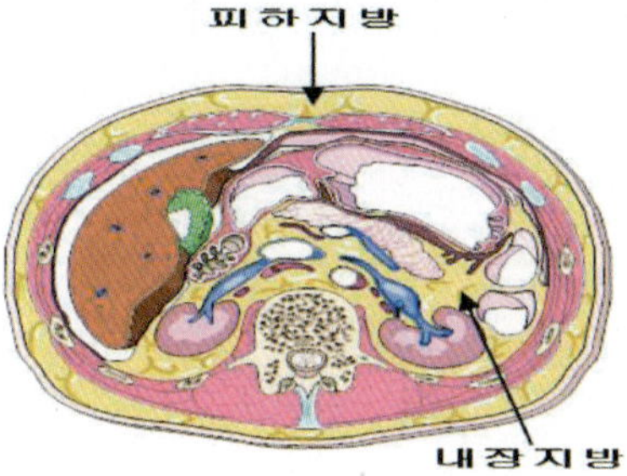

손가락으로 두껍게 잘 잡히는 뱃살은 대개 피부 바로 밑에 쌓인 피하지방. 손에 잡힌 지방이 매끄럽지 않고 울퉁불퉁하면 피하지방과 셀룰라이트가 모여있는 상태.

1. 대학생 다이어트, 어떻게 할까?

셀룰라이트

울퉁불퉁한 귤껍질처럼 생긴 셀룰라이트는 피하조직과 국소 대사성질환. 혈액이나 림프가 잘 순환되지 않아 지방세포의 노폐물과 독소가 배출되지 못할 때 생긴다. 셀룰라이트를 없애려면 피하지방을 감소시키는 게 도움이 된다. 따라서 운동이나 식습관을 통해 지방을 빼는 것이 가장 좋다.

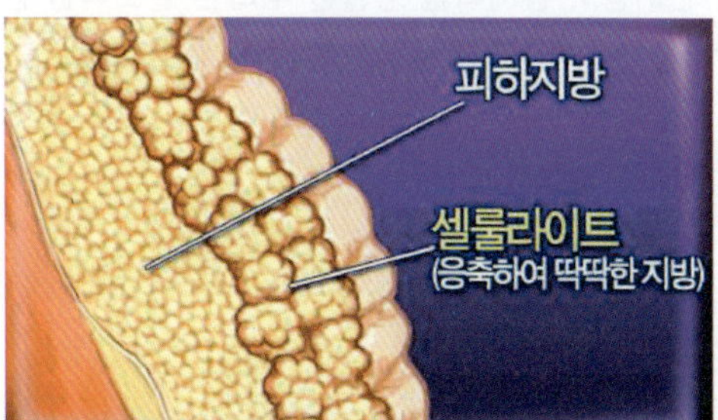

1. 대학생 다이어트, 어떻게 할까?

감정 코칭이 필요하다

다이어트를 해도 살이 찌는 사람들이 있다. 분명 남들보다 적게 먹고 운동도 열심히 하는 것 같은데, 체중계 숫자는 늘 그대로이거나 심지어 더 늘어나기도 한다. 다이어트의 정도를 지키고 있는데도 변화가 없다면 감정 조절이 필요한 것은 아닌지 되짚어봐야 한다.

1. 대학생 다이어트, 어떻게 할까?

감정 코칭이 필요하다

체중감량의 승패가 결정되는 곳

포만중추가 위치한 시상하부는 마음과 육체가 함축적으로 연결된 부위다. 시상하부의 죽마고우인 뇌하수체가 다양한 메시지를 전달하기 위해 신체의 다른 부위에 화학물질을 보내기 때문이다. 음식에 대한 생리학적·심리적 필요성이 긴밀하게 연결된 이곳에서 체중감량 경기의 승패가 결정된다고 할 수 있다.

잘 알다시피 우리가 감정을 달래기 위해 먹을 때 손에 들고 있는 것은 셀러리가 아니다. 감정의 지배를 받아 통제력을 상실한 우리는 말초적인 감각을 충족시키기 위해 먹는다. 그 결과, 대용량 쿠키를 한 톨도 남기지 않고 먹어치우게 된다. 그것은 단순한 쿠키가 아니라 녹말, 설탕, 소금이 지방과 함께 범벅된 욕망의 대상이다.

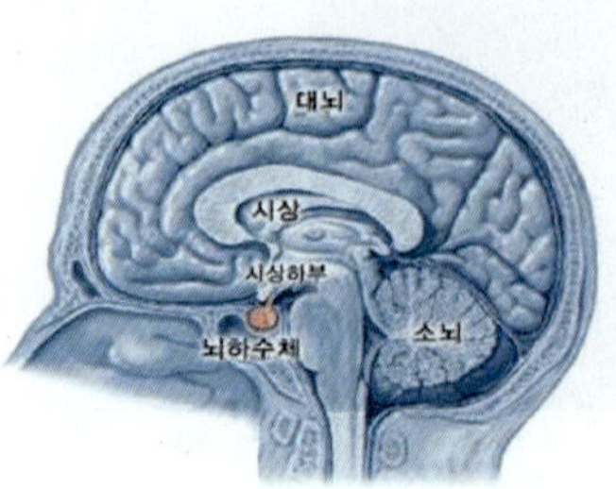

1. 대학생 다이어트, 어떻게 할까?

감정 호르몬과 식욕

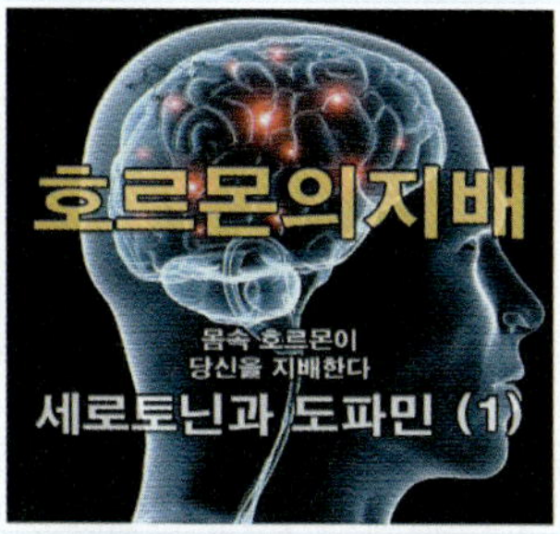

세로토닌은 긴장을 완화 하는 등 행복감을 만들어준다. 도파민은 에너지와 의욕을 불어넣는다.
blog.daum.net

- 세로토닌과 도파민처럼 긍정적인 기분과 관련된 물질이 우위를 차지하고 있다면 화학적으로 향상된 상태
- 반면 그런 물질이 낮다면 화학적으로 가라앉은 상태라고 할 수 있음
- 가라앉은 상태는 우리를 불안하게 만들고 결국 긍정적인 호르몬의 수치를 높이기 위해 단순당 같은 음식을 찾게 됨
- 마약이 작동하는 방식도 이와 마찬가지
- 마약 사용자는 호르몬의 향상된 상태를 원해서가 아니라 가라앉은 상태를 피하기 위해 약물을 복용하는 것
- 우리는 신경화학물질의 안정된 상태를 유지하기 위해 끊임없이 싸우는 중이라고 할 수 있음
- 화학물질의 수치가 높아지면 체중이 줄고, 수치가 낮아지면 궁극적으로 체중이 늘어나는 음식을 먹게 됨

1. 대학생 다이어트, 어떻게 할까?

감정 호르몬과 식욕

"너의 두개골 아래에서 벌어지는 일이
너의 허리둘레에서 일어나는 일에 지대한 영향을 미친다."

- 음식에 대한 욕망을 조절하는 감정 방식을 알게 되면 좀 더 쉽게 욕망에 저항할 수 있게 되거나 욕망을 완전히 떨쳐버릴 수 있음
  - 충족감을 주는 기분 좋은 호르몬의 수치를 일정하게 유지하도록 하라.
  - '뇌에는 친절하지만 허리에는 불친절한 음식'을 찾게 만드는 상황, 즉 호르몬이 갑자기 상승하거나 뚝 떨어지는 일이 절대 생기지 않도록 하라.

1. 대학생 다이어트, 어떻게 할까?

'행복'을 느껴야 다이어트 성공!

A 다이어트에 성공하기 위해선 행복해야 한다. 많은 사람들이 다이어트 과정에서 스트레스를 받는다. 하지만 다이어트를 견뎌내야 하는 힘겨운 싸움으로 여길 경우 성공하기 어렵다.

Q 하지만 대부분의 다이어트 방법이 비정상적으로 식욕을 억제하거나 지독한 운동을 하는 등 가학적인 형태다.

A 그런 상황이 일주일 이상만 반복돼도 우리 몸은 세로토닌 결핍현상에 시달리게 된다. 세로토닌 결핍현상은 가장 먼저 엄청난 식욕증가로 나타나 다이어트를 유지하기 힘든 상황을 초래한다(세로토닌 결핍→배고픔 느낌→탄수화물 갈망). 따라서 다이어트에 성공하고 싶다면 무엇보다 우리 뇌가 행복감에 충분히 젖어 들어 과도한 식욕에 시달리지 않게 만들고, 또 제대로 에너지를 소비할 수 있는 신진대사를 높이는 것이 무엇보다 중요하다.

Q 그 말을 들으니 가수 브리트니 스피어스가 떠오른다. 그녀는 세로토닌 다이어트로 아름다운 몸매를 되찾았을 뿐 아니라 내면에 평화를 얻었다.

1. 대학생 다이어트, 어떻게 할까?

전성기를 되찾아 준 세로토닌의 마법, '무드 다이어트(Mood Diet)'

가수로서 완벽한 삶을 살았던 브리트니는 한 인간으로서는 생각지 못했던 어려움과 인내를 겪어야 했다. 바로 아내와 어머니로서의 삶이었다. 브리트니는 굉장히 고통스러운 과정을 통해 본질적인 자기 자신의 모습이 무엇인지 마주 보게 됐다.

결혼 생활이 그녀에게서 많은 것을 앗아 갔지만 한편으로는 삶을 살아가는 과정에 대해 가르쳐 주기도 했다. 화려한 쇼와 이벤트 대신 남편, 아이들과 어울려 매일 살아가는 법을 알게 된 것이다. 그 생활은 기쁨도 있고 슬픔도 있는 자연스러운 시간이었다. 이혼 후에도 그녀가 아이들과 함께하는 시간을 소중히 여기고 어떻게든 양육권을 얻고자 노력했던 것도 같은 맥락에서 이해할 수 있다.

하루하루를 충실하게 살고 그 안에서 기쁨을 찾는 방법을 알아 가면서 그녀의 삶도 안정을 되찾기 시작했다. 더불어 다시금 전성기 때 보여 줬던 탄력 있는 몸을 만들기 시작했다. 브리트니가 한 다이어트는 '무드 다이어트(Mood Diet)'. 무드 다이어트는 자신의 정서와 감정 상태를 안정되고 편안하게 유지하는 다이어트 방법으로 세로토닌 분비 촉진에 초점을 둔다.

1. 대학생 다이어트, 어떻게 할까?

전성기를 되찾아 준 세로토닌의 마법, '무드 다이어트(Mood Diet)'

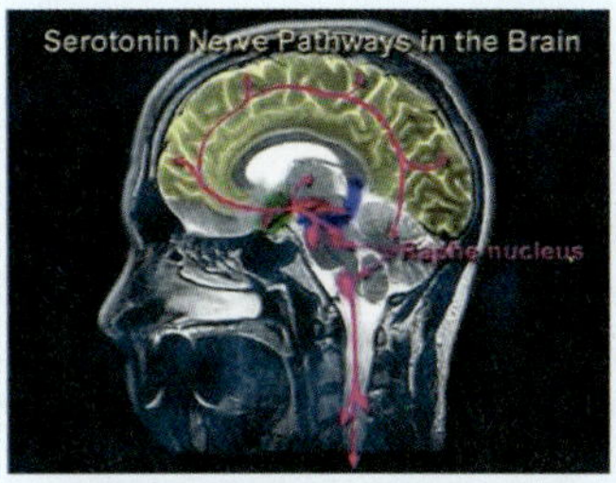

세로토닌은 솔기핵에서 만들어져 뇌와 온몸으로 퍼진다.

세로토닌은 몸과 마음이 안정되고 평화로울 때 분비되는 신경전달물질이다. 세로토닌이 활성화된 사람은 평상심을 잘 유지할 수 있다. 상황의 변화나 감정의 기복에 흔들리지 않고 안정적인 생활을 한다. 세로토닌은 일시적으로 분비되는 엔도르핀이나 도파민과 달리 평상시에 꾸준하게 분비된다. 햇볕을 많이 쬐고, 긍정적으로 생각하고, 많이 웃을 때 더욱 분비가 촉진된다. 특별한 스트레스만 없다면 지속적으로 분비되어 삶의 안정감을 형성해주는 역할도 한다. 세로토닌의 특징은 무언가를 성취하고 얻어 냈을 때 얻어지는 것이 아니라, 현재의 자기 삶을 받아들이고 그 안에서 즐거움을 느끼고 편안해할 때 나온다는 점이다. 특히 사랑하는 이들과 함께 있을 때 효과가 배가 된다.

무드 다이어트는 세로토닌 분비를 촉진하는 식단과 생활습관을 들여 평화로운 상태를 습관화하는 것이다. 브리트니는 하루 섭취 칼로리를 총 1,200kcal에 맞추고 식단을 다시 짰다. 견과류, 과일, 저지방 요구르트, 연어 샐러드, 닭고기와 채소, 달걀흰자 등으로 식사를 하며, 춤 연습을 두세 시간씩 함으로써 몸에 탄력을 만들면서 자연스럽게 세로토닌 분비를 촉진했다.

1. 대학생 다이어트, 어떻게 할까?

전성기를 되찾아 준 세로토닌의 마법, '무드 다이어트(Mood Diet)'

세로토닌 분비가 촉진되면 생활을 억지스럽게 바꾸는 방법을 실천하지 않아도 저절로 체중이 감소되고 몸이 가벼워지기 때문에 다이어트법으로 강력 추천한다. 탄수화물을 최대한 줄이기 위한 브리트니의 식단에서 세로토닌 분비를 촉진시키는 음식인 생선, 초콜릿, 돼지고기, 우유 등을 추가하는 것이 좋다.

가벼운 스트레칭을 하거나 주변을 돌아다니고, 낮 시간에 10분 이상 햇볕을 쬐고, 음악을 들으면서 노래를 크게 따라 부르거나 책을 큰 소리로 읽는 것만으로도 세로토닌 분비를 활성화시킬 수 있다.

1. 대학생 다이어트, 어떻게 할까?

알아차리지 못하게 다이어트 하기

A 자신이 다이어트를 하는 것을 알아차리지 못하는 것도 다이어트의 한 방법이다.

Q 어떻게 알아차리지 못하게 할 수 있나?

A 먹는 환경을 바꾸는 것이다. 20% 적게 또는 많게 전략(먹기 전 20%를 덜어내거나 채소를 20% 늘리는 방법)을 쓰고, 대형마트에서 대용량 제품을 사지 않으며, 1인분을 사전에 정해두는 등의 방법만으로도 칼로리 섭취를 상당량 줄일 수 있다. 그릇을 작은 것으로 바꾸는 것도 효과적이다. 주부 윤 씨는 최근 가족들 모르게 전보다 50cc가 작은 밥그릇을 사용하기 시작했다. 그 결과 두 달 사이 가족들 체중이 평균 3kg이나 줄었다.

"너무 조금 담으면 아이들이 밥이 너무 조금이라고 하니까, 나도 봤을 때 담다 만 것 같고, 그래서 그릇을 바꾸면 어떨까 해서 바꾸어봤는데..."

- 윤 씨

같은 양을 담아도 더 많아 보이는 착시효과가 더 큰 포만감을 준다!

일러스트=국민일보

보통 밥그릇보다 밑바닥을 높인 '다이어트 밥그릇'이 체중 감량에 효과적이란 연구 결과도 있다.
동덕여대 식품영양학과 장은재 교수 연구팀은 29일 '밥그릇의 크기와 형태에 의한 시각적 차이가 정상체중 여대생의 섭취량과 포만 정도에 미치는 영향에 관한 연구' 논문을 통해 "다이어트 밥그릇으로 식사하면 실제 섭취량보다 더 큰 포만감을 느끼는 것으로 확인됐다"고 밝혔다.

연구팀은 여대생 36명을 선발해 실험했다. 이들에게 1주일에 1회씩 3주간 300g의 김치볶음밥을 제공했다. 주마다 일반 밥그릇, 다이어트 밥그릇, 작은 밥그릇 등 그릇 종류만 바꿔 시각적 인지 차이와 식후 포만감을 분석했다.

섭취량은 일반 밥그릇 248g, 다이어트 밥그릇 254g, 작은 밥그릇 270g 등 큰 차이가 없었다. 그러나 참가자들이 체감한 포만감은 일반 밥그릇 7.32, 다이어트 밥그릇 8.59, 작은 밥그릇 7.62로 다이어트 밥그릇이 가장 높았다. 어느 그릇의 밥이 많아 보이는지 5점 척도로 평가한 결과도 다이어트 밥그릇이 4점으로 가장 높았다. 일반 밥그릇은 2.4점, 작은 밥그릇은 2.1점에 그쳤다.

1. 대학생 다이어트, 어떻게 할까?

알아차리지 못하게 다이어트 하기

미국 이스턴 일리노이드 대학의 실험을 재연해봤다. 한 그룹은 피스타치오를 먹되 껍질을 그대로 쌓아 두도록 했고, 다른 그룹은 먹는 즉시 껍질을 치우도록 했다. 껍질을 쌓아둔 채 계속 확인한 사람들은 그렇지 않은 사람들보다 평균 23% 적게 먹었다.

Q 포만감에는 시각적인 효과도 작용한다.

A 그렇다. 뇌가 느끼는 포만감에는 양뿐만 아니라 시각적인 효과도 작용한다. 식 재료의 크기가 조리하는 음식량을 좌우한다는 연구결과도 있다. 작은 용기의 식용유는 리터당 3,600원, 큰 용기의 식용유는 리터당 3,200원이다. 하지만 음식을 만들 때 큰 용기의 식용유를 사용하면 최대 50% 더 식용유를 사용하게 된다.

시각적 요소는 우리가 매일 먹는 음식의 양을 조절해주는 매우 중요한 요소다.

1. 대학생 다이어트, 어떻게 할까?

유혹당하기 쉬운 음식은 보이지 않는 곳에

- 언제나 쉽게 먹을 수 있도록 식탁 위에 간식거리를 내놓는 집이 있음
- 음식이 눈에 띄면 배고프지 않아도 하나씩 집어 먹게 되는데, 이는 음식에 대한 조건반사 때문
- 음식은 '먹을 것'이라는 인식이 이미 형성돼 있기 때문에 먹을 것을 보기만 해도 시각적 자극이 식욕을 깨움
- 당장 먹지 않아도 음식에 대한 욕구가 저장됐다가 다시 분출함
- 다이어트를 할 때는 시각적 자극이 아예 없도록 안 보이게 하는 것이 상책

1. 대학생 다이어트, 어떻게 할까?

서서히 식단을 바꾸자

A 다이어트를 할 때는 당근, 오이, 파프리카, 셀러리 등 채소 스틱과 물을 자주 마시자. 말린 과일은 당분이 많아 적절치 않다. 건강을 생각하면 호두·잣·아몬드·땅콩 등 견과류도 좋지만, 많이 먹는 건 좋지 않으므로 하루에 한 줌 정도만 먹자.

Q 그런데 식단을 바꾸기가 쉽지 않더라. '다이어트 식단'으로 바꾸니 신경이 날카로워지고 스트레스도 늘더라.

A 음식은 감정적 보상 효과와 스트레스를 줄이는 효과가 있기 때문이다. 펜실베이니아대 트레이시 베일 연구진은 쥐에게 고지방 음식을 금지시키자 스트레스를 받을 때 증가하는 물질이 분비됐다고 밝혔다.

1. 대학생 다이어트, 어떻게 할까?

서서히 식단을 바꾸자

실험

연구진은 쥐에게 지방과 탄수화물 함량이 높은 먹이를 4주간 꾸준히 먹이다가 갑자기 일반 식단으로 바꿨다. 이때 쥐의 대뇌에서 각성 또는 걱정 상태에서 분비되는 신경호르몬을 촉진시키는 물질이 증가했다. 이는 쥐가 먹이를 바꾼 것만으로도 스트레스를 많이 받는다는 것을 뜻한다. 고지방 음식을 못 먹어 스트레스를 받던 쥐들은 옆에 저칼로리 먹이가 있는데도 위험한 곳에 있는 고지방 먹이를 얻기 위해 애썼다.

1. 대학생 다이어트, 어떻게 할까?

서서히 식단을 바꾸자

A 음식은 감정적 보상 효과와 스트레스를 줄이는 효과가 있다. 그러니 건강을 유지하면서 서서히 식단을 바꾸는 것이 좋다. 게다가 식단조절을 무리하게 하면 영양 불균형으로 인한 영양결핍, 탈모뿐만 아니라 체지방과 함께 근육량까지 정상범위 이하로 떨어져 기초대사량 저하, 요요 현상 등 부작용이 따른다.

Q 몸에 무리가 가지 않으면서 효율적으로 체중을 줄일 수 있는 식단을 추천한다면?

A 우리가 매일 먹는 한식을 권한다. 다만 기름진 음식이나 육류 섭취를 줄이고, 흰살 생선이나 등푸른 생선, 콩류나 달걀 등으로 단백질을 보충하는 것이 좋다. 또 맵고 짠 음식이 많기 때문에 간을 싱겁게 하는 것이 좋으며, 찌개류보다는 맑은 국물 종류로 바꾸길 권한다. 녹황색 채소류는 식이조절 시에 부족하기 쉬운 비타민이나 무기질을 보충할 수 있으므로 샐러드로 먹거나, 싱겁게 한 나물류를 먹는 등 채소 위주의 반찬을 섭취하는 것이 좋다.

1. 대학생 다이어트, 어떻게 할까?

식사량

Q 최근 '1일 1식'이란 책이 화제가 되었다. 하루 한 끼만 먹어도 건강을 유지할 수 있다는 내용이다. 또 아침을 거르는 것이 자연으로 돌아가는 건강법이란 주장을 담은 '1일 2식'이란 책도 나왔다. 끼니의 횟수에 대한 논쟁이 뜨거워졌다.

A 식사의 횟수보다 더 중요한 것이 있다. 매번 배부르지 않을 정도로만 먹어야 한다는 점(매 끼니의 80% 먹기). 과식이나 폭식을 피하고 늘 공복 상태처럼 배고픔이 조금 남아 있는 정도가 가장 적당한 음식량이다. 영양소가 부족하지 않되 열량을 제한하면서 식사하는 게 중요하다.

"적게 먹어서 걸린 병은 다시 먹으면 낫지만 많이 먹어서 걸린 병은 편작이나 화타(扁鵲, 華陀 중국 역사상 양대 명의)가 와도 고치지 못한다."

- 중국 격언

일러스트=김회룡

1. 대학생 다이어트, 어떻게 할까?

식사량

절식은 자연치유력을 높이기도 한다. 실험에서 영양분을 충분하게 섭취하고 편하게 지냈던 쥐보다, 영양분 섭취가 적고 뇌 활동을 많이 한 쪽이 자연치유력이 높은 것으로 드러났다. 때론 몸에 엄격함을 가르쳐 주자.

Q 사람의 경우도 마찬가지다. 응석받이로 자란 아이보다 조금은 엄격하게 자란 아이 쪽이 자생력이 강하지 않는가.

A 그렇다. 몸을 아끼는 것도 중요하지만, 너무 편하게 해주면 강한 몸으로 성장하지 않는다. 때론 시련을 주는 것도 필요하다.

1. 대학생 다이어트, 어떻게 할까?

절식은 자연치유력을 높인다

A 게다가 어느 정도의 절식이라면 우리 몸은 그 상황을 견뎌낼 수 있고, 뇌도 그 상황에 따라 대응을 한다. 식사를 하지 않으면 혈액 안 당분이 감소해 "당분을 주세요!"라고 뇌가 비명을 지르기 시작한다. 그래도 식사를 하지 않으면, 몸은 여분의 지방분을 태워서 당분을 만들어 낸다. 계속 굶으면, 뇌는 당분 대신 지방분이 탈 때 나오는 케톤체를 에너지원으로 사용하기 시작한다.

케톤체(ketone body)

인류의 몸은 절식/단식에 적응하도록 설계돼 있다. 몸은 먹을 게 없는 상태가 되면 대사변화가 일어나면서 이에 적응한다. 먼저 에너지원이 포도당에서 케톤체로 바뀐다. 섭취한 여분의 칼로리는 탄수화물인 글리코겐으로 바뀌어 간이나 근육에 저장되거나 지방으로 바뀌어 지방조직에 쌓인다. 단식을 하면 처음엔 글리코겐을 다시 포도당으로 분해해 사용하지만 12시간 정도 지나면 다 소진되기 때문에 다음 단계로 지방을 분해해 케톤체를 만들어 에너지원으로 사용한다.

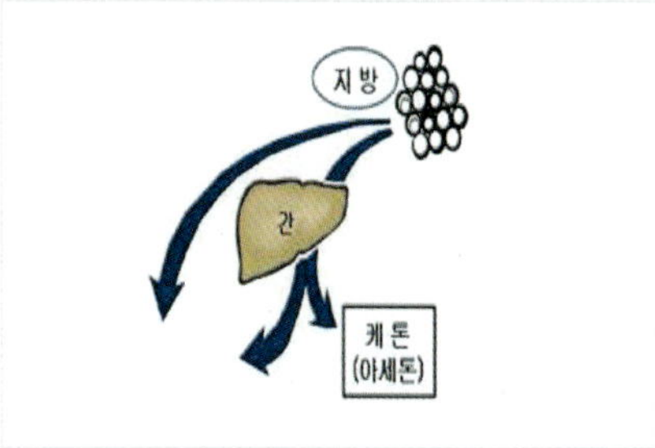

케톤체?

- 포도당이 충분히 제공되지 못하거나 간이나 근육에 저장되어 있는 포도당이 적으면 대부분의 에너지를 얻기 위해 지방이 분해된다. 음식을 섭취하지 않으면 체중이 감소되는 이유다.
- 지방이 에너지의 원료로 사용될 때 간은 그것의 일부를 케톤으로 바꾼다.

- 포도당이 고갈된 상태에서 지방산이 연소할 때 간에선 케톤체가 생긴다. 이 케톤체는 뇌에 에너지를 공급하기 위해 간에서 만들어지는 물질이라 할 수 있다. 뇌는 포도당만을 에너지원으로 사용. 지방산은 혈액뇌관문을 통과할 수 없기 때문에 뇌는 지방산을 에너지원으로 사용할 수 없다.

몸은 포도당이 고갈될 때 뇌를 위해 에너지원을 만들어야 한다. 그래서 간에서 지방산을 분해하는 과정에서 케톤체를 생성하도록 진화한 것. 케톤체는 수용성으로 세포막과 혈액뇌관문을 쉽게 통과하고 골격근과 심장, 신장이나 뇌 등 여러 장기에 운반됨. 세포의 미토콘드리아에서 대사돼 포도당 대체 에너지원으로 이용됨. 특히 뇌에서 포도당이 고갈되었을 때 유일한 에너지원으로 사용됨.

1. 대학생 다이어트, 어떻게 할까?

절식은 자연치유력을 높인다

A 어느 정도의 공복은 우리 몸도, 뇌도 견뎌 낸다. 다이어트를 지나치게 계속하면 과부하로 오히려 스트레스가 심해지지만, 어느 정도의 절식이라면 뇌는 '영양인자'를 받을 수 있어서 오히려 기뻐한다.

Q '신경성장인자(BDNF, 뇌유래신경영양인자)'를 말하는가?

A 그렇다. BDNF는 기적의 뇌 성장인자로 불리는데, 신경세포의 거름이 된다. BDNF는 새로운 신경세포의 성장과 분할을 촉진하고 생존을 돕는 신경영양인자로서 스트레스 호르몬 분비를 억제하는 작용도 한다. 해마 안에 BDNF가 많을수록 부신피질자극 호르몬 방출호르몬(CRH)의 분비가 억제되는 보고가 있다. CRH를 원숭이 뇌에 주사하면 원숭이는 곧 우울한 상태가 된다. 한편 쥐 해마에 BDNF를 주사해서 해마의 움직임을 높이면 우울한 상태가 진정되는 것을 볼 수 있었다.

BDNF는 스트레스 호르몬의 분비를 억제함으로써 뇌를 우울한 상태로부터 보호해 주는 성분임으로, 때론 절식하는 것도 뇌에 도움이 된다.

1. 대학생 다이어트, 어떻게 할까?

굶을수록 살찌는 체질된다

- 다이어트가 지닌 가장 큰 문제점은 '요요 현상'
- 이는 체중이 줄어들었다가 다시 늘어나는 현상으로 다이어트를 시작한 사람들 중 대부분이 겪는다고 알려져 있음
- 무리한 다이어트를 하고 굶어 죽을 정도로 공복감을 느낀 다음에는 포기하고 과식을 함
- 뇌의 **'자동 기억조절 장치'** 때문에 발생

1. 대학생 다이어트, 어떻게 할까?

굶을수록 살찌는 체질된다

Q 뇌가 체중을 기억하고 있다는 건가?

일러스트=aftertherain.kr440

A 그렇다. 뇌는 체중을 기억할 뿐 아니라 체중이 일정하게 유지(setting point)되도록 끊임없이 조절을 한다. 굶어서 단시간에 살을 뺐다가 곧바로 돌아오는 것은, 뇌가 예전 체중으로 돌려놓아 버리기 때문이다.

만일 평소보다 식사량을 줄이면 몸은 '에너지 고갈 상태'로 인식, 평소보다 소비량을 줄인다. '어! 밥이 왜 조금만 들어오지? 큰일 났다. 최대한 지방으로 많이 축적해 두고 소비량도 줄이자! 그래야 버틸 수 있어!!'

이 상태에서 평소 식사량으로 돌아오면 어떤 일이 생길까? 몸은 '에너지 과잉 상태'로 변한다. 요요 현상은 장기적으로 볼 때 오히려 체중을 늘리게 된다. 뿐만 아니라 면역계에도 악영향을 준다. 요요 현상을 겪으면 면역계의 근간이 되는 백혈구의 킬러세포가 급감해 외부에서 침입하는 바이러스에 저항력이 감퇴된다는 연구가 있다. 미국 연구진은 비만이거나 건강에 별 문제가 없는 여성 114명으로부터 혈액을 추출해 분석한 결과, 과거에 살을 빼려다 실패하고 요요 현상을 겪은 여성의 경우 백혈구 수치가 한 번도 살을 빼려 하지 않은 여성에 비해 낮다는 사실을 발견했다. 특히 요요 현상을 5번 이상 경험한 경우 백혈구가 최고 1/3이나 적어 면역계에 심각한 영향을 준다는 결과가 나왔다.

1. 대학생 다이어트, 어떻게 할까?

굶을수록 살찌는 체질된다

Q 왜 이런 현상이 나타나는가? 요요 현상을 겪을 때 몸이 질병에 취약해지는 원인은 무엇인가?

A 진화심리학자들에 의하면 이는 원시시대에 생겨난 것이다. 원시시대는 먹을 것이 귀했다. 따라서 원시인은 칼로리가 높은 단것이나 고기가 생기면 될 수 있는 한 많이 먹어 지방으로 저장했다가 먹을 것이 부족한 시기를 대비해야 했다. 그렇게 하는 사람은 살아남을 수 있었다. 그런 이유로 우리 몸은 살이 빠지는 것에 저항하도록 프로그래밍 돼 있다는 것이다.

Q 건강을 위협하는 질병을 만들어서라도 말인가?

A 그렇다. 우리 몸은 지방이 많을수록 생존 가능성이 크다는 원시시대의 경험을 바탕으로 지방의 수위를 유지하려는 강한 본능을 갖고 있고, 그것이 요요 현상으로 이어질 수 있다.

1. 대학생 다이어트, 어떻게 할까?

굶을수록 살찌는 체질된다

요요 현상 방지법

- 아침 밥 챙겨먹기
- 자극적인 음식 피하기
- 짜게 먹지 않기
- 물을 충분히 마시기
- 비타민, 미네랄 섭취하기

굶거나 적게 먹고 무조건 살을 빼겠다는 다이어트보다
내 몸에 꼭 필요한 영양소를 제대로 알고 충분히 섭취해서
내 몸의 체중조절 기능을 정상으로 되돌리는 것,
이것이 바로 요요 현상 없이 다이어트를 가능하게 하는 중요한 열쇠 중의 하나다.

1. 대학생 다이어트, 어떻게 할까?

뇌 건강에 좋은 식단을 짜라

"내가 먹는 것이 바로 나다."

- 빌 코스비

- '머리' 좋은 사람이 성공하는 건 다이어트에서도 예외가 아님
- 적절한 영양섭취는 몸의 기능을 최적화시켜 뇌질환, 심혈관 질환 등을 예방하고 뇌 능력을 최대한 발휘할 수 있게 함
- 뇌는 우리가 섭취하는 영양의 질에 따라 기능이 좌우됨
- 영양을 제대로 공급받지 못하면 뇌 기능은 떨어지며, 닳고 해어지고 너덜너덜해짐
- 늘 패스트푸드를 달고 사는 사람이 있다고 해보자.
- 그 사람은 건강에 좋은 음식(예: 영양분을 골고루 갖춘 밥·반찬)을 즐기는 사람보다 음식을 절제하는 자제력을 제대로 발휘하지 못함

1. 대학생 다이어트, 어떻게 할까?

뇌 건강에 좋은 식단을 짜라

A 게다가 뇌는 식성이 아주 까다롭다. 늘 프리미엄급 최고급 식사만 하려고 한다. 따라서 다이어트에 성공하려면 뇌에 최고급 연료를 공급해 뇌 기능을 최대치까지 끌어올려야 한다.

Q 뇌가 먹고 싶어 하는 음식은?

A 뇌세포는 두 겹의 지방막으로 둘러싸여 있고 기다란 축색돌기는 지방으로 코팅돼 있다. 따라서 구조물을 유지하고, 제 기능을 하려면 음식에 들어 있는 지방을 반드시 섭취해야 한다.

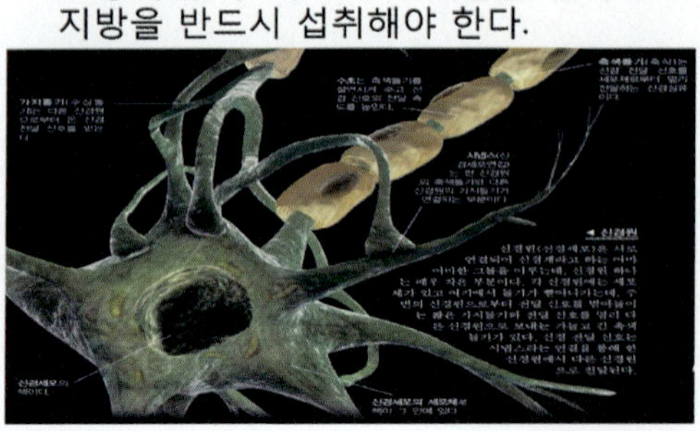

일러스트=리처드 워크, <몸>, p.14.

1. 대학생 다이어트, 어떻게 할까?

탄수화물, 뇌 연료

- 탄수화물은 뇌에 필요한 연료 공급
- 탄수화물이 든 음식을 먹으면 이 음식물은 빠른 속도로 포도당으로 분해됨 → 분해된 당은 혈류를 통해 돌면서 몸의 모든 세포의 기본적인 에너지원이 됨
- 몸 기관 중 특히 뇌는 많은 양의 포도당을 필요로 함

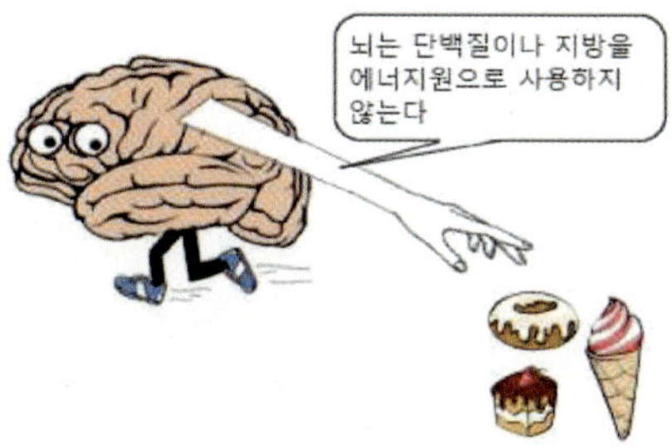

일러스트=www.marathon.pe.kr342

1. 대학생 다이어트, 어떻게 할까?

탄수화물, 뇌 연료

일러스트= trainerkang.com

Q 탄수화물이 부족하면 뇌의 중요한 신경전달물질을 형성하는 특정 단백질(아미노산)이 줄어든다.

A 그래서인지 고단백 식사를 하면서 탄수화물을 적게 섭취하는 사람이 피로를 더 잘 느끼고 기분도 쉽게 나빠진다는 얘기를 하더라.

Q 고기를 주로 먹으며 체중을 감량하는 다이어트(황제 다이어트)를 하는 사람이 몸무게는 줄어들지만, 소화가 잘 되지 않고 몸에 힘이 없다는 보고가 있다. 몸의 주된 에너지원인 탄수화물을 섭취해야 몸이 제대로 돌아간다. 현미, 통밀, 귀리기울 등의 홀 그레인(whole grain, 도정하지 않은 곡식)에 함유된 복합 탄수화물은 뇌 기능에 꼭 필요한 필수영양소를 공급한다.

1. 대학생 다이어트, 어떻게 할까?

좋은 탄수화물, 나쁜 탄수화물

A 곡물은 가장 중요한 탄수화물 공급원이다. 하지만 그것에서 얻는 에너지는 우리가 섭취하는 총 에너지양의 24%를 차지한다. 그런데 곡물로 얻는 에너지에서 홀 그레인이 차지하는 비중은 겨우 3.5%. 지난 200년 동안 서구사회에서 정제당의 섭취는 8배 증가했다. 최근에는 탄산음료에 함유된 고과당 옥수수 시럽 섭취량이 1970년 1인당 0.28kg에서 1997년에는 1인당 27kg이상 증가했다.

Q 엄청나구나!

A 단당류는 잠깐 힘을 내게 할 수는 있다. 하지만 일시적 효과일 뿐 곧 혈당이 심각하게 떨어지고, 뇌는 더 굶주리게 된다. 복합 탄수화물은 느리고 지속적으로 에너지와 주요 영양소를 공급한다.

일러스트=rakeduck.tistory.com/

복합탄수화물

1. 대학생 다이어트, 어떻게 할까?

좋은 탄수화물, 나쁜 탄수화물

Q 단당류는 식물 칼로리로 알려져 있다.

A 그렇지만 뇌에게는 공허한 약속일뿐이다. 단당류는 신경세포로 하여금 오지 않을 전화를 기다리게 한다. 첫 만남 후에 애프터 신청을 하지 않는 남자처럼.

Q 단당류는 급격한 혈당 상승을 일으킨다.

A 그렇다. 빠른 속도로 단당류를 공급하면 혈당이 급격하게 상승한다. 때문에 인슐린이 더 많이 분비되고 당뇨병 및 심혈관계 질환을 불러온다.

"단당류는 짧은 시간 동안 뇌에 에너지를 공급하지만 궁극적으로는 뇌 기능을 떨어뜨린다."

우리가 먹는 음식의 대부분은 소화액에 의해 우리가 살아가는 데 필요한 연료인 포도당(glucose)으로 분해된다. 포도당은 우리 몸에서 주요한 에너지원으로 이용된다. 포도당은 혈액 내로 전해지고 여기서 세포 내로 들어가서 에너지로 사용되거나 나중을 위해 저장된다. 우리 몸에 있는 세포에서 포도당을 받아들이기 위해 인슐린이란 호르몬이 혈액 내에 존재해야 한다. 인슐린은 포도당이 세포 내로 들어가기 위해 세포 표면에 있는 문을 여는 열쇠의 역할을 한다. 일러스트=www.nhimc.or.kr/ilsan_news

1. 대학생 다이어트, 어떻게 할까?

단백질, 신경전달물질의 원료

- 단백질은 뇌세포를 포함한 모든 세포에 중요한 구성성분일 뿐 아니라 신경전달물질을 만드는 원료(아미노산)를 제공
- 단백질이 풍부한 음식을 먹으면 소화를 통해 아미노산 분자들로 분해됨

- * 아미노산은 단백질 구성의 기본 요소이다.
  * 자연에는 약 20여종의 아미노산이 있다.
  * 2개 이상의 아미노산이 펩타이드를 형성한다.
  * 여러 개의 펩타이드가 결합하여 단백질을 형성한

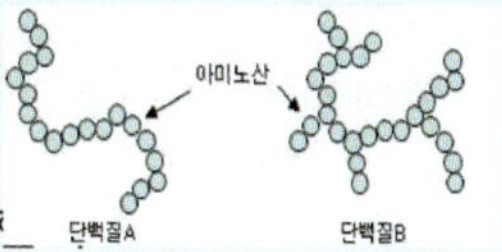

- 아미노산 분자가 신경전달물질의 골격을 형성
- 이때 제공받는 아미노산 중에는 고위 정신기능을 주관하는 도파민과 각성과 혈압을 조절하는 노르아드레날린과 아드레날린의 합성 원료인 티로신과 감정, 수면, 진통 작용을 조절하는 세로토닌의 합성원료인 트립토판이 포함돼 있음

1. 대학생 다이어트, 어떻게 할까?

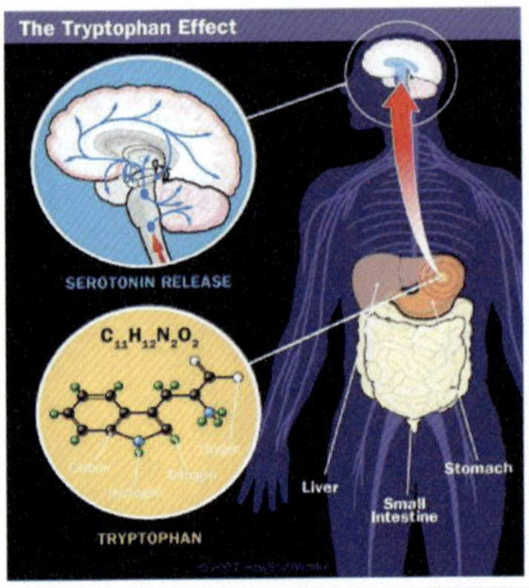

트립토판:
세로토닌의 원료가 되는 아미노산
트립토판은 필수 아미노산이기 때문에 몸에서 합성할 수 없어 식품으로 섭취해야 한다.

http://s.hswstatic.com/gif/trytophan-reaction.gif

Q 트립토판은 우유에 들어 있다.

A 우유 외에도 칠면조 등에 포함돼 있다. 트립토판은 세로토닌으로 전환된다. 이 과정엔 비타민과 탄수화물이 필요하다. 칠면조 속의 트립토판은 감자, 칠면조 속에 넣은 재료, 크랜베리 소스 덕분에 뇌 속으로 들어가게 된다.

1. 대학생 다이어트, 어떻게 할까?

지방은 범죄자?

- 지방은 모든 세포막의 구성성분으로서 특히 뇌세포막의 정상 기능 유지에 필요
- 이노시톨 인지질은 신경세포를 포함한 거의 모든 세포의 신호전달에 핵심적 역할을 담당
- 한 신경세포에서 다른 신경세포로 신호가 전달될 때 이 인지질이 부족하게 되면 신호전달 기능에 차질이 빚어져서 세포가 교신하는 데 지장이 오게 됨

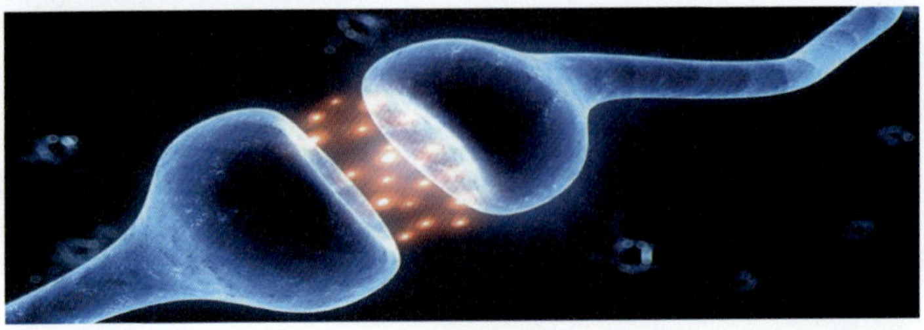

1. 대학생 다이어트, 어떻게 할까?

지방은 범죄자?

Q 하지만 지방은 마치 범죄자로 취급된다.

A 무지방 열풍이 일면서 전 사회가 지방이라는 범죄자를 잡으려고 혈안이 된 듯하다. 진짜 '범죄자'는 지방 중에서도 포화지방과 트랜스 지방산이라는 가공 지방이다. 이 녀석들은 여러 질병을 유발하고, 뇌 건강에도 해롭다.

포화지방과 트랜스 지방은 고체 지방이다. 때문에 실온에서 단단해진다. 마켓에 진열돼 있는 고깃덩어리에서 보이는 흰 부분이 바로 포화지방이다. 버터, 치즈, 마가린, 우유, 빵 등에도 포화지방이 들어 있다.

Q 트랜스 지방은?

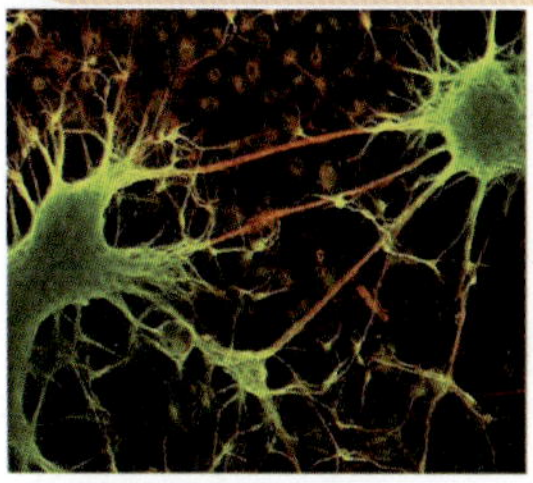

시냅스 확대도x1000

A 원래 액체 기름이었던 것을 마가린이나 제빵에 사용하기 위해 가공해서 고체 기름으로 만든 것이다. 트랜스 지방은 '식물성 경화유' 또는 '쇼트닝'이라고도 부르는 '가짜 기름'이다. 포화지방과 트랜스 지방은 염증을 심화시키고, 혈당 조절을 어렵게 하며, 혈액 순환을 좋지 않게 한다.

Q **뇌 건강에도 해롭겠다.**

A 물론이다. 시냅스의 접속 불량을 일으켜 정보전달에 지장을 준다. 그러니 당장 뇌 기능도 떨어지면서 학습장애, 집중력 부족, 정서불안이 따른다.

1. 대학생 다이어트, 어떻게 할까?

필수 지방산, 오메가-3·오메가-6

Q 우리에게 꼭 필요한 지방은?

A 오메가-3 지방산과 오메가-6 지방산. 우리 몸에서 만들 수 없고 음식을 통해 섭취해야 하기 때문에 필수 지방산이라 하는데, 이 필수 지방산은 뇌가 촉촉하게 유지되도록 기름을 쳐주는 역할을 한다. 그리고 신경세포막을 형성한다.

Q '신경세포막'이라니?

A 말 그대로 신경세포를 감싸는 막이다. 신경세포막은 유연하고, 작은 구멍이 뚫려 있어서 이를 통해 중요한 전달물질이 지나간다. 그런데 여기에 포화지방, 콜레스테롤, 트랜스 지방이 쌓이면 막이 단단해지고 탄력성을 잃는다.

Q 신경세포막을 보면 우리가 섭취하는 지방이 어떤 것인지 알 수 있겠다.

A 그렇다. 오메가-3 지방산과 오메가-6 지방산이 부족하고 포화지방산이 너무 많으면 세포막이 단단해져서 신경세포 간 소통이 원활하게 이루어질 수 없다. 어떤 지방을 섭취하느냐에 따라 신경정신 질환의 발병이나 치료에 대한 반응이 다르게 나타날 수 있다.

Tip 지방

지방(지질)은 건강을 위협하는 영양소로 생각되는 경향이 있으나 인체에 꼭 필요한 물질로 반드시 음식을 통해 섭취해야 한다. 우리가 흔히 지방이라고 부르는 기름덩어리는 지질의 한 종류.

* 지질의 종류
- 중성지방
- 인지질
- 스테로이드 등

중성지방: 체내에 저장돼 있다가 에너지원으로 사용되는데 지질의 95%가 중성지방이다. 중성지방은 탄소(C)와 수소(H)가 연결된 사슬모양인데 이 사슬 형태가 단일결합탄소 사슬이면 포화지방산, 부분 2중 결합탄소사슬이면 불포화지방산.

포화지방산은 인체 내 에너지 저장체로 작용해 대부분 몸에 축적돼 살이 되며, 불포화지방산은 세포막을 구성하거나 근육수축 조절과 혈압 유지, 신경자극-전달 및 소화효소 분비 조절, 생리활성 조절 등 중요 역할[예: EPA, DHA 등].
불포화지방산 중 오메가-3와 오메가-6지방산은 체내에서 합성되지 않고 반드시 식품섭취를 통해 이루어지므로 필수지방산이라 한다.

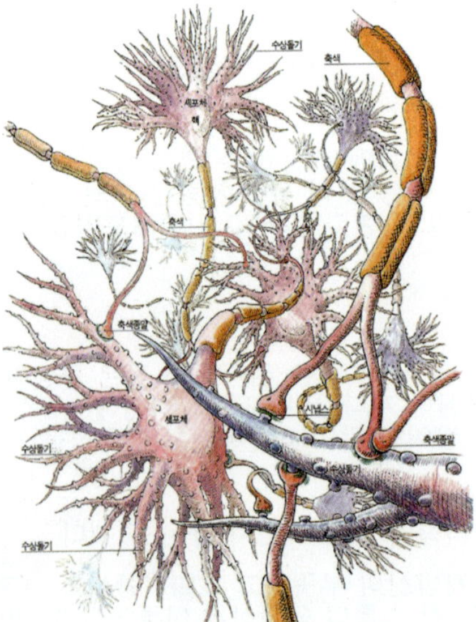

일러스트=브레인 스토리

오메가-3지방의 일종인 DHA는 뇌기능을 강화시키는 대표적인 영양소. 뇌세포는 정보 전달을 원활히 하기 위해 세포 하나하나의 돌기를 늘려나가는데, 이 돌기의 수를 늘리고 유지하는 데 필요한 것이 DHA. DHA는 뇌 세포막을 구성하는 성분으로 DHA를 많이 섭취하면 뇌의 작용이 원활해져 두뇌 발달에 도움이 된다. 기억이나 학습 능력을 좋게 한다.

1. 대학생 다이어트, 어떻게 할까?

필수 지방산, 오메가-3·오메가-6

Q 뇌가 적절히 기능하도록 오메가-3 지방산과 오메가-6 지방산을 많이 섭취해야겠다. 결핍되지 않도록 말이다.

A 그렇지만 한 가지 지적할 게 있다. 오메가-6 지방산은 어디에나 들어 있어서(옥수수기름, 홍화유, 해바라기씨기름, 콩기름에 함유) 결핍증에 걸리래야 걸릴 수가 없다. 오메가-6 지방산과 오메가-3 지방산의 비율은 2 대 1이 바람직하다. 하지만 오늘날 북미 사람의 지방량 섭취량 중 오메가-6 지방산이 오메가-3 지방산에 대해 차지하는 비율은 10 대 1에서 20 대 1 사이에 해당한다.

Q 엄청나구나!

A 오메가-6 지방산이 꼭 필요한 것은 사실이나 너무 많이 섭취하면 염증을 심화시킨다. 여러 신경정신 질환과도 관련 있는 것으로 보인다.

Q 염증이라면?

A 산화적 스트레스와 마찬가지로 신경정신 질환에 공통적으로 나타나는 증상이다.

오메가-3 지방산은 신경정신 질환과 관련된 산화적 스트레스와 염증을 줄여준다.

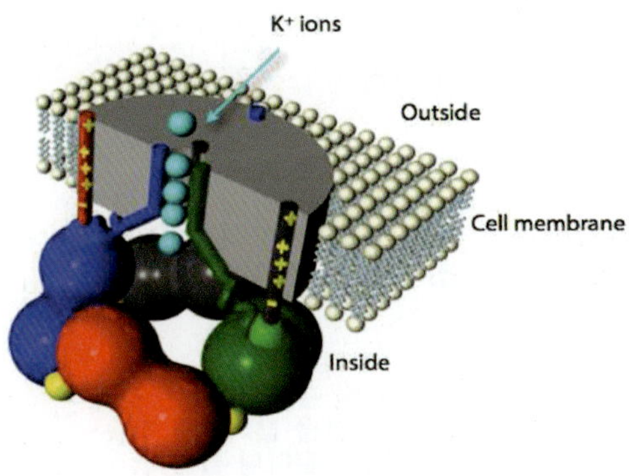

혈관의 평활근 세포 표면에 있는 Sol1 칼륨통로단백질의 구조. DHA가 달라붙으면 구조가 바뀌면서 통로가 열려 근육이완 신호경로가 개시된다.
PNAS 제공

오메가3 지방산의 항염증 효과는 염증반응을 일으키는 대식세포나 성숙한 지방세포 표면에 존재하는 GRP120이라는 수용체에 달라붙어 염증반응을 억제하는 경로를 활성화하기 때문이다.
- 2010년 생물학저널 '셀'

오메가3 지방산은 항고혈압 작용도 한다. 혈압이 높은 사람들이 오메가3 지방산을 섭취하면 혈압이 떨어진다. DHA가 혈관의 평활근 세포 표면에 있는 Sol1칼륨통로단백질에 달라붙어 통로를 엶으로써 근육을 이완하라는 신호를 촉발한다. 즉 통로단백질이 DHA의 수용체인 셈.
- '미국립과학원회보(PNAS)' 2013년 3월5일자

1. 대학생 다이어트, 어떻게 할까?

오메가-3 지방산, 스포트라이트를 받다

A 오메가-3지방산은 BDNF의 유전적 발현을 증진시킨다. 신경성장인자 BDNF는 이미 형성되어 있는 성인 신경계의 성장, 보전, 생존을 담당한다(뇌의 발육 및 신경의 성장은 성인기에도 계속 일어난다). BDNF는 기억과 인지 작용에 관여한다. 때문에 이 물질의 신경생성(신경 성장)을 방해하는 요소는 다양한 신경정신 질환과 관계가 있다.

Q 구체적으로 말한다면?

A BDNF의 혈중 농도가 낮은 경우 심각한 우울증이 나타난다. 대부분의 신경질환에서 신경세포가 소실되고 손상되거나 줄어들 것이라고 생각할 수 있다. 이러한 현상은 우울증이나 기타 정신질환에서도 마찬가지로 일어난다. BDNF는 강력한 신경 보호 물질로, 신경세포가 잘 살아 나가고 세포 간의 신호 전달이 적절하게 일어나도록 돕는다.

1. 대학생 다이어트, 어떻게 할까?

오메가-3 지방산, 스포트라이트를 받다

Q BDNF의 효과를 내는 약을 개발한다면 좋을 것 같다.

A 좋은 지적이다. 사실 제약회사들이 BDNF의 효과를 흉내 낼 수 있는 약을 개발하기 위해 많은 돈을 투자하고 있다. 그러나 꼭 비싼 약이 필요한 건 아니다. BDNF는 운동을 하고, 포화지방과 당분을 과다 섭취하지 않도록 조심하고, 생선을 먹거나 저렴한 생선기름 보조제를 복용하면 충분히 생성된다.

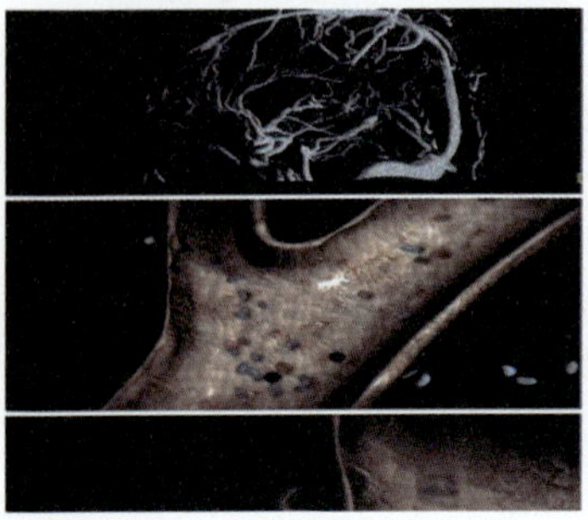

Q **생선 기름같이 간단히 구할 수 있는 것이 BDNF라는 수천억원만큼 값어치를 하는 물질의 농도에 영향을 준다니 놀랍다.**

규칙적인 운동은 뇌 전체에 혈류를 증가시켜 BDNF를 발생시킨다.
일러스트=김윤환

퀴즈

무 칼로리 음료는 다이어트에 도움 된다?

O X

해설

답: X

무 칼로리 감미료가 든 음료나 과자는 다이어트에 그다지 효과가 없다는 연구결과가 있다. 미국 듀크대 알비노 올리베이라-마이아 연구진은 "같은 단맛이라도 뇌는 칼로리가 높은 쪽을 택한다"며 "무 칼로리 감미료가 든 음식은 먹는 양을 늘려 칼로리를 보충하려하기 때문에 오히려 비만을 부를 수 있다"고 밝혔다.

일러스트=tip.daum.net

"나는 감미료를 감지하지 못한다. 그런 물질은 본질적으로 포만중추에 보이지 않는 것이다. 그래서 나는 그 감미료를 음식에 포함시키지 않고 여전히 허기를 느낀 채 다른 음식으로부터 칼로리를 섭취하고자 한다." – 뇌

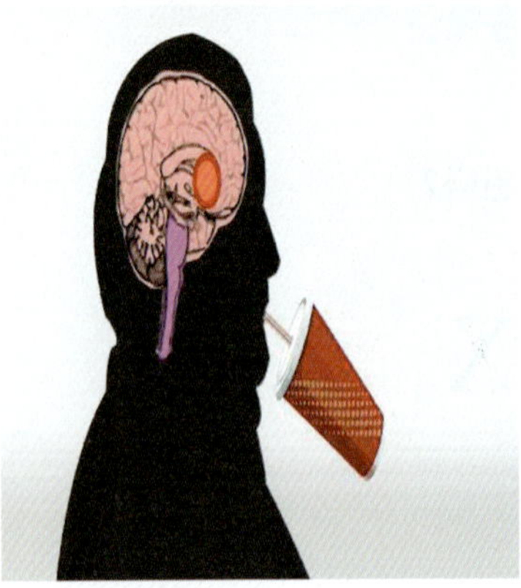

일러스트=drhp.tistory.com

• 단 음식을 먹으면 뇌에서 즐거움을 느끼게 하는 도파민 수치가 높아진다. 연구진은 정상 생쥐와 맛을 못 느끼는 미맹 생쥐에게 설탕물과 무 칼로리 감미료가 든 물을 주면서 어느 쪽을 더 선호하는지, 도파민 수치는 어떻게 변하는지 알아봤다. 예상대로 정상 생쥐는 선호도가 엇비슷했다.

• 하지만 미맹 생쥐는 10분 만에 무 칼로리 감미료 물보다 칼로리가 높은 설탕물을 더 선호하게 되는 것으로 나타났다.

• 도파민 수치도 설탕물을 먹을 때만 높아졌다(사람도 마찬가지였다. 설탕물과 무 칼로리 감미료 물을 마신 사람 중 설탕물 쪽에서만 뇌에서 즐거움을 담당하는 부분이 작동).

• 또 다른 실험에선 설탕보다 저 칼로리 인공감미료가 든 쪽을 먹은 생쥐가 체중이 더 는 것으로 나타났다. 더욱이 인공감미료를 한번 섭취해본 생쥐는 고 칼로리 감미료가 든 먹이를 그 이전보다 더 많이 찾는 것으로 나타났다. 눈과 혀만 속이려다간 자칫 더 큰 화를 부를 수도 있다.

퀴즈

황제 다이어트는 다른 요법에 비해 효과가 탁월하다?

O X

일러스트=shinsnote.com

해설

답: X 황제 다이어트는 탄수화물 섭취를 제한하고 단백질 섭취를 늘리는 다이어트(탄수화물 섭취를 제한하면 체지방이 분해돼 에너지로 이용되므로 체중이 준다는 것). 단백질은 칼로리가 낮고 포만감을 오랫동안 유지시킨다는 장점이 있다. 실제로 고단백질 저탄수화물 식사요법이 1년에 2.1kg의 체중을 감소시킨다는 보고도 있다. 하지만 황제 다이어트가 다른 식사요법에 비해 효과가 월등히 좋은 것은 아니다.
황제 다이어트로 체중이 감소하더라도 이는 단순히 섭취하는 전체 칼로리가 줄었다거나, 근육에 있는 단백질을 변형시켜 몸에 필요한 탄수화물을 얻어냈기 때문이다. 장기적으로 봤을 때 단백질 위주의 식단은 근육 소실이나 신장 기능 저하, 골다공증 같은 부작용을 유발할 수 있다. 또한 황제 다이어트의 가장 큰 문제점은 포화지방산의 과다한 섭취에 있다.

퀴즈

배불리 먹는 한 끼 식사가 조금씩 자주 먹는 식습관보다 다이어트에 더 좋다?

O X

해설

답: X

라마단 기간에 이슬람교도들은 해가 저문 후에만 음식을 먹는다. 결과적으로 그들은 필요한 모든 칼로리를 저녁에 한꺼번에 섭취하게 된다. 그렇다면 그들의 체중은 감소할까? 답은 "No".

이슬람 교도들이 라마단 기간 하루 동안의 금식을 마무리하며 먹는 저녁식사인 '이프타르(Iftar)'를 맛있게 먹고 있다.

해설

야간에 근무하는 사람들을 관찰한 의사들이 제시한 증거들은 일일권장량인 2,000칼로리를 한 끼 식사로 섭취한 사람이 세 끼에 나눠 같은 양의 칼로리를 섭취한 사람보다 체중이 더 많이 증가한다는 사실을 보여준다.
이것은 일회 타이머가 기아모드(starvation mode)를 작동시켜 우리 몸으로 하여금 지방을 연소시키기보다는 축적하도록 만들기 때문이다.

학습정리

1. 대학에서 해야 할 일은 학업, 폭넓은 인간관계, 교양 습득 및 인격 성장, 다양한 취미활동, 이성교제 등이 있다. **이 중 가장 중요하게 여겨야 할 일은 학업이다.**

2. 대학에서 무엇을 배울까? 배우는 즐거움을 배우자! 대학의 역할은 그저 세상을 잘 살아가는 기술자를 생산하는 곳이어선 안 된다.
   잘 먹고 잘 살기만 하면 된다는 생각에서 '이대로 좋아'라고 만족하지 않는 야심을 키워 나갈 것, 의식주 차원을 넘어서는 새로운 욕구를 발견하는 것이다.

3. 건강관리는 평소 생활습관에서부터 시작한다. 위에서 제시한 **올바른 식습관과 운동, 규칙적인 수면**만 잘 취해도 건강 유지에 큰 도움이 된다.

참고문헌 및 사이트

- 류영주, 성공적인 대학생활 2권, 대구가톨릭대학출판부
- 유용하, 동아일보, 2012년 01월 06일
- 이영혜, 과학동아

정가 15,000원

재미있는 뇌이야기(II)

2016년 2월 20일 초판 인쇄
2016년 2월 29일 초판 발행
저　자 : 류영주
발행자 : 우명찬 · 송　준
발행처 : 홍릉과학출판사
주　소 : 서울시 강북구 인수봉로 50길 10
01093
등　록 : 1976년 10월 21일 제5-66호
전　화 : (02) 999-2274~5, 903-7037
팩　스 : (02) 905-6729
e-mail: hongpub@hongpub.co.kr
http://www.hongpub.co.kr
ISBN: 979-11-5600-428-8

저자와의 협의하에 인지생략